扫码查看资源
（激活码：veryDNAc）

数学教育学

主　编◎曾　峥
副主编◎杨豫晖　李善佳

SHUXUE
JIAOYUXUE

图书在版编目(CIP)数据

数学教育学/曾峥主编. —北京：北京师范大学出版社，2022.2
ISBN 978-7-303-27566-3

Ⅰ.①数… Ⅱ.①曾… Ⅲ.①数学教学—教育学 Ⅳ.①O1-4

中国版本图书馆 CIP 数据核字(2021)第 260341 号

营销中心电话 010-58802181 58805532
北师大出版社科技与经管分社 www.jswsbook.com
电子信箱 jswsbook@163.com

出版发行：北京师范大学出版社 www.bnupg.com
北京市西城区新街口外大街 12-3 号
邮政编码：100088
印　　刷：天津旭非印刷有限公司
经　　销：全国新华书店
开　　本：787 mm×1092 mm 1/16
印　　张：15.5
字　　数：348 千字
版　　次：2022 年 2 月第 1 版
印　　次：2022 年 2 月第 1 次印刷
定　　价：45.00 元

策划编辑：刘风娟 雷晓玲　　责任编辑：刘风娟 雷晓玲
美术编辑：李向昕　　装帧设计：李向昕
责任校对：陈 民　　责任印制：赵 龙

数学教育学编委会

主　编： 曾　峥

副主编： 杨豫晖　李善佳

编　委（按姓氏笔画排序）：

王　凤　叶嘉慧　叶鎏纯　刘　凤　李善佳

杨彩莲　杨豫晖　张　楠　张颖瑜　邵　奇

金　铃　袁　弘　郭肖雯　唐艳君　黄泳誉

曹露乙　梁佩雯　曾　峥　谭嘉磊

前 言

随着基础教育课程改革的不断推进，无论是教育观念，还是教师角色的定位都发生了转变，教师是实施基础教育课程改革的关键力量，而培育中小学教师的高等师范院校和专业也要顺应改革需求，适时调整和更新师范专业核心课程。在这样的时代背景下，撰写一部适应新一轮数学课程改革、更好培育新时代中小学数学教师的数学师范教育专业核心课程著作的想法应运而生，《数学教育学》也因此而诞生。

本书针对数学教育的历史沿革、数学教育的发展现状、数学教育的主要理论、数学教育的核心内容和数学教育的实践探索五个内容领域展开研讨，包含了数学教育学的重要内容和话题。本书可以作为数学师范本科学生的专业用书，也可以作为中小学数学教研员及教师进修和提升个人专业素养的理论读物。

本书包括绪论与11章内容，绪论与每章都配备相应的思考与练习题。

本书绪论部分主要讲述了数学教育的定义、历史及未来的趋势。第1章简要阐述了数学教育的发展史，通过回顾国内外数学教育的早期及近现代的发展历程，展示了数学教育发展的历史脉络和未来的发展态势。第2章介绍了美国、英国、新加坡、芬兰等国的数学课程改革概况和我国数学课程改革的背景以及现行的数学课程标准的理念、目标等；在充分了解了21世纪数学课程改革趋势的基础上，归纳总结了我国基础教育数学课程未来的改革方向。

本书第3章重点介绍数学教育的主要理论。从古到今，教育理论都不同程度地支配着数学教师的教学观念和行为，影响着数学教育实践的进程。相对而言，弗赖登塔尔和波利亚在数学教育领域的研究得到国际上广泛的认可，形成了重要的数学教育理论；中国的数学“双基”教学理论也逐渐得到世界数学教育界的理解；心理学家皮亚杰倡导的建构主义学说，对数学教育的发展产生了很大影响。

本书第4章到第8章主要对数学教育的几个专题进行专门研讨。第4章围绕数学课堂教学设计展开讨论，首先阐述数学课堂教学设计的含义及基本要求，然后详细呈现了数学基本课型的教学设计。第 5 章主要介绍了当前中学常见的十个数学思想方法及其在教学中的实施要求。第 6 章是关于数学史及其教学的内容，主要对数学史融入数学教学的国内外理论进行概述，并围绕人教版的中学数学教材，提供了相关的中学教学实例供广大数学教育工作者学习和参考。第 7 章重点介绍了数学建模的发展历程、概述及学习评价等，并结合数学建模的中学教学案例进行详细分析。第 8 章主要探讨了数学教育的一些特殊研究领域，包括数学文化、数学德育、中学数学逻辑基础等。

本书第 9 章到第 11 章主要立足数学教育实践探讨相关问题。第 9 章阐述了教师的说课、听课与评课的方法技巧，这对提高数学课堂的教学质量，提升教师的专业素养具有重大意义。第 10 章介绍了数学课堂教学基本技能的含义和训练要点，该部分内容的学习能为高等院校的师范生在未来投身于一线数学教学工作打下良好的基础。第 11 章是中学数学教师的专业化发展，提出了数学教师专业化发展的素质结构与要求，明确了每个专业化发展阶段的内涵与特征，重点着眼于数学教师的能力发展，从教学设计、教学组织、教学评价以及科研能力各个方面详细阐述了教师能力发展的内容与路径，同时，强调了信息技术手段在数学教师专业发展中的地位与作用。

本书具体编写分工如下：

绪　论　曾　峥　李善佳

第 1 章　曾　峥　叶嘉慧　刘　凤　张颖瑜　张　楠

第 2 章　曾　峥　王　凤　叶嘉慧　谭嘉磊

第 3 章　曾　峥　梁佩雯　叶嘉慧

第 4 章　曾　峥　郭肖雯　张　楠　曹露乙　袁　弘

第 5 章　曾　峥　张　楠　黄泳誉　张颖瑜　邵　奇

第 6 章　曾　峥　郭肖雯　张　楠　曹露乙　叶鋆纯

第 7 章　李善佳　王　凤　叶嘉慧　杨彩莲　叶鋆纯　梁佩雯

第 8 章　杨豫晖　王　凤　郭肖雯　曹露乙　金　铃

第 9 章　杨豫晖　王　凤　叶嘉慧　杨彩莲

第 10 章　杨豫晖　刘　凤　张　楠　唐艳君

第 11 章　杨豫晖　刘　凤　黄泳誉　邵　奇

本书的编写参考了大量的著作和论文，在此，对所有被引用文献的作者表示衷心的感谢！同时，因为时间、精力和能力有限，书中尚有诸多不完善的地方，甚至错误，敬请各位同行批评指正，谢谢！

编　者

目 录

绪 论

在学习数学教育学之前，我们必须清楚：数学教育是什么？数学教育从哪里来，到哪里去？学习数学教育学对中小学数学教学有何意义？

0.1 数学教育是什么

数学教育学是一门研究数学教与学的学科，是研究数学教育现象、揭示数学教育规律的学科。数学教育学揭示的不仅是教育学、心理学的一般规律，更不仅是简单地在教育学、心理学的形式上添加数学实例，而是数学教育的特有规律。

数学教与学不仅能使学生掌握数学的基础知识、基本技能和基本思想，而且能使学生表达清晰的思维，具有实事求是的态度和坚毅的精神，学会用数学思维解决问题和认识世界①，形成正确的数学观和世界观，进而达到推动社会进步和发展进程的目标。

数学教育学是一门正处于发展中的年轻学科，其理论不像数学那样成熟，学科地位也不如数学那样稳固。但是，年轻就意味着潜力，我们要投身到数学教育的改革浪潮中去，在数学教育园地写下自己的一笔。

数学教育学是一门实践性、教育性很强的理论学科，是人们把数学教与学的过程作为认识对象进行深刻分析后的认识成果，旨在寻求数学教与学的特征及规律。数学教育学的理论知识来源于数学教学实践，并接受数学教学实践的检验，这就决定了数学教育学是一门实践性很强的理论学科。

教学实践既是数学教育学研究的出发点，也是最终落脚点。一方面，数学教育学应以广泛的实践经验为根基。数学教育需要建立在教学实践的基础上，课程及教材的改革、新教学方法的形成和普及都必须经过试验和修订等过程，才能加以推广。同时，数学教育学要指导实践、服务于实践，并能通过实践检验所形成的理论。数学教育学对数学教育教学实践的指导性，正是数学教育学研究的根本目的。若数学教育的实践活动离开较成熟的理论指导，仅依靠热情和良好愿望来进行，就必然带有盲目性，是不科学的。

另一方面，教育的出发点是人。因此，数学教育必须坚持以人为本的发展理念，这也从根本上决定了数学教育学的教育性。数学课程理论、数学学习理论、数学教学理论等方面的研究，应在数学教育思想、教育目标下进行，这也充分体现了在知识、技能、能力、态度、人格素质等方面的要求。特别需要关注的是，能力、态度和个性特征不是知识教育的自然结果，而是有意识地在这些方面着重培养的结果②。学习者身心发展的状态及水平同时也制约着教学内容和教学方法的选择。学习者的身心发展规律构成了学习者自身学习的内在“秩序”，数学科学的内在体系和结构构成了知识的“秩

---

① 葛红英．中职数学有效教学的措施研究[J]．新课程研究(中旬刊)，2011(5)：73－75.

② 张雄，赵彤．数学教育学的形成过程及其特点[J]．陕西教育学院学报，2004(2)：105－107.

序”，数学教育学的科学性体现在使知识的逻辑“秩序”与学习者的心理“秩序”处于和谐共处模式。这也就相应地要求教育工作者对课程设置、教材编写、教学设计、学习指导等环节进行深入研究，以达到最佳的教育效果。

数学教育学的基本结构如图0-1所示。

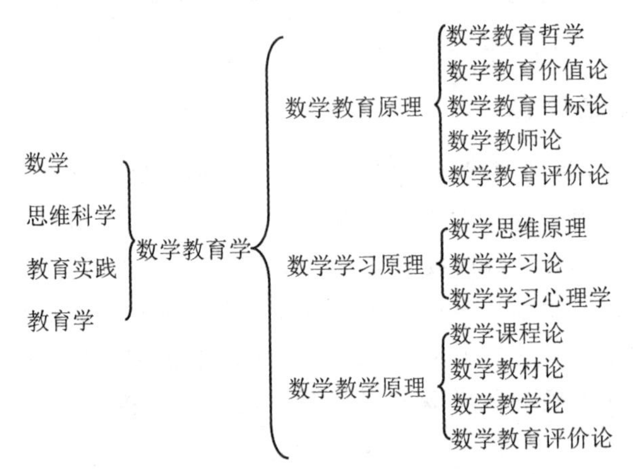

图0-1　数学教育学的基本结构

由此可见，数学教育学涉及范围广，其研究内容涉及数学教学理论、数学学习理论、数学教育心理、数学方法论、数学课程与数学教育评价、数学哲学、数学文化、数学美学、数学教育比较研究、数学史、数学教育史、数学教育技术等领域。不但要解决“教什么”和“怎么教”的问题，还要解决“教给谁”“为什么教”“学什么”“怎么学”“为什么要这样教与学”“教得怎样”“学得怎样”等问题。

0.2　数学教育从哪里来

数学教育有漫长的过去，伴随着数学的产生而产生。从原始社会的结绳记数，到今天以电子计算机为代表的数学技术对社会全方位的渗透，数学的面貌日新月异。从婴儿时期在大人怀里“屈指可数”，到青年时代进入大学钻研高等数学，数学教育今非昔比。

在中国古代，数学教育列入“六艺”(礼、乐、射、御、书、数)之中。在西方古代的“七艺”(文法、修辞、辩证法、算术、几何、天文、音乐)教育中，数学教育(算术、几何)更是举足轻重。古今中外，“读、写、算”是文化人的基本技能。

但数学教育真正成为一门学科，仅有一个世纪左右的短暂历史。首位提出将数学教育从数学中分离出来，并作为一门独立的学科加以研究的是瑞士教育家裴斯泰洛齐(J. H. Pestalozzi)，他在1803年发表的《关于数的直觉理论》一书中，第一次提出了“数学教学法”这一名称。1952年，夫欧契(Fouche)编著的《数学教育学》在法国出版，标志着“数学教育学”的产生。

1908年，国际数学教育委员会(ICMI)成立。德国著名数学家、数学教育家克莱因(Felix Klein)任该委员会主席。1969年起组织召开每四年一届的国际数学教育大会，该组织具有其所属的刊物，即《数学教育国际评论》和《数学教育研究》。同时，该委员会还赞助、支持有关数学教育的国际会议及出版刊物，团结各国数学家和数学教育工作者，协调有关数学教育的组织交流成果、研讨数学教育的改革，共同促进数学教育的发展。1969 年 8 月，在法国里昂举行的第一届国际数学教育大会的第一个决议指出："数学教育越来越变成具有自己的课题、方法和实验的独立学科。"

19 世纪末，中国就开始了数学学科的教育研究，早期的关于数学教育理论的学科被称为"数学教授法"。清末开设的京师大学堂里便有"算学教授法"课程以供学习。1897 年，南洋公学成立，为培养教师而设师范院，学习课程中包含"教授法"。此后，一些师范类院校便相继开设了各门学科相对应的"教授法"。20 世纪 20 年代左右，陶行知任职于南京高等师范学校，他提出要将"教授法"改为"教学法"的思想逐渐被推广，而随之产生的"数学教学法"则一直延续到 20 世纪 50 年代末。但无论是"数学教授法"还是"数学教学法"，实际上只是讲授各门学科所通用的一般教学法。20 世纪 30 年代到 40 年代，我国陆续出版了一些关于数学教学法的书籍，如由商务印书馆于 1949 年 1 月出版的刘开达所编著的《中学数学教学法》。然而，这些著作大多是对前人或国外对数学教学方法的研究进行总结，再根据自己的教学实践进行修改和补充。此时，中国的数学教育理论尚未成熟。

中华人民共和国成立初，我国的高等院校是以苏联伯拉基斯所著的《数学教学法》译本作为相应教材。该书主要介绍了关于中学数学教学大纲的内容和体系，以及中学数学主要课题相对应的教学法，也可以简单地概括为主要解决"教什么"和"怎么教"的问题。到了 20 世纪 70 年代，国外已经把数学教育作为一门单独的学科加以研究，我国的"数学教学法"或"数学教材教学法"也已经成为一门高等院校数学系培养数学教师的专业基础课。自 20 世纪 80 年代开始，我国积极参加国际数学教育大会，在数学教学法相关理论的基础上，开始出现数学教学的新理论。由全国 13 所高等师范院校联合编写，并由人民教育出版社出版的一套关于中学数学教学的、作为高等师范院校为数学教育理论学科而准备的教材——《中学数学教材教法》的面世成了我国在数学教学论建设方面的一个重要标志。1982 年 4 月，中国教育学会数学教学研究会成立，并在其成立大会以及首届年会上提出了"建立数学教育学，形成数学教育专门学科"的奋斗目标。国务院学位委员会在所公布的高等学校"专业目录"中，于"教育学"这个类别下设立了"教材教法研究"(后来又改为了"学科教学论")，这使得研究学科教育方面的学术地位得到了官方承认。20 世纪 80 年代中期，关于数学教育学的研究在我国教育领域开始广泛兴起，有不少的高等师范院校成立了专门的数学教育学研究机构。

20 世纪 70 年代末，苏联著名数学教育学家 A. A. 斯托利亚尔著有《数学教育学》一书。该书于 1985 年被翻译成中文后由人民教育出版社出版并发行。1985 年 12 月，全国高等师范学校数学教育研究会成立，此研究会把建立具有中国特色的数学教育学作为其发展的首要任务，并全面推进数学教育学的相关研究工作。曹才翰编著的《中学数学教学概论》于 1990 年在北京师范大学出版社出版，此书的问世标志着我国的数学教育理论学科已由数学教学法转变为数学教学论。同时，也由经验实用型转为理论应用型。1991 年出版的由张奠宙等所编著的《数学教育学》，将中国数学教育纳入了世界数学教育研究的洪流，是数学教育学研究的一项突破。该书从中国的实际出发，对数学教育领域的许多问题提出了新的看法。1992 年，由中国教育学会和天津师范大学联合主办的刊物——《数学教育学报》正式创刊，该刊物现已成为我国 CSSCI 核心刊物、中国联合国教科文组织指导刊物，且在数学教育理论的研究与实践探索方面发挥着重要的作用。

0.3 数学教育到哪里去

数学教育教学过程是在一定的社会和学校环境中，在一定的教育原则和政策的指导下，于一定的教育工作体系中有序运行的数学教学活动。而数学教育的教学工作质量与教材、学生、教师、教法、学法等因素有直接的关系。因而，数学教学实践亟须数学教育学方面的基本原理作指导。科学的数学教学过程是数学教育学基本原理在教学实践中发挥作用的具体表现。

数学教育学是研究数学教育规律的一门学科，是数学教师必须学习和掌握的一门专业知识。为了更好地让学生理解和掌握教材中学术形态的数学，就必须把教学内容经过数学教育理论的加工和数学教学方法的改造，将学术形态的数学变为教育形态的数学，培养和提高学生对数学的感悟能力。中学数学教育学是整个数学教育科学体系中一个比较成熟的子系统，中学数学教育学已经成为高等院校数学教育专业的必修课程。该课程的研究对象为中学数学教育，其任务是培养合格的基础教育数学教师。通过本课程的学习，强化数学教育专业意识、提高数学教育理论水平、训练数学教育专业技能、培养数学教育研究能力。

在当前教育改革的浪潮中，数学教育学在理论和实践方面仍面临着许多有待解决的难题，如数学能力的培养、数学教学内容和体系的改革、数学学科核心素养的养成和立德树人目标的落实等。解决这些难题的关键点在于教师必须掌握数学教育学理论的基础知识和先进有效的教学方法，并且能够自觉地按照数学教学规律开展数学教育工作。因此，在数学教学方面，数学教育学具有其现实意义。就新数学教师而言，学习和研究数学教育学有着特殊而重要的意义。

首先，我国快速发展的现代化建设对数学教育提出了新的要求和任务。数学教育思想、教育理论和数学教材都在不断地变化。一是教学内容不断变化，不同的内容需要不同的教法和学法。二是学生的知识基础、认知能力、思维发展水平和个性品质特征不同，不同班级、不同年龄阶段也存在差异，不同阶段的学生需要不同的教法和学法。三是数学教学工作呈现出多目标、多任务、多层次、多因素的特点。通过数学教学，既要传授知识，培养技能和能力，又要进行思想教育，培养多方面的个性品质。在教学过程中既要考虑教师本身的教学活动和思维活动，又要考虑学生的学习现状和教学环境、教学条件等因素。四是数学学科高度的抽象性、严谨的逻辑性、严密的形式化和较强的思维辩证性也给教和学带来了更多的困难，数学学科优良的学科性质和文化价值功能使得数学教育任务更艰巨、更广泛，教学要求也更严格、更具体。

其次，数学教学活动本身是一种艺术性的创造过程。生动、深刻、有条理地讲解，正确、有效、循循善诱地启发，恰当、及时、耐心地辅导，画龙点睛地归纳总结，系统、深入、高效地复习，有计划、有目的地测量与评价等，这些活动不仅需要广博、科学的教学理论作指导，也需要扎实、训练有素的教学基本功。因此，学习、研究中学数学教育学，是系统掌握中学数学课堂教学规律，熟悉教学环节，尽快胜任中学数学教学工作，开展教育科学研究的基础和前提。

再次，长期以来，我国数学教育受传统文化、凯洛夫教育思想、考试制度等因素的影响，广大教师已习惯于应试教育的传统教学，不重视学生的主体地位和个性发展的现象仍然存在，以“课堂为中心，以教材为中心，以教师为中心”的注入式教学也还十分普遍。教育观念落后、教学方法僵化、学生负担过重的现状，在一定程度上也制约着学生智力的发展和素质的全面提高，“多说、多练、多考”“高分低能”“两极化”等现象依然存在。贯彻现代教育教学思想，大力推进素质教育，已成为中国教育改革的前进方向和迫切的历史使命。因此，学习、研究中学数学教育学显得更加迫切。

最后，总的来说，将中学数学教育学纳入高校教师教育专业教学计划，并将其作为一门必修课程来设置是完全必要的。进一步讲，中学数学教育学的学习将对促进我国现代化建设所需要的合格中学数学教师的人才培养以及加速发展我国的数学教育起到积极的正向作用。即使是有经验的专家型数学教师也必须不断学习和研究，才能适应变化的新形势；从事数学教育的新教师更应加强数学教育理论的学习，深入数学教育实践，强化专业意识，提高专业技能，增强数学教育研究能力。通过对数学教育学的学习，可以掌握数学教育的基本理论、目的、原则、方法、基础知识，以及数学学习过程、数学教材构成原理及数学教师培养的规格等，为今后步入数学教育行业做好准备。这也是高校数学师范生学习数学教育学的意义所在。

思考与练习

1. 谈谈你对数学教育学的认识。
2. 数学和数学教育学的关系如何？
3. 数学教育学的学科特点有哪些？
4. 你认为当前数学教育领域存在的主要问题是什么？

第1章　数学教育的发展历史

学习提要

西方数学肇始于古希腊，《几何原本》开创了数学公理化的先河，闪耀着理性的光芒。西欧中世纪时期，数学和数学教育都陷入困境。但文艺复兴后，17世纪开始数学教育有了很大的发展。

中国古代数学萌芽于夏商，形成于西周，鼎盛于宋元，没落于明清时期。中国古代数学教育以算法为体系，以“经世致用”为核心指导思想。《九章算术》是古代东方数学的代表作。

20世纪初，数学教育现代化问题的提出以及培利—克莱因运动的开展，揭开了世界数学教育现代化的大幕。

中国现代数学在20世纪三四十年代复兴。中华人民共和国的成立掀开了数学教育新的一页，但道路坎坷曲折。

1.1　数学教育的早期发展

1.1.1　国际数学教育的萌芽

1.1.1.1　古希腊的数学教育

恩格斯指出：“没有奴隶制，就没有希腊国家，就没有希腊的艺术和科学；没有奴隶制，就没有罗马帝国。没有希腊文化和罗马帝国所奠定的基础，也就没有现代的欧洲。”在公元前10世纪至公元前8世纪，古希腊从原始氏族社会进入了奴隶社会，并且形成了独特的城邦制。由于城邦的发展繁荣，生产力有了很大的提高，使得古希腊的一些奴隶主阶级能够从生产活动中脱离出来，从事哲学、科学、艺术、教育等方面的研究。尤其是在教育方面，古希腊人继承和发展了古埃及和古巴比伦的成果，使教育站在一定的高度上迅速发展起来。其中，在数学教育方面，西方数学肇始于古希腊，欧几里得(Euclid of Alexandria，约前330—前275)所著的《几何原本》更是开创了数学公理化的先河，闪耀着理性的光芒。

古希腊人致力于对自然的研究，因而也离不开哲学的研究。在古希腊前期，数学仍作为哲学的一大分支，当时的数学家也是哲学家。毕达哥拉斯学派最崇尚的信条就是“万物皆数”，把数学看作世界的本质。毕达哥拉斯学派十分重视数学，其中在几何方面有勾股定理和正多面体作图的成就，而在教学中则把数学分为算术、几何、天文、音乐四大科，对后世影响深远。

古希腊的城邦国家也十分重视教育，虽然那时候的教育仅仅是为奴隶主阶级服务，但从教育发展进程来看意义重大。其中，雅典的教育最为发达。雅典是一个奴隶主民主国家，三面环海，不仅有优良的港湾和丰富的矿藏，工商业也十分发达，是当时地中海和黑海地区的贸易中心。发达的经济以及奴隶主民主的政体使得雅典的教育目的是要把奴隶主阶级的子弟培养成身心和谐发展且能报效国家的良好公民。其中身心和谐发展包括：身体健美，具有智慧、勇敢、节制、公正等美德。在体育馆①的哲学课程中安排几何、算术、天文等知识进行教授。当时普遍认为数学是世界的本质，只有优秀的学生才能学习到较高深的数学知识。柏拉图(Plato，前427—前347)是古希腊著名的哲学家和教育家，在雅典创办了"学园"。柏拉图20岁时曾师从苏格拉底，深受苏格拉底思想的影响，是苏格拉底最杰出的学生之一。苏格拉底在学园中采用对话的形式进行教学，这种教学方式要求学生具有高度的抽象思维能力，因此学生在进入学园前就必须熟悉几何学的基本原理。数学课程在学园中也备受重视，据说柏拉图在学园门口挂上"不懂几何者不得入内"的告示。柏拉图的数学教育思想在著作《理想国》中得到了充分体现，他十分重视通过学习数学知识锻炼人的思维，在数学理论化方面颇有贡献，对后世的数学教育思想研究有很大的影响。

雅典衰落后，古希腊步入了希腊化时期，在这一时期里，数学脱离了哲学和天文学，成为独立的学科，并有了很大的发展，欧几里得所著的《几何原本》就是其中的代表。《几何原本》在西方被称为"数学的圣经"，在长达两千多年的时间里一直作为西方学校最主要的数学教科书，并被奉为必须遵循的数学严密思维范例。欧几里得通过收集当时已有的数学成果并整理，以命题的方式呈现，在前人的基础上对定义、公理做出筛选，再通过严密的逻辑把命题及其证明演绎出来，形成一个严密的数学逻辑体系——几何学，为欧氏几何奠定基础。

阿基米德(Archimedes，前287—前212)是古希腊亚历山大学派的杰出代表，被誉为古希腊最伟大的数学家。他年轻时曾到亚历山大城求学，这段学习经历为他后来的学术研究奠定了基础。他有较多的数学著作流传至今，如《抛物线的求积》《论球和圆柱》《论螺线》《论劈锥曲面体和旋转椭圆》《圆的度量》《砂粒计数》，它们对数学的发展起到很大的推动作用。此外，阿基米德运用"逼近法"计算出了球的面积和体积，还倡导通过力学方法探求数学规律。

随着罗马人的入侵，宗教成为罗马帝国的统治工具，古希腊的数学和数学教育开始没落了。亚历山大城的图书馆因恺撒纵火而焚毁，导致馆中两个半世纪积累下来的藏书毁于一旦。宗教的盛行致使学园被封，统治者下令严禁传授数学，让欧洲的数学发展陷入困境。

1.1.1.2 西欧中世纪的数学教育

古罗马帝国灭亡至文艺复兴时期，历史上称之为西欧中世纪。这是一个特殊的历史时期，封建社会取代奴隶社会，其早期的社会文化水平大幅度下降，宗教成为统治者的工具，使得该时期的教育发展也具有宗教性、封建性和等级性。西欧中世纪的教育大权掌握在基督教教会的手中，导致教育也为教会服务。当时的教育是为了培养神职人员和虔诚的教徒，故基督教的僧侣和教民成了当时的教育主体。以修道院学校、大主教学校、堂区学校为主的西欧教会学校是当时社会主要的学习场所，教师往往是

① 古代雅典时期由国家主办学校的名称。

教会委派的神职人员。

西欧教会学校的教学内容出自教会特许的与宗教相关的教科书；教学一般采用斋戒、祈祷以及教师说教的方式进行；学生学习的方式则以背诵为主。教会甚至提出："科学是宗教的奴仆""一切真理都在圣书上提出了"，要求学生对教会盲目服从，不允许学生在其他方面进行任何探索或创造。中世纪的早期，基督教教徒特别仇视古希腊数学，甚至禁止学习古希腊数学。学生在教会学校中只能学习到一些简单的计算，并且学习数学运算方面的知识也是为计算宗教节日服务的。教会的控制使得数学和数学教育的发展在中世纪早期停滞不前。

9世纪末，西欧中世纪出现了世俗教育，其中包括为培养王公贵族后代的宫廷学校、为培养封建制度中骑士阶层人员的骑士教育、为培养商人和手工业者的行会教育以及中世纪后期的城市学校教育。在查理曼大帝统治时期，大力发展文化教育，当时西欧最著名的宫廷学校是由英格兰学者阿尔琴创办的。宫廷学校的主要教育内容包括"七艺"、拉丁语、希腊语，但"七艺"中有关数学的教授内容涉及的并不多。骑士教育是为了培养封建制度下骑士阶层人员而出现的一种特殊的教育形式。骑士教育并没有设立专职的教育机构，也没有专门的教育人员，它实际上是一种特殊的家庭教育，同时也是一种灌输服从与效忠统治阶级的思想、训练勇猛作战的各种本领以及培养封建统治阶级的忠实拥护者的武夫教育，因此不重视文化知识方面的教育。

西欧中世纪后期，由于新兴市民阶级的出现，以培养神职人员和虔诚的教徒为目的的教会学校已不再适应社会对经济和政治的需要，城市学校诞生了。城市学校并不是一种学校的名称，而是为新兴市民阶层子弟开办的学校的总称[①]，其中包括行会学校。

西欧中世纪的行会是商人和手工业者的团体，而行会教育的目的是培养从事商业和手工业的学徒，即行会教育相当于现代的职业技术教育。由于涉及商业和手工业的大多数行业都需要用到数学知识，因此掌握读、写能力以及基本的数学知识都是学徒所必须具备的基本技能，这催发了行会教育设置有关数学知识的教育内容，但其数学教育内容一般仅限于商业和手工业所需的计算。另外，为了学习如何处理商业和城市行政事务，新兴市民阶层开办了由城市管理的拉丁文学校。为了满足处理商业和城市行政事务的需要，在拉丁文学校还开设了教授数学知识的课程。

11世纪，西欧中世纪的封建社会发展进入鼎盛时期，王权越加强固，社会发展趋于稳定，农业生产逐步上升，手工业得以进一步从农业中脱离出来，成为专门的职业。与此同时，王权与教会的斗争更加激烈，市民之间的商业活动越加频繁，加上十字军东征使得许多古希腊和古罗马时期原本已经声销迹灭的经典著作重新被发现，与穆斯林的经典著作、科技一起被带至西欧，和欧洲传统的人文主义学科一同开创了中世纪后期的学术复兴。基于这样的社会背景，中世纪大学应运而生。最初的中世纪大学是一种自治形式的学习团体，一般由一名或数名在某一领域有声望的学者和其追随者自行组织起来，形成类似于行会的团体进行教学和知识交易[②]。随着中世纪大学的发展，建立了许多著名的大学，在教育目的、领导体制、学位制度、课程设置等方面都有相

---

① 吴式颖，李明德. 外国教育史教程[M]. 3版. 北京：人民教育出版社，2018：86.

② 张斌贤，王晨. 外国教育史[M]. 北京：教育科学出版社，2015：127.

应的规章制度。

由于城市的繁荣发展以及十字军东征，古希腊文化重新传入欧洲，加上东方文化在欧洲的传播，共同推动了欧洲文化的发展。12世纪，大量的古希腊数学著作由于古希腊文化的传播再次影响着欧洲数学和数学教育，数学教育得以进入中世纪大学。曾经禁止学习数学的禁令也逐渐瓦解，涌现出一些如斐波那契(Fibonacci，1175—1250)般的数学家。由于东方文化的传播，“印度－阿拉伯数字计数法”和东方的乘除计算法也被传入欧洲，学习数学以及数学教育的风气有了极大的变化。

1.1.1.3 17—18世纪的数学教育

17世纪，随着经济发展和人们思想进步，欧洲的封建社会逐渐瓦解，资本主义社会取而代之。手工业向机器大生产过渡，生产力大大提高，促使了科学技术的进步和数学的急速发展，如军事方面的弹道学、航海方面为确定船只位置对天文观测的精密要求、修筑堤坝等都需要复杂的计算作支撑，处于初等阶段的古希腊数学已无法满足科技发展的需要，这使得数学和数学教育迅速发展起来。

17世纪中期开始，打开了西方近代史的新篇章：1640—1688年英国进行了资本主义改革；1776年美国独立；1789年法国实施大革命；等等。西方各国先后建立了资本主义制度，随着经济快速增长，对科学技术和文化发展有了更高的要求，相应地也要求教育要有新的发展。但由于国情不同，各国的教育制度和教育思想各不相同，故在数学教育方面也各具特色。此外，捷克的夸美纽斯、英国的洛克、法国的卢梭等教育家的教育思想都对数学教育产生过极大的影响。

夸美纽斯(Johan Amos Comenius，1592—1670)，捷克伟大的资本主义民主教育家。他在继承古希腊和古罗马的教育思想和吸收文艺复兴时期的人文主义教育思想的基础上，结合所处的资本主义社会进行了一些教育尝试，形成了具有独特风格的教育观点，并著有《大教学论》《母育学校》《泛智学校》等不朽于世的教育著作。在数学教育方面，至今仍沿用夸美纽斯一些关于教育目的、教学方法、教学内容的观点。他主张“教育适应自然”的原则，提倡“泛智”的教育思想，认为人人都可以接受教育，要求普及教育。他提出的直观性、循序渐进、启发性和巩固性等教学原则，是当今乃至未来数学教育发展必须遵循的教学原则。另外，他提出的学年制和班级授课制也一直沿用至今，现代国家的数学教育在按年级层次编写教科书及其数学教学原则和方法的确立上，均受夸美纽斯教育思想的直接影响。

夸美纽斯十分重视教科书的编写，在拉丁语学校的教育改革方案中提出的数学教学大纲就是有力的体现。该大纲按照数学知识的难易程度，对数学课程教授的内容进行了划分，共分为七级，并明确每一数学等级的学习内容。具体划分如表1-1所示。

夸美纽斯在数学教学大纲中能将算术和几何并列统编，可以看出其教育思想在当时是极为先进的。虽然表1-1的想法没能在夸美纽斯的有生之年全部实现，但是这样的思想超越时代长达一个多世纪。

表 1-1　数学等级学习表[①]

等级	学习内容
第一级	数的写法和读法、点及直线的简单定理
第二级	加法、减法、平面图形
第三级	乘法、除法、立体物的观察
第四级	三数法、三角法
第五级	合股算法、混合算法、假定法、长度、面积、体积
第六级	用简便法进行全面复习、几何学应用在土木建筑上
第七级	圣经上出现的神圣的数字及神秘的数字、教堂的建筑、宗教的历法

洛克(John Locke，1632—1704)是英国资产阶级唯物主义的哲学家、思想家和教育家，著有《人类理解论》《教育漫画》《关于理解的指导》《工作学校草案》等著作和实践研究记录。他认为“数学是一种在心中养成紧密推理和连续推理习惯的方法……要使所有的人都成为深奥的数学家并无必要，我只认为研究数学一定会使人心获得推理的方法；当他们有机会时，就会把推理的方法移用到知识的其他部分去。”[②]洛克十分重视数学教育，把学习数学看作培养逻辑推理能力的重要过程，其他学科无法代替其功能和作用。

卢梭(Jean Jacques Rousseau，1712—1778)是法国杰出的哲学家、思想家和教育家，是18世纪法国大革命的思想先驱、启蒙运动最卓越的代表人物之一，著有《论人类不平等的起源和基础》《爱弥儿》《忏悔录》《社会契约论》。其中，经典教育著作《爱弥儿》刻画了一幅资产阶级培养新人的教育图案，主张教育应该适应自然，顺应儿童天性，反对压抑和摧残儿童个性；提倡热爱儿童，重视儿童的直接经验和身心自由发展；要求按不同年龄阶段的特点进行教育；主张手脑并用，注重劳动教育；等等。卢梭注重启发儿童的学习兴趣，号召尊重儿童的个性，研究儿童的兴趣，考虑儿童的年龄特征。他的教学论以发展儿童的独立精神、观察能力和灵敏性为基础，最大限度地运用直观性原则让儿童去了解一切事物[③]。

卢梭的自然主义教育思想也深深影响着数学教育的理念，他在《爱弥儿》中以如何学习几何学知识为例阐述儿童的推断力的培养，提出：“准确地画出一些图形，将它们拼起来，一个一个重叠，研究它们之间的关系。这样的话，你不用定义啊、命题啊、论证方法啊，只需简单地将图重叠，反复观察，就能够学会全部的初等几何。”[④]卢梭通过实际操作与直观感受相结合的方式让儿童自发学习，这种模式至今仍有进步意义。

① 马忠林，王鸿钧，孙宏安，等．数学教育史[M]．南宁：广西教育出版社，2001：308．

② 马再鸣．数学教师专业化带来的几点思考[J]．西昌师范高等专科学校学报，2003(2)：63－66．

③ 马忠林，王鸿钧，孙宏安，等．数学教育史[M]．南宁：广西教育出版社，2001：309．

④ 让·雅克·卢梭．爱弥儿[M]．王媛，译．北京：中国妇女出版社，2018(1)：97．

1.1.2　中国古代数学教育的发展

1.1.2.1　先秦时期的数学教育

我国古代数学教育萌芽于夏商时期，形成于西周时期，初步定型于春秋战国时期。

夏朝(约前21—前16世纪)已有了天干记日法，即用甲、乙、丙、丁、戊、己、庚、辛、壬、癸十个天干字周而复始地记日，夏朝后期几个帝王名孔甲、胤甲、履癸等就是明证。商朝(前16—前11世纪)进一步使用了干支记日法，即十个天干字和十二个地支字——子、丑、寅、卯、辰、巳、午、未、申、酉、戌、亥——相配合来记日，六十日一循环。商朝已采用了阴阳合历，用大小月及连大月和置闰来调整回归年和朔望月的长度①。历法编算的发展离不开数学，而数学也在历法的编算中得到发展，这也是中国古代天文学和数学的发展特点，因而数学教育的发展也与之有密切联系。

商朝的甲骨文中记载有一、二、三、四、五、六、七、八、九、十、百、千、万13个数字，基于这13个数字就可以组合成成百上千的数，在殷墟甲骨文中已发现最大的数是三万。这是我国古代传授十进位值制计数法最早的痕迹。

周朝(前1066—前771)已经有明确的教育制度，《礼记·内则》称："六年教之数与方名(1～10的数与方位名称)……九年教之数日(天干与地支记日法)，十年出就外傅(出外求师)，居宿于外，学书计(语文与计算)。"《周礼》(传说是周公摄政时所作)记载，西周的教学科目正式规定为：礼、乐、射、御、书、数，统称为"六艺"，其中的"数"指数学知识。把数学作为一种"艺"(技艺)来传授，是中国古代非常独特的数学教育观念，对后世的数学教育影响深远。学校由官府兴办，政府设立负责教育的官员，由此奠定了中国古代的"官学"制度，数学成为官学中的一门学科得以确定。

周朝创造的筹算是世界上最早也是古代最优秀的计算工具。它与十进位值制计数法相结合，形成了我国独具特色的算法化数学教育体系②。直到15世纪，这个体系延续了约两千年，且长期居于世界领先地位。

我国古代数学是从社会生产和日常生活的需要中产生并为之服务的，相伴而行的数学教育既包含于青少年启蒙教育之中，也依存于各行各业有关生计问题之内，十分注重数学的实用性。因此，"经世致用"成了我国古代数学教育的核心指导思想。

大禹治水，规矩不离左右，天文历算相辅而行；《周易》的阴阳取法于数的奇偶；"筮法"是随机取样的数组合；田赋商贸，百工各业，都离不开计算；《周礼》载有"九数"；《工记》随处都有计算问题；《墨经》中的数学思想和内容别具一格，其中讨论的若干几何概念就是数学理论研究在我国的最初尝试。

由此可见，我国夏、商、周时期的数学教育已经相当发达，开创了以筹算为工具、以计算为中心、以应用为目的的算法教育体系，形成了中国古代特色的数学教育。

春秋战国时期③是中国古代科学技术奠基的时期，同时也是中国古代独特的数学教育定型时期。在这一时期，由于手工业和大型水利工程的发展需要数学知识作为支撑，

---

① 杜石然，范楚玉，陈美东，等. 中国科学技术史稿(上)[M]. 北京：科学出版社，1982：66-67.

② 佟健华，崔建勤. 十进制度与筹算技艺的历史[J]. 中小学数学(小学版)，2011(Z1)：114-117.

③ 春秋战国时期：春秋时期(前770—前475)；战国时期(前475—前221)。

故对数学教育提出了新的要求。

春秋末年，齐国人所著的《考工记》中记载了关于百工技艺之事。从《考工记》可知，手工业要求具备丰富的数学知识储备和把知识用于实际的“技艺”之中的能力。与此有关的是分数、角度和标准量器容积的计算等知识和技能，它们是制造车、弓矢、磬等器具时不可或缺的。《考工记》中关于宫室建筑则涉及图形比例等计算问题。尤其是乐器的制造(钟、鼓、磬等的制造)则涉及更多的数学问题，例如钟声的频率高低、音品与钟的厚薄和发声高低有关。1978 年湖北随县出土的公元前 433 年的曾侯乙墓、编钟、编磬等物品可证明《考工记》所载内容的科学性、实用性[①]。

春秋战国时期，由于社会发展，需修筑大型水利工程，如楚国于今安徽寿县修建的芍陂，魏国于今河北临漳县修建的漳水十二渠，秦国于今四川都江堰市修建的都江堰，泰国于今陕西修建的郑国渠等灌溉工程，在测量、选线、设计、施工、用料等方面无一不和数学知识密切联系，从而促进了数学教育的发展。

此外，春秋时期的中国开始从奴隶制社会向封建社会转化，出现了“礼崩乐坏”的局面，西周的教育制度走向衰微，于是，私学逐渐兴起。孔子是当时最著名的教育家，他的教育思想影响深远，如“学思结合”思想(“学而不思则罔，思而不学则殆”)、“启发诱导”思想(“不愤不启，不悱不发”)等。在教育内容方面，孔子推行的“六艺”(礼、乐、射、御、书、数)就包括了数学知识的学习。到了战国时期，中国已完全进入封建社会。私学作为对官学的补充与封建社会相伴始终，是中国古代教育的一个特殊现象。

1.1.2.2 秦汉及魏晋南北朝时期的数学教育

秦始皇统一中国，促进了生产力发展，为数学发展和数学应用提供了沃土。汉代《九章算术》修订成书，标志着中国古代以算法(即是“术”)为中心内容的独特数学体系正式确立。“术”就是解决问题的算法，对同类问题的解决具有普遍意义。《九章算术》作为当时的数学教科书，其篇章结构、内容及思想方法，共同构成了我国古代富有创造性的数学教育体系，而且它还是算法化、模型化等许多重要数学思想的源泉，是东方数学教育的代表作。

汉武帝(前 156—前 87)时期确立了“罢黜百家、独尊儒术”的文教方针，使数学教育继续向“经世致用”方向发展。汉武帝创办以经学为主的太学，封建社会官立大学制度从此建立起来。汉代著名数学家刘歆(前 50—前 23)第一个明确提出在小学开设数学(算术)课程。进行数学教育是汉代培养政府官员的需要，例如编算历法、研究度量衡、研制乐器和其他器具等，这些都是政府官员的职责。汉平帝时期(前 1—6 年)，政府曾征招懂天文、历算、钟律教授者至京师，证明数学也是当时的官学教学内容之一。

魏晋南北朝时期(220—589)，战乱频繁，官学时兴时废。但魏晋南北朝时期是我国历史上最壮观的民族大融合时期，各民族文化在这一时期得到广泛交流，一定程度上促进科学技术的发展。农学在魏晋南北朝时期得到了较大发展，出版了农学著作《齐民要术》，直接推动了历法和天文学的发展，这也促使数学寻求更大的发展。刘徽、赵

---

① 马忠林，王鸿钧，孙宏安，等. 数学教育史[M]. 南宁：广西教育出版社，2001：15.

爽是当时数学家中的杰出代表。刘徽的《九章算术注》《海岛算经》，祖冲之的圆周率的8位有效数字和约率$\left(\frac{22}{7}\right)$、密率$\left(\frac{355}{113}\right)$，赵爽的《勾股圆方图注》等，都是传统数学在“术”方面的最高成就，《张丘建算经》《五曹算经》《五经算术》等是传统数学在问题化开放结构方面的扩大和发展。这一时期官学教育中的一件大事，就是出现了中国历史上专门的数学教育——算学，这是在官学基础上产生的。历算学家甄鸾的《五经算术》解释了儒家经典及其注中有关的数学知识，尤其涉及历法、音律的部分，实际上是授经时的数学参考书。

1.1.2.3　隋唐时期的数学教育

隋朝(581—618)在中国历史上仅存在了38年，但对于历史而言却发挥着不可替代的作用，这一时期的政治、经济、文化发展繁荣，教育事业也得到了较好的发展。隋文帝废除了传统的州郡辟举制和九品中正制，创设科举制度，这在隋炀帝时期又得到进一步发展。在数学教育方面有不少首创，其中在当时的国子寺(后改名国子监)设的“算学”，是世界上最早开设的数学专科学校。

隋朝灭亡后，唐朝(618—907)继承了隋朝的教育制度，数学专科学校得以继续发展，并且在学生来源、学习年限、采用的教科书、考试方法及毕业生的就业等方面都作了具体的规定。特别是关于数学教科书的规定，其对后世产生了深远的意义。唐高宗诏令太史令李淳风与太学教师梁述等人注释、出版了“算经十书”(《周髀算经》《九章算术》《孙子算经》《五曹算经》《夏侯阳算经》《张丘建算经》《海岛算经》《五经算术》《缀术》《辑古算经》)①，在数学教育史上也有极其重要的意义，是世界上第一次由国家统一编写并使用的数学教科书，“算经十书”成了后来的经典数学教材。学生毕业考试合格，可直接参加科举，科举及第者可授相应官职。与之相适应，唐朝科举设“明算科”，专门培养并选拔数学人才，并给数学考试通过者授官。这种选官方式在世界上十分独特，客观上反映了当时社会发展对数学需要的剧增。明算科的设立标志了唐朝统治者对数学教育的空前重视，唐朝数学教育发展进入了一个高峰。

明算科自唐朝延续下来，直到后晋天福五年(940年)才正式废止。从唐初到五代，300多年间一直有明算科举，每次有若干举子参加数学考试，极大促进了数学与数学教育的发展。私学、家学的发展与明算开科亦有直接的关系。官学、私学、家学、经学兼授、僧道传授数学等数学教育方式的多样化给宋元时期中国数学教育发展高峰的形成奠定了坚实的基础。

1.1.2.4　宋辽金元时期的数学教育

由隋唐时期的大一统格局转入宋辽金元的争鼎时期，形成了中华民族的又一次大融合，出现了我国古代数学和数学教育发展的新高峰，同时也成就了一大批杰出的数学家和数学教育家，取得了不少具有世界历史意义的成果。贾宪的增乘开方法、秦九韶的《数书九章》与高次方程数值解、李冶的《测圆海镜》与天元术、朱世杰的《四元玉鉴》与高次联立方程组、杨辉的《详解九章算法》、纵横图、垛积术等数学成果的面世，

---

① 马忠林，王鸿钧，孙宏安，等. 数学教育史[M]. 南宁：广西教育出版社，2001：53.

使得我国数学方面的研究从传统实用性算法体系上升到抽象性算法体系的高度。这些开拓性的工作和科研成果达到了当时世界的最高水平。

宋朝、元朝是我国封建社会高度成熟时期，在隋唐时期高度发展的数学教育的基础上，私学数学教育也很发达，书院制度空前兴旺。一些著名数学家如李冶、杨辉等，同时又是私学数学教育家。杨辉作为南宋末年对中国古代数学发展具有很大影响的数学教育家，编撰了多本数学著作，他继承了古代数学“经世致用”重视数学应用的传统，主张在数学教育中应该贯彻“须责实用”的教育思想。他在《日用算术》中说道：“以乘除加减为法，秤斗尺田为问；用法必载源流，命题须责实用。”杨辉于1274年撰写的《乘除通变本末》上卷卷首列有一个《习算纲目》，它是迄今为止人们所发现的最早的一份数学教学大纲和教学方法指导书，堪称古代的数学教育学，对现代中小学的数学教育仍具有一定的指导意义。其中包含：①循序渐进与熟读精思的教学方法；②积极诱导，启发思考，重视演题，强调计算能力；③重视培养学生严谨的科学态度。宋朝的一些著名数学家，如杨辉、沈括、朱世杰等，改进了筹算的运算形式和方法，创造了各种算法口诀，实现了筹算向珠算的过渡。这些成就为数学教育的普及创造了有利条件，直接促进了宋、元数学高峰的到来。

宋朝(960—1279)推行重视“兴学”的文教政策。中央官学继续开设数学专科学校，而且扩大编制、广招生员。虽然宋朝未设置“明算科”选拔人才，但是算学毕业考试合格者可直接授予官职，这就意味着学习数学的人能有更好的出路。不仅如此，宋朝还建立了严格的学校管理考试制度，通过颁置学田以筹集学校办学经费，因此官学的数学教育有了更进一步的推进。元朝(1206—1368)中央官学不设算学，元朝统治者推崇理学(亦称道学或宋学，是一种唯心主义哲学思想)，理学认为摘除理学外的一切学问都是“玩物丧志”。元朝科举以理学为主，使得学风为之改变。

辽金元重视“汉化”教育，文教政策和教育制度基本上都仿效唐宋之制，开设中央官学和地方官学。金朝将小学也纳入中央官学当中，进行一些启蒙性的数学教育。辽金元在教育方面的建制也是仿照唐宋时期，设有博士、助教等教官，教学内容以经学为主。因此，辽宋元时期的中央官学中的数学教育内容仅限于经书中所涉及的。在这一时期，官府的各个职能部门，如司天监、工部、少府监等的设置基本上也是沿袭唐宋的制度，而这些部门官员的培养仍然通过官学进行，故会针对在工作中所涉及的数学知识进行相应的数学教育。

1.1.2.5 明清时期的数学教育

明朝(1368—1644)进一步尊经崇儒，以程朱理学为文教的指导思想，并实行文化专制。明朝国子监的中央官学不设算学，地方官学也取消了试算。为了保证天文历法的官府研制得以继续，并保证天文历算不传入民间，明朝规定：“(钦天监)监官毋得改他官，子孙毋得徙他业。”因此，钦天监官学事师者全属官子弟，其数学教育范围极小，加上270多年未改历，所以士人不学数学。

明朝社会矛盾激化，弊病环生，皇帝集权，宦官枉法，独尊理学，八股取士，实行文化专制，大兴文字狱，排斥数学研究，称其为“奇技淫巧”，严禁民间习历法，数学教育受到沉重打击，致使宋元时期创造的高深数学理论失传或“中断”，这实际上是中国理论性算法体系发展的完结。在西方数学传入之前，中国数学的发展无法达到宋元时期的高度，且逐渐转入低谷。

明朝中期以后，商业贸易的发展促进了商业数学及珠算的发展。为适应经济发展的需要，民间数学教育，特别是商用数学和珠算教育有了空前的发展。吴敬的《九章详注比类算法大全》可以说是适应明代经济发展状况的数学应用全书；程大位的《直指算法统宗》是完全符合日常商贸计算需求的经典珠算教科书，家喻户晓，像"四书五经"一样，风行全国，远播朝鲜、日本，遍及东亚。珠算成了传统数学教育主流，是工商行业、家庭日用、小学教育必备的计算工具。

明朝中期以后，与数学关系密切的如天文学、历算的官学，也就是钦天监的官学，为了谋求发展引进了西方的天文历法，标志着西方数学开始进入中国。这就不得不提到在数学教育方面作出了巨大贡献的明朝著名科学家、政治家徐光启。1606年，徐光启与意大利传教士利玛窦合译了欧几里得的《几何原本》前6卷，这在中国数学界引起了巨大反响，成为明清两代数学家的必读之书，也是中国数学教育内容的一个重要组成部分。

清朝(1616—1911)是中国封建社会逐渐没落和走向灭亡的时期，是西方资本主义社会正在发展和列强对外扩张的阶段。清朝沿袭了明朝的各种教育制度，将加强君主集权统治作为一切政策的根本目的。但在清朝前期，由于西方数学经传教士传入中国，中西数学融合的现象得以出现，加上康熙皇帝酷爱数学，使得私学数学教育十分发达，从一定程度上也推动了数学教育的发展。因此，与明朝相比较，清朝前期的数学教育有了较大的发展。

清朝在鸦片战争之前，采取闭关锁国的政策，屡兴文字狱，禁锢士人思想，崇尚程朱理学，科举八股取士。但由于天文历算的需要和康熙帝的个人爱好，才引进西算人才，并鼓励梅文鼎等数学家和天文历算专家研究"御定"《数理精蕴》等书，开算学馆，设师授徒，以《数理精蕴》为教材，它虽然规模不大且偏重于天文方面，但对促进数学教育发展也起了一定的作用。结合《四库全书》的资料收集和编纂工作，乾嘉学派的戴震、李潢、李锐、罗士琳、阮元等，发掘和整理中国古代数学典籍，形成了一个宣传、研究传统数学的高潮。尤其阮元、李锐编辑的《畴人传》，阐明中国古代传统数学家和数学教育家的师承源流和发展过程，是中国古代唯一的数学史和数学教育史专著，贡献颇大。梅瑴成的《赤水遗珍》使湮没几百年的宋元数学中的天元术重见天日。

在康熙、乾隆年间，西算东渐，比利时传教士南怀仁、法国传教士白晋等西方人士传授西算，培养学生。在康熙帝的影响下，有些学者研究中西数学，沟通古今，继续进行西算引进和融会贯通的工作，对数学教育比较重视，例如在中央官学之一的八旗官学设立算学馆，后来又隶属国子监。数学内容增加西算知识，学生毕业全入钦天监，此举在清初培养了一大批数学人才。清初也是私学数学教育空前发展的时期，以梅文鼎等人最为著名。清代中期，以乾嘉学派的数学教育(包括地方官学、书院和私学的数学教育)最为著名。他们深入研究了中国古代数学，并从事了中西会通的工作。如梅氏祖孙几代相传，家学渊源，熔中西数学于一炉，传世著作颇丰。但相对于西方国家而言已经明显落后，这主要是当时闭关锁国的政策导致无法与西方国家进行学术交流所引起的。

数学家的言论也可体现出清朝的数学教育发展历程。清初数学家陈世明说："尝观古者教人之法必原本于六艺，窃疑数之为道小矣，恶可与礼乐侔……后世数则委之商贾贩鬻辈，士大夫耻言之，皆以为不足学，故传者益鲜。"清朝中期数学家张豸冠则说："数为六艺之一，古之学者罔弗能。自词章之学兴，而此道遂弃如土。虽向老师宿儒问以六经四书中之涉于数者，亦茫然不能解。"可见，清朝的数学进一步走向衰落。

1.2 近现代数学教育发展历程

1.2.1 近现代国际数学教育的发展概况

1.2.1.1 数学教育现代化问题的提出

数学教育的现代化运动的发端可溯源至 20 世纪初。1901 年，英国工程师、皇家理科学院教授培利(J. Perry)在英国科学促进会发表了以"论数学教学"为题的演说，批判了英国当时的教育制度，抨击"为培养一个数学家而毁灭数以百万人的数学精神"，他主张"关心一般民众的数学教育"。演说的中心思想是：①要从欧几里得《几何原本》的束缚中完全解脱出来；②要充分重视实验几何学；③重视各种实际测量和近似运算；④要充分利用坐标纸；⑤应多教些立体几何(含画法几何)；⑥较过去更多地利用几何学知识；⑦应尽早地教授微积分概念①。

随后，其他国家也开始进行不同程度的数学教育改革。其中，德国的数学教育改革思想引起了数学界的广泛关注。1904 年，德国数学家克莱因(F. Klein)提出的教育改革观点是：①以函数概念统一数学教育内容；②加强函数和微积分的教学；③改革、充实代数内容；④用几何变换的观点改革传统的几何内容；⑤把解析几何纳入中学数学内容②。

20 世纪初，培利、克莱因率先提倡数学教育要进行改革，并提出相关的改革主张。随之而来的还有美国、日本、法国等几乎所有资本主义国家，影响广泛。后来，人们称这次数学教育改革为培利－克莱因运动。这次运动为 20 世纪 60 年代的数学教育现代化埋下了种子，也给后来在世界范围内发起的数学教育现代化运动带来了深远影响。

1.2.1.2 数学教育现代化运动的发展

第二次世界大战结束后，一些先进的工业国家逐渐转入经济恢复时期，经济的发展需要刺激科学、文化和教育的革新和变化。1957 年 11 月，苏联发射了第一颗人造地球卫星，以该事件为导火索，引起了从美国开始的席卷半个世界的数学教育现代化运动，即"新数学运动"。

1958—1962 年，这一时期为数学教育现代化运动的发动阶段。该阶段主要通过召开一系列国际性数学教育会议揭露过去数学教育中存在的问题，并提出相应的改革措施和建议。传统数学教育中暴露出来的问题主要有以下六点：①观点落后，缺乏近、

① 马忠林，王鸿钧，孙宏安，等. 数学教育史[M]. 南宁：广西教育出版社，2001：345.

② 马忠林，王鸿钧，孙宏安，等. 数学教育史[M]. 南宁：广西教育出版社，2001：346.

现代数学思想；②内容陈旧，基本停留在16世纪前后，尤其是几何，基本上是2000年前的《几何原本》的翻版；③体系零散，中学数学各科，各自为政，互不联系，缺乏共同的理论基础；④计算烦琐，过分强调计算技巧，脱离实际，收效甚微；⑤方法单调，教学方法多年来形成了一个模式(粉笔、黑板、教师讲述)，教师讲述又遵守同一格式(讲述定义、定理、典型例题、布置作业、批改作业)，教学中偏重演绎法，忽视归纳法；⑥大学、中学脱节，大学与近代科学技术的发展联系较紧密，因而大学数学课程提高很快，而中学数学课程处于长期停滞不前的状态，这样一来，二者之间的差距越来越大，脱节十分严重[①]。

1962—1970年，这一时期为数学教育现代化运动的实验阶段，也是在这一时期，“新数学运动”发展达到高潮。美国作为数学教育现代化运动的发起者，在全美数学协会(MAA)、全美数学教师协会(NCTM)的扶持下成立了“学校数学研究小组”(School Mathematics Study Group，SMSG)，该小组致力于编写从幼儿园到大学预科的全部教材并进行大范围推广。随后，英国、苏联、日本等国家也相继开展了一系列的实验举措，各国的新的大纲、教材及教学方法均发生了不同程度的革新，改革成果较为显著。

1970年以后为数学教育现代化运动的反思阶段。“新数学运动”的迅速兴起源于经济发展和教育结构调整的需要，是历史发展的必然性结果。历时十多年的时间，数学教育现代化运动为数学教育的发展提供了新的观点和思想，但在实践过程中也出现了一些激进的错误做法：①学习过难、过深的纯数学知识，远远超出了学生的认知能力范围和生活实际，导致学生负担过重；②专注于精英教育的发展，忽视了基础教育的重要性，改革有些急功近利、矫枉过正，教学质量骤降；③完全否定第一次世界大战前的数学教育成果，另起炉灶，割裂数学教育发展的脉络。因此，各国开始放慢改革步伐，进行反思和总结。“新数学运动”遭受猛烈的抨击和批评，被迫以失败告终。

1980年8月在第四届国际数学教育会议(ICME-4)上，数学家们对20年来数学现代化运动的得失进行了分析和评价。会议对这次现代化运动的特征和教训进行了总结。

数学教育现代化运动的主要特征包括：①增加现代数学内容，包括集合、逻辑、群、环、域、矩阵、向量、概率、统计、计算机科学，即使在小学里也加进数的理论、简单的概率统计、代数、函数等；②用现代数学的代数结构、拓扑结构和序结构组成统一的数学课程；③强调公理方法和抽象化；④摒弃欧几里得几何，寻求新的途径，用变换和线性代数等方法建立几何体系；⑤削减传统的运算和恒等变形[②]。

数学教育现代化运动的主要教训包括：①增加的现代数学内容太多，抽象概念引入过早，教材过分结构化、抽象化；②教材只强调理论，忽视数学的应用，只强调理解，忽视了基本技能的训练；③数学不能割断历史，传统的中学数学还是最基本的；④只面向成绩好的学生，忽视了不同程度学生的需要，数学教学应面向全体学生，而不是只培养数学家[③]。

尽管“新数学运动”最终以失败告终，但是它为后来的数学教育研究提供了新的思

---

① 马忠林，王鸿钧，孙宏安，等．数学教育史[M]．南宁：广西教育出版社，2001：381.

② 涂荣豹．数学教学认识论[M]．南京：南京师范大学出版社，2003：7.

③ 同②.

想和方向，同时也留下了宝贵的经验和教训。无论如何，这次具有里程碑式意义的数学教育改革必将以其在社会上的深远影响永载数学史册。

“新数学运动”声势浩大，很多国家付诸了大量的心血和精力进行数学教育改革。“新数学运动”的失败也使各国元气大伤，回归理性。欧洲一些国家又重新“回到基础”，日本也开始实行“留有余地”的数学教育。由于“回归基础”仍注重基础知识和基本技能的机械训练，所以在这一时期，教育质量并没有得到改善，数学教育一直处于低谷时期。

经过长达十余年的理性反思和“回到基础”，数学教育家们意识到科学的教育理论对教育改革的重要指导作用，各国开始重新审视数学教育的未来发展。直到 1980 年，全美数学教师协会公布的文件《行动的议程》中指出：“80 年代的数学大纲，应在各年级都介绍数学的应用，把学生引入问题解决中去”，“数学课程应当围绕问题解决来组织”[①]。此后，法国、日本、英国、瑞典、德国等也都相继把问题解决纳入教学大纲，“问题解决”成为 20 世纪 80 年代引领美国和西方数学教育的核心环节。美国数学家、数学教育家波利亚(George Polya，1887—1985)作为数学教育“问题解决”的先驱和奠基人，他撰写的《怎样解题表》是典型著作，他认为：①解题是人类的本性，人可以被定义为“解题的动物”；②数学在发展学生智力方面提供了最大的可能性，因此，数学教师要尽一切可能来发展他的学生的解决问题的能力，特别是解决新问题的能力；③“问题解决”的目标不是要发现一个“万能的方法”，而是希望通过问题解决的成功实践，总结出某种规律或模式，它们在以后的解题活动中可起到启发和指导的作用[②]。

实践表明，“问题解决”并没有像“新数学运动”“回归基础”一样昙花一现，甚至在四十多年后的今天，“问题解决”仍是世界各国数学教育的发展潮流，并涌现出一大批致力于“问题解决”研究的数学教育大家和高质量的探讨“问题解决”的理论书籍。注重“问题解决”已成为数学教育界的共识，这也驱动了后来“数学地思维”等主张的提出和发展。尽管“问题解决”表现出极强的生命力，但是我们仍要理性地看待“问题解决”，譬如对“问题解决”与“题海战术”的必要澄清。

进入 20 世纪 90 年代，“大众数学”成为国际数学教育界最响亮的口号，这一口号最早是由荷兰数学家弗赖登塔尔(Hans Freudenthal)倡导的，其内涵是：人人都要学数学，但并不是所有人学同样的数学。所以，他的教育目标是：让每个人能够掌握有用的数学，并且不同的国家有不同的“大众数学”[③]。虽然“大众数学”的口号因过分专注“数学的大众化”，使当时的数学学习内容、数学教师重新回到低水平的发展轨道，以致于逐渐被时代所淘汰，但是，其观念中的合理成分还是被一些国家传承下来，例如，我国新课程基本理念的第一条就明确提倡“人人都能获得良好的数学教育，不同的人在数学上得到不同的发展”。

---

① 涂荣豹. 数学教学认识论[M]. 南京：南京师范大学出版社，2003：9.

② 涂荣豹. 数学教学认识论[M]. 南京：南京师范大学出版社，2003：10.

③ 涂荣豹. 数学教学认识论[M]. 南京：南京师范大学出版社，2003：14.

1.2.2 近现代中国数学教育的发展概况

1.2.2.1 清末数学教育的发展

1840年的鸦片战争，揭开了中国近代史的序幕，至五四运动(1919)为近代时期，这期间的中国逐渐沦为半殖民地半封建社会，是中国人民备受侮辱和欺凌的年代，也是中国人民奋起斗争、英勇反抗的年代。鸦片战争使清政府饱受西方“船坚炮利”的苦头，闽浙总督沈葆桢断言“水师之强弱，以炮船为宗；炮船之巧拙，以算学为本。”他为引入西算而奔走呼号。

在这个剧变的时代，出现了洋务运动、戊戌变法。新学堂就是其中的一个产物。中国近代数学教育始于洋务运动。1862年，洋务派创办京师同文馆；1866年，增设天文算学馆；1868年，京师同文馆开设了代数、几何、三角、微积分等数学类相关课程，并聘请著名数学家李善兰为总教习，这是中国系统开设西方高等数学课的开端。1898年，京师大学堂成立，这也标志着中国近代第一所国立大学正式面世。京师同文馆于1900年八国联军攻占北京时停办，1902年并入京师大学堂。在此期间，政府开设了许多新式学校，多数设置了一定的数学课程。在“中体西用”的口号下，西方数学教育占据了学校的主要阵地，算术、代数、几何、三角等课程逐渐代替了传统的《算经十书》等教材。“废科举，兴学校”以后，由李善兰、华衡芳等数学家与西方学者合译的《代数备旨》《代微积拾级》《代形合参》《八线备旨》等，成为数学教育的主要参考书籍。

1903年，清政府颁布并实行的“癸卯学制”，是中国近代历史上由国家颁布并在全国范围内实行的第一个学制。清政府废除了在中国历史上延续了1 300多年的科举制，从此兴办小学、中学，开始了中国近现代的初等数学教育。“癸卯学制”基本上是仿照日本的学制，各级学校都规定有数学课程，小学设算术课，中学设算学课(授代数、几何、三角等)。

辛亥革命后，民国临时政府颁布“壬子癸丑学制”(1912—1913)，该学制具有明显的反封建性质，反映了发展资本主义的要求。该学制的中小学均设有数学课，其中小学4年，每周5节数学课；高小3年，每周4节数学课，都学算术；中学4年，男中每周4～5节数学课，女中3～4节数学课；大学6～7年，根据学科性质规定所学数学课程的学时和内容。该学制主要参考德国学制，有明显的双轨制特点，关于数学课程的设置与日本、英国、美国等国相近，初等教育方面学算术，中等教育方面学算术、代数、几何、三角。至于数学教科书则是多种多样的，有中译本，有外文本，有商务印书馆出版的成套的中小学教科书《算术》《代数》《平面几何》《立体几何》《平面三角大要》等。学校和教师有权决定采取何种教科书。

1912年，京师大学堂改名为北京大学，首次设立数学门(相当于现代高等院校中的系)，随后，于1919年数学门改称为数学系。

1.2.2.2 民国时期数学教育的发展

五四运动以后，中国开始步入了反帝反封建的现代史时期，数学教育也有新的发展。受美国学制的影响，民国政府于1922年颁布了“壬戌学制”(1923—1929)，中小学实行六三三制，专科2～3年，大学4～6年，并实行学分制。根据“壬戌学制”，1923

年公布新学科课程纲要(也称为课程标准)，其中就有《初中算学课程纲要》和《高中算学课程纲要》，小学开设算术，初中开设算术、代数、平面几何，高中开设平面三角、几何、代数、平面解析几何和选修课。教材采取混合统编的方法。

1929年、1933年、1936年共3次修订数学课程标准，初中数学课程的课时略有减少，取消了高中选修课，增加了数学课的比重和学时。1939年再次修订数学课程标准，初中数学每周3～4学时，高中分甲、乙班，甲班数学每周为4～5学时，乙班数学每周为3～4学时。

20世纪20年代前后许多大学开始设立数学系，如南开大学(1920)、厦门大学(1926)、中山大学(1926)等，后来各综合大学和师范学院及设有理科的其他高校都开设了数学系。1931年，清华大学开始培养数学方向的研究生，浙江大学、国立中央大学、北京大学及西南联合大学随后也陆续开始培养数学方向的研究生。当时还派遣了一批数学留学生，胡明复(1891—1927)是中国第一位在国外获得博士学位的数学家(数学方向的哲学博士，1917)。当时还请了一些外国数学家来华讲学，如N. 维纳(美国数学家，控制论创始人，1935—1936年在清华大学作访问教授)、阿达马(法国数学家，1936年在清华大学讲学)。

1927年大革命(第一次国内革命战争)失败以后，中国共产党领导中国人民开展武装斗争，建立了苏维埃政权，苏区实行新民主主义教育。1934年规定小学五年制，设算术每周为4～6学时。1938年，实行抗战教育政策，强调以民族精神教育新一代，在根据地开办许多干部学校，其中包括延安自然科学院。

1.2.2.3 中华人民共和国成立后数学教育的发展

1949年中华人民共和国成立后，中国的数学教育进入一个新的历史发展阶段。1949—1952年，在巩固和发展老解放区教育的同时，接管并改造1949年以前遗留下来的学校。

1952年，根据“学习苏联先进经验，先搬来，然后中国化”的方针，以苏联十年制学校中学数学教学大纲为蓝本，编订了《中学数学教学大纲(草案)》，并于1952年12月正式颁行，这是中华人民共和国成立后我国第一个中学数学教学大纲，该大纲于1954年、1956年重新修订颁行，成为我国第二、第三个中学数学教学大纲。中学数学教材也采用了苏联中学数学教材，但是取消了高中平面解析几何。

1959年，将算术下放到小学，初中逐步取消了算术课。高中增加了平面解析几何。1960年，在国内“持续跃进”和国际“新数学运动”的双重影响下，北京师范大学数学系编写了九年一贯制中小学数学试用课本。其中，高中数学增设微积分初步知识及概率论初步知识。

1963年，《全日制中学数学教学大纲(草案)》颁布施行，这是我国第四个中学数学教学大纲，据此大纲，中小学实行六三三学制(12年)，并编写了十二年制数学课本。

1966年开始“文化大革命”，教育事业受到严重破坏。10年期间学制多有变动，许多地方的中小学又实行九年一贯制。1976年10月6日粉碎“四人帮”。1977年10月恢复高考。1978年2月颁布《全日制十年制中学数学教学大纲(试行草案)》(这是我国第五个中学数学教学大纲)。据此大纲，中小学又改为五三二学制。该大纲顺应时代发展，根据数学发展要求，在教学内容上首次提出“精简、增加、渗透”的原则，并在中国数学教育史上第一次把初中数学提高到讲完二次函数和二次不等式，把高中数学提高到讲完微积分。该大纲还规定中学数学混合教授，不分几何、代数、三角等，统一称为“数学”。相应的新教材于 1978 年秋在全国使用。

1981 年，教育部颁行《全日制六年制重点中学数学教学大纲(草案)》(这是我国第六个中学数学教学大纲，只适用于重点中学)。并决定把五年制中学逐步改为六年制中学，同时对十年制中学数学教材进行修订。

1983 年 10 月，教育部根据中国当下教育的实际情况，大范围地对教学质量提出了更高的要求，并由此颁布了改革纲要——高中数学两种教学纲要。在中学数学教材改革进程中，既出现了为五年制普通中学编制的数学教材，也出现了为六年制重点中学编制的数学教材；此外，几种为教学实验编制的中学数学教材也相继面世。与此同时，教学方法的实验研究也受到了学者重视，尤其是关于能力的培养和学生学习规律的探索备受关注。

1986 年，国家教育委员会本着“适当降低难度，减轻学生负担，教学要求尽量明确具体”的三项原则，颁行了《全日制中学数学教学大纲》(这是我国第七个中学数学教学大纲)。其中精简了部分教学内容，如将微积分初步、概率、行列式和线性方程组改为选学内容，理论要求有所降低；对方程、不等式同解原理，不要求学生判别两个方程或不等式是否同解，对习题的难度也作了规定。此大纲从 1987 年开始执行，按照此大纲编写的各类中学数学课本于 1990 年后陆续问世①。

1988 年，国家教育委员会颁发了《九年义务教育全日制小学初中课程计划(草案)》和相应的教学大纲(初审稿)，提出“一纲多本”的教材改革意见。1992 年，国家教委颁布了《九年义务教育全日制初级中学数学教学大纲(试用)》(这是我国第八个中学数学教学大纲)，其中强调了数学教学的地位、作用、目的和要求，在内容方面渗透“精简、增加、渗透”的思想。1993 年秋，多种版本的初中数学教材开始使用。

同时，国家教育委员会为支持以上海为代表的发达地区城市发展的需要，允许不受义务教育教学大纲的限制，编制了《九年制义务教育数学学科课程标准(草案)》。为配合在上海地区所进行的实验，根据草案编写了全套数学教材(共 18 册)。这套教材贯彻了上海市课程教材整体改革的思想，力求做到在全面提高学生素质的同时缓解学生学习负担过重的问题，把培养社会主义事业接班人作为首要任务。国家教育委员会还支持浙江省针对农村教育的现实需要制订相应的数学教学大纲，依据大纲编写了反映农村特点的数学教材，并在局部地区进行相对应的数学教学试验。

1996 年，国家教育委员会颁发了《全日制普通高级中学数学教学大纲(试验)》(这是我国第九个中学数学教学大纲)，并从 1997 年起在江西、山西两省和天津市等地进行试验，2000 年起推向全国。此教学大纲的体系有所创新、内容有所更新，并能照顾到社会实际的需要，其优点比较突出。

跨世纪之际，国际数学教育的发展十分迅速，许多新的数学教育理论应时而生，

① 丁尔陞. 我国中小学数学课程发展的思考[J]. 数学通报，2002(5)：1—7.

中学数学教学大纲已不能全面地阐释数学教育各方面的要求，故我国《数学课程标准》[①]的制定也必然地提到了议事日程上。这是我国现代数学教育界的一件大事。

1998年，教育部基础教育司进行课程改革，对国家数学课程标准的制订引起了全国各界关注，一系列的讨论会相继举行，媒体广泛报道，数学课程的改革受到前所未有的关注。

2001年6月，全国基础教育会议在京召开。该会议通过了《基础教育课程改革纲要(试行)》等有关课程改革的文件，对数学课程改革具有重要指导意义。教育部于2001年7月颁行《全日制义务教育数学课程标准(实验稿)》；2003年4月颁行《普通高中数学课程标准(实验)》；2006年10月颁行《全日制义务教育数学课程标准(修改稿)》；2011年12月印发《义务教育数学课程标准(2011年版)》，并于2012年秋季施行；2018年1月颁发《普通高中数学课程标准(2017年版)》。随着国家数学课程标准的颁行与修订，我国迎来了数学教育的一次重大变革。

在新一轮基础教育课程改革的浪潮中，长达半个世纪的数学教学大纲悄然退出历史舞台，取而代之的是全国上下统一使用的国家数学课程标准。在一定程度上说，数学课程标准是数学教学大纲的进一步发展与革新。数学课程标准在目标、内容、要求、结构等方面都蕴含着素质教育的基本理念，与当下国家对数学教育提出的时代要求相契合。

中学数学教材的教学方法、数学教学理论和数学教育学也越来越受到重视。这些数学教育理论书籍的出版，提高了基础教育数学教师的教学理论水平，起到了积极的作用。

基础教育数学课程改革的演变对高等院校的数学教育也产生了积极的影响。高等院校师范专业的教材《中学数学教材教法》《数学教学论》《数学教育学》等也越加受到重视。至今已出版了多种版本的数学教育理论教材和参考书。这些优秀数学教育理论书籍的出版，对高等院校进行数学教师人才培养起到了举足轻重的作用。

在国家建立和完善了数学师范方向的学位制度之后，高等院校为社会输送了一批又一批拥有学士、硕士和博士学位的人才。近年来，越来越多的高校开始招收数学教育博士研究生。人们对数学教育的研究已突破原有的认知框架，逐步向着更深更广的视野迈进。国际视野和文化视野下的中国数学教育学体系也正在形成，数学教育学已经成为师范专业教育的核心课程。可见，中国数学教育正在飞速发展。

思考与练习

1. 数学现代化运动的核心主张是什么？对中国数学教育产生了哪些影响？
2. 中华人民共和国成立后几次数学课程改革的背景和着力点是什么？
3. 你认为中小学数学教师需要了解数学教育史吗？为什么？

① 我国在1952年以前一直称为《数学课程标准》，1952年全面学习苏联后才改为《数学教学大纲》。

第2章　21世纪数学课程改革

学习提要

本章主要介绍世界数学课程改革概况和我国数学课程改革的背景以及现行的数学课程标准。总结21世纪各国数学课程改革的趋势，为我国数学课程改革提供经验。

2.1　国际数学课程改革概述

2.1.1　美国的数学课程改革

美国的数学课程在21世纪之前经历了三次重大变革，每一次变革都异常猛烈。第一次是在20世纪初，受以杜威为代表的进步主义教育影响的改革；第二次是在1929年美国经历了一次非常严重的经济危机以及1957年苏联第一颗人造卫星成功发射之后发起的“新数学运动”；第三次是美国联邦教育部长组建的全国优质教育委员会于1998年发表了题为《国家处于危险之中：教育改革势在必行》的报告，从而又一次引发了大规模的数学教育改革。前两次的改革虽然都以失败告终，却为第三次的数学教育改革提供了宝贵经验，这三次的改革也为美国21世纪数学课程改革打下了坚实的基础。

美国是一个联邦制国家，州与州之间的教育法规和体制是相对独立的，所以每个州K～12年级的学制和教学内容由其独立制订，导致了美国长期以来都没有全国统一的中小学数学课程标准。在“不让一个孩子掉队”(No Child Left Behind)法案签署后，各州更是为了避免中小学生成绩不达标而被惩罚，将其数学课程标准的要求一再往下降，进一步深化了“一英里宽，一英寸深”的教学惨状。为了解决这个重大问题，全美州长协会最佳实践中心与州首席教育官员理事会于2009年联袂发起“共同核心州立标准计划”。最终，在2010年6月2日，美国首部《州共同核心数学标准》(Common Core State Standards for Mathematics，CCSSM)正式发布，其目的在于让全美各州数学教育均能实行统一的数学教育标准，对K～8年级的内容标准作了详细的说明，采纳的州将以这部CCSSM为基础修订本州的数学课程、教学和评估体系，但是否采用CCSSM，由各州自行决定。根据各州(除阿拉斯加州和得克萨斯州外)签署的协议备忘录规定，各州的标准可超越全国统一标准的核心内容，只要统一的核心内容占到州标准的85%以上，并且在3年内实施即可。CCSSM的发布是美国在提升本国数学教育水平方面所做的最新努力，也是美国在统一全国数学课程标准的教育改革方面取得的重大突破。

CCSSM列出了K～12年级学生应当共同遵守并始终贯穿于教学的8项数学实践指标，分别是：①理解问题并坚持不懈地解决问题(make sense of problems and persevere in solving them)；②推理的抽象性与数量化(reason abstractly and quantitatively)；③构建可行的论断，质疑他人的推理(construct viable arguments and critique the reasoning of others)；④数学模型(model with mathematics)；⑤策略性地使用恰当的工具(use appropriate tools strategically)；⑥注意精确性(attend to precision)；⑦探求并利用结构(look for and make use of structure)；⑧在重复的推理中，探求并表达规律(look for and express regularity in repeated reasoning)。

CCSSM 的数学内容标准由引言、概要与具体条目构成，分为 K～8 年级、9～12 年级两部分。其中 K～8 年级的内容标准分年级混合制定，每个年级包含 4～5 个知识领域(见表 2-1)，课程内容较为基础。9～12 年级的数学内容标准按学科分支制定教学内容，将高中分为数与量、代数、函数、数学建模、几何、统计与概率六个分支。数学建模不涉及具体知识点，只作整体要求，其余五个分支每个都涉及 4～6 个的知识领域(见表 2-2)，所学的数学内容较为系统。[①]

表 2-1　K～8 年级的知识领域

年级	知识领域
K	计数与基数；运算与代数思考；自然数与运算；测量与数据；几何
1	运算与代数思考；自然数与运算；测量与数据；几何
2	运算与代数思考；自然数与运算；测量与数据；几何
3	运算与代数思考；自然数与运算；分数与运算；测量与数据；几何
4	运算与代数思考；自然数与运算；分数与运算；测量与数据；几何
5	运算与代数思考；自然数与运算；分数与运算；测量与数据；几何
6	比与比例关系；数系；式与方程；几何；统计与概率
7	比与比例关系；数系；式与方程；几何；统计与概率
8	数系；式与方程；函数；几何；统计与概率

表 2-2　9～12 年级各数学分支的知识领域

分支	知识领域
数与量	实数系；数量(标量)；复数系；矢量与矩阵
代数	式与结构；多项式与函数；方程；等式与不等式
函数	理解函数；建立函数；一次函数、二次函数和指数函数；三角函数
数学建模	不涉及具体知识点
几何	合同；相似、直角三角形和三角学；圆；图形与方程；几何测量与维数；几何建模
统计与概率	解释分类与量化的数据；推理与验证结论；条件概率与概率公式；概率的应用

① 曾小平，刘效丽．美国《共同核心数学课程标准》的背景、内容、特色与启示[J]．课程・教材・教法，2011，31(7)：92－96.

2.1.2 英国的数学课程改革

英国的数学教育改革被学者认为“历来十分活跃，在国际上占有重要地位”(许承厚，1995)。在数学课程和教材改革方面，20世纪60年代新数学运动中出现的SMP教材和20世纪80年代出版的《考克罗夫特报告》(中文版译名为《数学算数》，范良火，1994)在国际上有相当大的影响。20世纪90年代中期，国内学者对英国的数学教育和课程改革给予了不少关注和介绍。①

英国由英格兰、威尔士、苏格兰和北爱尔兰四大区域组成。1999年，威尔士建立了自己的地方议会后，英国四个区域的教育政策互不相同。这里主要讨论1999年以后对英国数学教育影响较为深远的改革。从英国教育史的里程碑——1944年的《巴特勒法案》到1983年“学校数学教学调查委员会”对中小学数学教学作了深入研究后发表的《考克罗夫特报告》，这引起了英国政府对教育特别是数学教育的重视。直至1988年，英国通过《教育改革方案》，加强了对地方和学校的课程管理，开启了英国现代课程整体改革的时代。此后，英国政府在1989年颁布了第一个国家课程标准，并先后在1991年、1995年、1999年对国家课程标准进行了三次修订。

2011年，英国政府经过详细分析，着手制定新的国家课程标准；2013年9月，英国教育部发布《英国国家课程》，制定英语、数学、科学三个核心科目(关键学段1～3)和体育等九个基础科目(关键学段1～4)的课程框架，并在2013年9月到2014年12月陆续颁布。首先，英国对5～16岁学生实施义务教育，将11年义务教育划分成四个关键学段(简称KS)：KS1(1～2年级，5～7岁)；KS2(3～6年级，7～11岁)；KS3(7～9年级，11～14岁)；KS4(10～11年级，14～16岁)。1～6年级为小学、7～11年级为中学，规定每一个学段末，即7岁、11岁、14岁、16岁的学生，要进行国家统一考试，前三次评定采用考试与教师评价相结合的方式，16岁考试(11年级)采用普通中等教育证书考试GCSE，以保证一定程度上的统一性。另外，英国将12～13年级的学生划分为第六学级(Sixth form)，《英国国家课程》对该学级学生的学习水平没有做出明确规定，以便教师根据学生的情况灵活教学。其中，《英国国家课程》中的数学部分[以下简称NCE2014(数学)]阐释了关键学段KS1～KS4的数学课程(见表2-3)，这是进入21世纪以来英国政府颁布的最为重要的中小学数学课程改革纲领性文件，主要着眼于为英国青少年提供世界一流的数学教育，引领英国国家数学课程改革的未来方向。

表2-3 英国各学段数学学习大纲与教学目标

学段	年级	学习大纲	教学目标
KS1	1～2	该学段的内容主要是发展学生的数学语言，培养学生选择和使用物质材料，以及发展推理能力	目标1：使用和应用数学 目标2：数 目标3：图形、空间与度量

① 牛晶.中英义务教育阶段数学课程标准比较[D].东北师范大学，2012.

续表

学段	年级	学习大纲	教学目标
KS2	3～6	该学段的内容主要是使学生在数学的应用中，其关于数学语言、推理能力和技能、数学模式与关系的代数思想在数学的其他领域中获得发展	目标1：使用和应用数学 目标2：数 目标3：图形、空间与度量 目标4：数据处理
KS3	7～9	在第三和第四学段，学生应基本掌握学习大纲所规定的内容，并在第四学段学习大纲规定的进一步补充的材料	目标1：使用和应用数学 目标2：数 目标3：代数 目标4：图形、空间与度量 目标5：数据处理
KS4	10～11		

NCE2014(数学)分为七部分，分别是学习目的、课程目标、信息与通信技术、口语、学校课程、达成目标和数学学习计划。该标准致力于培养学生发展流畅性、数学推理和解决问题这三方面的素质。①发展流畅性(fluent)指精通数学的基本原理，包括通过频繁地练习各种复杂问题发展学生对概念的理解，以及快速、准确地回忆、应用知识的能力。②数学推理(reason mathematically)指通过一系列的询问、猜测数学对象的关系和结论，使用数学语言拓展证明结论，以此发展学生的数学推理能力。③解决问题(solve problems)指能够应用已有知识解决各种复杂的问题，包括把问题分解成一系列简单的步骤，寻求解决方案。[①]

同时，NCE2014(数学)还对总体目标作了一些补充说明。它指出数学是一个相互联系的学科，学生需要在不同的数学知识表征间流畅转换。虽然学习计划将学科内容分成不同的领域，但是学生应该丰富数学知识间的联系，以便发展流畅的思维品质、数学推理能力以及解决日益复杂问题的能力。另外，学生应该将自己的数学知识应用于科学以及其他学科。NCE2014(数学)的期望是：大部分学生都会以大致相同的步调走过学习计划，但决定什么时候进入到下一阶段的学习，应基于学生对知识的理解，并且学生已经做好进入下一阶段学习的准备。迅速掌握概念的学生在学习下一个内容之前，必须能够解决大量复杂的问题。那些不能熟练处理数学材料的学生，必须加强其对概念的理解，包括增加练习。

2.1.3 新加坡的数学课程改革

新加坡独立前是英国的殖民地，其数学教学依据英国剑桥考试标准而展开。学生完成前四或五年的中学课程后需参加剑桥普通教育证书“O”或“N”水准会考。新加坡剑桥“O”水准考试(GCE“O”Level)，是由新加坡教育部和英国剑桥大学考试局共同主办的统一考试，考试成绩被英联邦各个国家所承认和接受。“N”水准是新加坡教育部和英国剑桥大学考试部共同主办的统一考试，具体分为两类：Normal(Technical)Level，简称N(T)Level和Normal(Academic)Level，简称N(A)Level。

① 廖运章．美国《州共同核心数学标准》的内容与特色[J]．数学教育学报，2012，21(4)：68—72．

凭借着历届国际数学与科学趋势研究项目(TIMSS)的出色表现以及国际学生评估项目(PISA)的优异成绩，长期以来新加坡的数学教育一直备受称赞，世界各国的学者也纷纷前往新加坡，学习并研究其教材、教学方法和课程体系等。其中，稳定且具有自身特色的数学课程体系是教育界讨论和关注的焦点。目前，新加坡正在施行其教育部于 2013 年颁布的中小学数学教学大纲(下文简称“新大纲”)，以逐年推进的方式进行。2016 年新加坡迎来了基于新大纲的第一次“O”水平考试，基于新大纲的第一次小学离校考试(PSLE)也在 2018 年顺利进行，为新加坡评定新大纲实施效果和进一步开展课程改革提供了重要指导作用。

在新加坡的数学教育体系中，其主要特征及最突出的部分是学生分流制度和稳固的课程框架。分流制度是为了让学习能力有差异和不同职业需求的学生得到更好的发展，因此其数学课程的组成也充分体现了分流的特征。下面展示新加坡小学到大学预科阶段的数学课程分流示意图(见图 2-1)[①]。

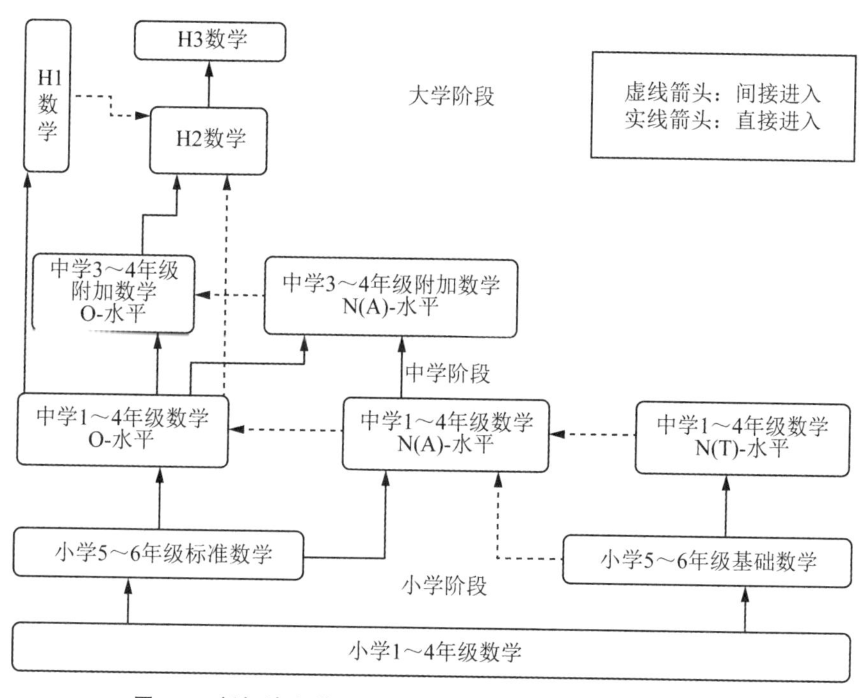

图 2-1　新加坡小学到大学预科阶段的数学课程分流示意图

小学阶段的数学课程可划分为两个学段：第一学段为小学 1～4 年级，数学课程使用统一的教学大纲；第二学段为 5～6 年级，数学课程由标准数学和基础数学两类教学大纲组成。大部分学生学习标准数学，对于一些需要更多学习时间的学生，他们可以选择基础数学。标准数学是 1～4 年级数学课程的延续，而基础数学则重温了 1～4 年级数学课程中的一些重要概念及技能。

中学阶段的数学课程由三类数学教学大纲组成，分别是 O-水平数学、N(A)-水平数学和 N(T)-水平数学，为相关课程的学生提供了大教育背景下所需的核心数学知识

① 金海月，乔雪峰．新加坡数学课程特色、发展趋向及其启示[J]．外国中小学教育，2017(3)：61－66＋73．

及技能。O-水平数学教学大纲以标准数学为基础；N(A)-水平数学教学大纲重温了小学标准数学中的部分关键知识；N(T)-水平的数学教学大纲以小学基础数学为基础。在中学 3～4 年级，对数学感兴趣且有意在大学选择数学相关专业的学生可以选修 O-水平附加数学或 N(A)-水平附加数学。N(A)-水平附加数学的设置是为了在一定程度上简化不同教学大纲间的衔接。学生在严格分流的基础上允许在不同阶段通过不同的途径进入高级别源流，其基本理念是“人人都应该有机会升学”“让学生通过不同的途径上大学”。

在大学预科阶段，学生可以有选择性地学习数学，根据不同的专业类别分成 H1，H2 和 H3 三种不同的考卷，考试的主要内容如表 2-4 所示。H1 数学以 O-水平数学课程为基础，主要面向有意选择商业和社会科学的学生。H2 数学则假定学生已学习了 O-水平附加数学中的部分内容，主要面向有意选择数学、科学和工程专业的学生。H3 数学是 H2 数学的延伸，主要面向学有余力、具有数学天赋且对数学怀有激情的学生。[①]

表 2-4　三类考卷的主要内容

考卷类别	面向考生类别	考试的主要内容
H1	财经、商贸、社会科学	函数与图象；微积分；概率统计；二项式定理与正态分布；抽样与假设检验；回归与相关
H2	物理、数学、工程技术	函数与图象，图形技术；方程与不等式；序列与数列；算术数列与几何数列；向量，向量的数量积；三维立体几何；复数；微积分；排列组合，概率；二项分布，泊松分布，正态分布；抽样与假设检验；相关系数与线性回归
H3	自我抱负高，具有数学天赋且对数学怀有激情	函数与图象；序列与数列；微积分；组合论；与组合问题相关的递归关系

新加坡稳固的课程框架则要追溯到 1990 年，新加坡教育部首次在数学教学大纲中提出数学课程框架——五边形模型(见图 2-2)。

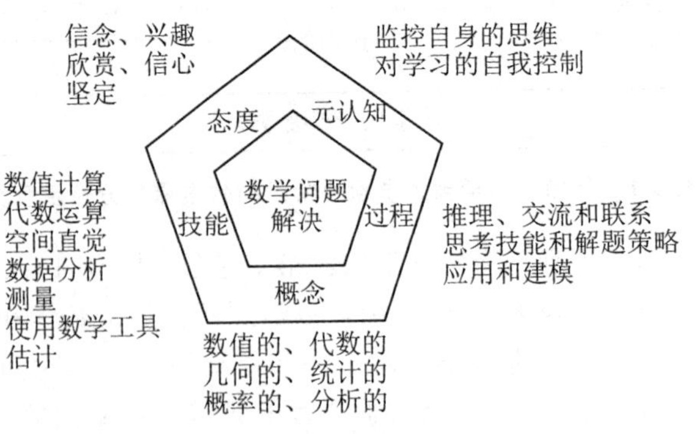

图 2-2　新加坡数学课程框架——五边形模型

五边形模型一直沿用至今，只是不同版本的数学大纲对模型中要素的强调各有侧

① 金海月，乔雪峰. 新加坡数学课程特色、发展趋向及其启示[J]. 外国中小学教育，2017(3)：61－66＋73.

重。这种稳定性在国际上获得了较高的评价。该框架适用于从小学到大学预科的所有年级，具有较强的延续性，对数学的教、学和评价也具有重要的导向作用。为了发展学生数学问题解决的能力，该框架的中心是数学问题解决。围绕问题解决有五个相对独立但又紧密相关的要素：概念、技能、过程、态度和元认知，旨在以概念与技能为基础，以过程为媒介，将元认知能力的培养及积极态度的孕育贯穿始终，让学生在经历、体验知识形成的过程中发展数学问题解决的能力。

2.1.4 芬兰的数学课程改革

芬兰的学生在国际学生评估项目PISA测试中连续三届名列第一，故芬兰被誉为“世界上基础教育最好的国家”。经研究发现，芬兰各学校间的差异性很小，不同背景下的学生对学习能保持较高的兴趣，能获得较好的成绩，且学生成绩整体上较为稳定。这些现象都表明芬兰教育的均衡性。芬兰认为每一位教师都是可信赖的，从不评比，教师教学的目的是“带大家去寻找一种思考和自我学习的动力，而不只是给学生提供答案”。芬兰注重学生自我管理能力的培养，让他们根据答案自行核对，因此芬兰教师不需要批改作业，而是花更多的时间准备课程、思考、休息、充实教学内容和自我研习、进修。

芬兰的数学教育方针最先于1994年由教育部在教育法案中提出，其要旨为：“中学数学学习的目的在于让学生具备理解并应用数学语言的能力，通过教育使他们能够阅读数学文章，抓住数学表达式的要点，证明或讨论数学概念并且欣赏数学中的精确美，在此基础上希望他们学会经常性提出假设，用严谨的语言验证其正确与否，并对所得结论进一步抽象和推广。”此外，芬兰在20世纪90年代对数学课程进行改革之后，改变了以往传统“中央集权”课程的管理体制，取而代之的是国家与地方及学校协同建设的课程管理体制。芬兰的学校将数学课程由易到难分为几个等级，每一级在内容上并不比前一级增加许多，但会以更深入的证明和讲解帮助学生巩固知识，并且进一步地了解数学语言。例如，高中阶段高级数学课程第一年的内容为基础代数、基础分析以及一些函数理论，这是在初中就反复学习过的。但在高中阶段，学校会采用另外的方式讲解，让学生对所学内容有更深的体会，这些讲解并不只局限于讲课、复习、作业、考试，而包含更加丰富多彩的形式并且注重实际应用①。

2014年8月，芬兰教育部发布了新的《国家基础教育核心课程》，提出了七大核心素养，包括：多元读写能力(multiliteracy)、信息通讯技术能力(ICT competence)、照顾自己与管理日常生活(taking care of oneself and managing daily life)、思考与学会学习(thinking and learning to learn)、文化素养与互动表达(cultural competence, interaction and self-expression)、职业能力与创业素养(working life competence and entrepreneurship)和参与构建可持续发展的未来(participating, involvement and building a sustainable future)。结合不同学科以及学生发展阶段的特点，芬兰将这七个核心素养分别融入各个学科课程中，其中将数学课程的目标任务定位为：数学学科是帮助学生发展其逻辑性、精确性和创造性的数学思维；数学教学旨在为学生提供发展数学思维、学习数学概念和数学问题解决的机会，发展学生的创意思维和精确思考的能力，培养

① 恽自求．关于芬兰中小学的数学教育[J]．中学数学月刊，2009(11)：1—2.

学生发现问题、研究问题和寻求解法的能力；数学教学要帮助学生建立对数学的积极态度，对自己的数学学习有正面的认识。同时，它也有利于发展学生的沟通能力、互动能力和合作能力。学习数学需要不懈地追求目标，在这个过程中，学生应为自己的学习负责；数学教学还要引导学生理解数学在日常生活中的使用，甚至在社会中的作用。数学的教与学需要发展学生在不同情形下运用数学的能力[①]。

芬兰的学制划分为基础教育阶段(1～9年级)和高中阶段(10～12年级)两大阶段，其中包括四个学段，分别是1～2年级、3～5年级、6～9年级、10～12年级。芬兰高中阶段的课程按学习内容与难度分为高级大纲和基本大纲，考虑到学生的个人需求，每个大纲还包含必修课程与专业化课程。其基础教育阶段和高中阶段的主要数学课程内容如表2-5、表2-6所示。

表2-5 芬兰基础教育数学课程主要内容

学段	1～2年级	3～5年级	6～9年级
数学课程内容	①思考与活动技能 ②数、运算与代数 ③几何 ④测量	①思考与活动技能 ②代数 ③几何 ④数据收集、统计与概率	①思考与活动技能 ②数与运算 ③代数 ④函数

表2-6 芬兰高中数学课程主要内容

大纲	必修课程	专业化课程
基本大纲	①表达式和方程 ②几何 ③数学模型 ④数学分析 ⑤统计与概率 ⑥数学模型Ⅱ	⑦商业数学 ⑧数学模型Ⅲ
高级大纲	①函数与方程 ②多项式函数 ③几何 ④解析几何 ⑤向量 ⑥统计与概率 ⑦导数 ⑧幂函数和对数函数 ⑨三角函数和数列 ⑩微积分学	⑪数论和逻辑 ⑫数值代数方法 ⑬微分和积分

① 唐彩斌.芬兰《国家基础教育核心课程》小学数学特点分析与借鉴[J].课程·教材·教法，2017(12)：116－121.

2.2　我国新一轮数学课程改革

2.2.1　新课程改革概况

中华人民共和国成立以来，我国基础教育发展举世瞩目。但由于教育观念滞后，人才培养目标不能适应时代发展的需求；课程内容“难、繁、偏、旧”；课程结构单一，学科体系相对封闭，难以反映现代科技、社会发展的新内容，脱离学生经验和社会实际；学生死记硬背、题海训练的状况普遍存在；课程评价过于强调学业成绩和甄别、选拔的功能；课程管理强调统一，致使课程难以适应社会、经济发展和学生多样化发展的需求。

当今，课程改革面临新的挑战。经济全球化深入发展，网络信息技术突飞猛进，各种思想文化交流、交融、交锋更加频繁，学生成长环境发生深刻变化。青少年学生思想意识更加自主，价值追求更加多样，个性特点更加鲜明。国际竞争日趋激烈，深入实施人才强国战略，时代和社会发展需要进一步提高国民的综合素质，培养创新人才。这些变化和需求对课程改革提出了更高要求。

2001 年 6 月，教育部颁行的《基础教育课程改革纲要(试行)》提出新一轮基础教育课程改革的六项具体目标，构成新一轮基础教育课程改革的总体框架。

(1)改变课程过于注重知识传授的倾向，强调形成积极主动的学习态度，使学生在获得基础知识与基本技能的过程中学会学习，形成正确的价值观。

(2)改变课程结构过于强调学科本位、科目过多和缺乏整合的现状，整体设置九年一贯的课程门类和课时比例，并设置综合课程，以适应不同地区和学生发展的需求，体现课程结构的均衡性、综合性和选择性。

(3)改变课程内容“难、繁、偏、旧”和过于注重书本知识的现状，加强课程内容与学生生活以及现代社会和科技发展的联系，关注学生的学习兴趣和经验，精选终身学习必备的基础知识和技能。

(4)改变课程实施过于强调接受学习、死记硬背、机械训练的现状，倡导学生主动参与、乐于探究、勤于动手，培养学生收集和处理信息的能力、获取新知识的能力、分析和解决问题的能力以及交流与合作的能力。

(5)改变课程评价过分强调甄别与选拔的功能，发挥评价促进学生发展、教师提高和改进教学实践的功能。

(6)改变课程管理过于集中的状况，实行国家、地方、学校三级课程管理，增强课程对地方、学校及学生的适应性。

遵循“先实践，后推广”的原则，新课程于 2001 年 9 月在全国 38 个国家级实验区进行实验，2004 年开始在全国推行，2011 年颁布《义务教育数学课程标准(2011 年版)》(以下简称《义教数学课标 2011》)。国家课程标准的制定和完善体现了与时俱进的时代特征。2014 年 3 月，教育部颁布《关于全面深化课程改革落实立德树人根本任务的意见》，进一步深化课程改革，主要任务是加强“五个统筹”(图 2-3)：

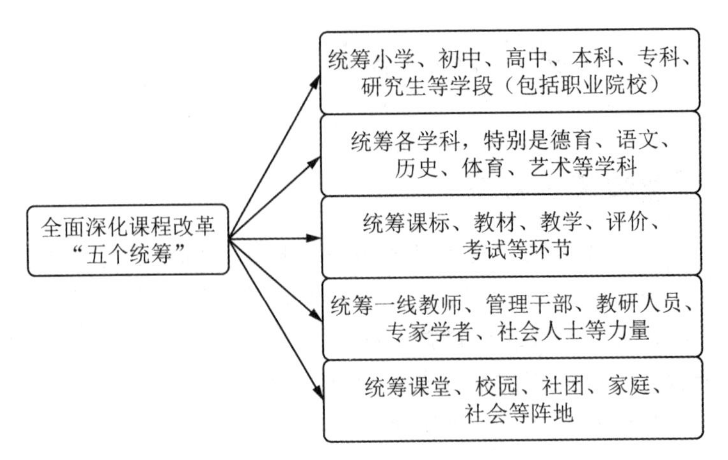

图 2-3　教育部“五个统筹”任务

党的十八大以来，以习近平同志为核心的党中央高度重视教育工作，党的十九大确立了习近平新时代中国特色社会主义思想的历史地位后，习近平总书记对教育工作作出了一系列重要部署，发表了一系列重要论述，深刻阐释了“培养什么样的人、如何培养人、为谁培养人”“办什么样的教育、怎样办教育、为谁办教育”等重大理论和实践问题，丰富和发展了中国特色社会主义教育理论。习近平总书记站在实现“两个一百年”奋斗目标和确保中国特色社会主义事业后继有人的高度，强调重视教育就是重视未来、重视教育才能赢得未来，把教育摆在优先发展的战略地位。党的十九大报告强调建设教育强国是中华民族伟大复兴的基础工程，要求全面贯彻党的教育方针，落实立德树人的根本任务，发展素质教育，推进教育公平，培养德智体美劳全面发展的社会主义建设者和接班人；要求以培养担当民族复兴大任的时代新人为着眼点，发挥社会主义核心价值观对国民教育、精神文明创建、精神文化产品创作生产传播的引领作用。

国家高度关心广大教师和学生的成长发展，并提出了殷切希望。一方面，习近平总书记强调教师是立教之本、兴教之源，强调党和国家事业发展需要一支宏大的师德高尚、业务精湛、结构合理、充满活力的高素质专业化教师队伍[①]，使教师成为最受社会尊重的职业。广大教师要做有理想信念、有道德情操、有扎实学识、有仁爱之心的好老师；做学生锤炼品格、学习知识、创新思维、奉献祖国的引路人；坚持教书与育人相统一、言传与身教相统一、潜心问道与关注社会相统一、学术自由与学术规范相统一。[②] 另一方面，习近平总书记对青年亦寄予厚望，指出青年一代有理想、有本领、有担当，国家才有前途，民族才有希望，勉励青年树立与时代主题同心同向的理想信念，努力做到修身立德、志存高远，勤学上进、追求卓越，强健体魄、健康身心，锤炼意志、砥砺坚韧。青年们要勇于担当新时代赋予的历史责任，励志勤学、刻苦磨炼，在努力奋斗中绽放青春光芒、健康成长进步。[③]

---

① 李广．秉持“创造的教育”理念　推进一流师范大学建设[J]．东北师大学报(哲学社会科学版)，2019(1)：136－141.

② 刘尧，傅宝英．新时代大学何以开启高质量发展之道[J]．高校教育管理，2019，13(1)：19－25.

③ 王苗，石海兵．习近平青年发展观的内在逻辑[J]．高校辅导员学刊，2018，10(6)：25－29.

以上是习近平新时代中国特色社会主义思想的重要组成部分，这为推进教育事业改革发展、加快教育现代化、建设教育强国指明了前进方向。我国的教育战线要牢固树立“四个意识”，坚定“四个自信”，深入学习贯彻习近平新时代中国特色社会主义思想和习近平总书记关于教育工作的重要论述，切实转化为推动教育改革发展、建设教育强国的实际行动。①

2.2.2 新课程的性质与基本理念

2.2.2.1 义务教育阶段数学新课程的性质与基本理念

《义教数学课标 2011》是国家对义务教育阶段数学课程的基本规范和要求，其修订成稿奠基在五大研究上：社会发展与数学课程改革、数学学习与学生的身心发展、现代数学的进展与数学课程、义务教育阶段学生数学学习现状与反思、国际数学课程改革的特点与启示。

1. 课程性质

《义教数学课标 2011》提出义务教育阶段的数学课程是培养公民素质的基础课程，具有基础性、普及性和发展性。数学课程能使学生掌握必备的基础知识和基本技能；培养学生的抽象思维和推理能力；培养学生的创新意识和实践能力；促进学生在情感、态度与价值观等方面的发展。义务教育阶段的数学课程能为学生的未来生活、工作和学习奠定重要的基础。

2. 基本理念

(1)数学课程应致力于实现义务教育阶段的培养目标，面向全体学生，适应学生个性发展的需要，使得人人都能获得良好的数学教育，不同的人在数学上得到不同的发展。

(2)课程内容要反映社会的需要、数学的特点，符合学生的认知规律。它不仅包括数学结果，也包括数学结果的形成过程和蕴含的数学思想方法。内容的选择要贴近学生的实际，有利于学生体验与理解、思考与探索。内容的组织要重视过程，处理好过程与结果的关系；重视直观，处理好直观与抽象的关系；重视直接经验，处理好直接经验与间接经验的关系。内容的呈现要注意层次性和多样性。

(3)教学活动是师生积极参与、交往互动、共同发展的过程。有效的教学活动是学生学与教师教的统一，学生是学习的主体，教师是学习的组织者、引导者与合作者。

(4)学习评价应建立目标多元、方法多样的评价体系，其主要目的是全面了解学生数学学习的过程和结果，激励学生学习和改进教师教学。评价时，既要关注学习的结果，也要重视学习的过程；既要关注学生数学学习的水平，也要重视学生在数学活动中所表现出来的情感与态度，帮助学生认识自我、建立信心。

(5)信息技术的发展对数学教育的价值、目标、内容及教学方式产生了很大的影响。数学课程的设计与实施应根据实际合理地运用现代信息技术，注意信息技术与课程内容的整合，且注重实效；充分考虑信息技术对数学学习内容和方式的影响，开发

① 刘延东. 深入学习贯彻党的十九大精神 全面开创教育改革发展新局面[J]. 中国校外教育，2018(7)：1—5.

并向学生提供丰富的学习资源，把现代信息技术作为学生学习数学和解决问题的有力工具，有效地改进教与学的方式，使学生乐意并有可能投入到现实性的、探索性的数学活动中。

2.2.2.2 高中数学新课程的性质与基本理念

2013年，教育部启动了普通高中课程修订工作。本次修订深入总结了21世纪以来我国普通高中课程改革的宝贵经验，充分借鉴国际课程改革的优秀成果，努力将普通高中课程方案和课程标准修订成既符合我国实际情况，又具有国际视野的纲领性教学文件，构建具有中国特色的普通高中课程体系。《普通高中数学课程标准(2017年版)》(以下简称《高中数学课标2017》)于2018年1月正式出版发行。

1. 课程性质

数学是研究数量关系和空间形式的一门科学。具体而言，数学源于对现实世界的抽象，基于抽象结构，通过符号运算、形式推理、模型构建等，理解和表达现实世界中事物的本质、关系和规律。其与人类生活和社会发展紧密关联，不仅是运算和推理的工具、表达和交流的语言，还承载着思想和文化，是人类文明的重要组成部分。数学是自然科学的重要基础，在社会科学中发挥着越来越大的作用，数学应用已渗透到现代社会及人们日常生活的各个方面。随着现代科学技术，特别是计算机科学、人工智能的迅猛发展，人们常常需要对网络、文本、声音、图像等反映的信息进行数字化处理，这使得数学的研究领域与应用领域得到极大拓展。数学为社会创造价值，推动社会生产力的发展，在形成人的理性思维、科学精神和促进智力发展的过程中发挥着不可替代的作用。

对于数学教育，其承载着落实立德树人根本任务、发展素质教育的功能：一是帮助学生掌握现代生活和进一步学习所必须的数学知识、技能、思想和方法；二是提升学生的数学素养，引导他们会用数学的眼光观察世界，会用数学的思维思考世界，会用数学的语言表达世界；三是促进学生思维能力、实践能力和创新意识的发展，学会探寻事物变化的规律，增强社会责任感；四是在学生形成正确人生观、价值观、世界观等方面发挥独特作用。

高中数学课程是义务教育阶段后普通高级中学的主要课程，具有基础性、选择性和发展性，为学生的可持续发展和终身学习创造条件。必修课程面向全体学生，构建共同基础；选择性必修课程、选修课程充分考虑学生的不同成长需求，提供多样性的课程供学生自主选择。

2. 基本理念

(1)学生发展为本，立德树人，提升素养。

①高中数学课程以学生发展为本，落实立德树人根本任务，培育科学精神和创新意识，提升数学学科核心素养。

②面向全体学生，实现：人人都能获得良好的数学教育，不同的人在数学上得到不同的发展。

(2)优化课程结构，突出主线，精选内容。

①高中数学课程体现社会发展的需求、数学学科的特征和学生的认知规律，发展

学生数学学科核心素养。

②优化课程结构，为学生发展提供共同的基础和多样化选择。

③突出数学主线，凸显数学的内在逻辑和思想方法。

④精选课程内容，处理好数学学科核心素养与知识技能之间的关系，强调数学与生活以及其他学科的联系，提升学生应用数学解决实际问题的能力，同时注重数学文化的渗透。

(3)把握数学本质，启发思考，改进教学。

①高中数学教学以发展学生数学学科核心素养为导向，创设合适的教学情境，启发学生思考，引导学生把握数学内容的本质。

②提倡独立思考、自主学习、合作交流等多种学习方式，激发学习数学的兴趣，养成良好的学习习惯，促进学生实践能力和创新意识的发展。

③注重信息技术与数学课程的深度融合，提高教学的实效性；不断引导学生感悟数学的科学价值、应用价值、文化价值和审美价值。

(4)重视过程评价，聚焦素养，提高质量。

①高中数学学习评价关注学生知识技能的掌握，更关注数学学科核心素养的形成和发展，制订科学合理的学业质量要求，促进学生在不同学习阶段数学学科核心素养水平的达成。

②评价既要关注学生学习的结果，更要重视学生学习的过程。

③开发合理的评价工具，将知识技能的掌握与数学学科核心素养的达成有机结合，建立目标多元、方式多样、注重过程的评价体系。

④通过评价，提高学生学习兴趣，帮助学生认识自我，增强自信。

⑤帮助教师改进教学，提高质量。

2.2.3　数学课程的总体目标及内容安排

2.2.3.1　义务教育阶段数学课程的总体目标及内容安排

1. 总体目标

《义教数学课标 2011》的目标从知识技能、数学思考、问题解决、情感态度四方面加以阐述。

(1)获得适应社会生活和进一步发展所必须的数学的基础知识、基本技能、基本思想、基本活动经验。

(2)体会数学知识之间、数学与其他学科之间、数学与生活之间的联系，运用数学的思维方式进行思考，增强发现和提出问题的能力、分析和解决问题的能力。

(3)了解数学的价值，提高学习数学的兴趣，增强学好数学的信心，养成良好的学习习惯，具有初步的创新意识和科学态度。

2. 课程内容

在各学段中，安排了四个部分的课程内容：数与代数、图形与几何、统计与概率、综合与实践(表 2-7)。其中，综合与实践是一类以问题为载体、以学生自主参与为主的学习活动。其内容设置的目的在于培养学生综合运用有关的知识与方法解决实际问题，培养学生的问题意识、应用意识和创新意识，积累学生的活动经验，提高学生解决现实问题的能力。

表 2-7 《义教数学课标 2011》课程内容

内容领域	主要内容
数与代数	①数的认识、数的表示、数的大小、数的运算、数量的估计 ②字母表示数、代数式及其运算 ③方程、方程组、不等式、函数等
图形与几何	①空间和平面基本图形的认识，图形的性质、分类和度量 ②图形的平移、旋转、轴对称、相似和投影 ③平面图形基本性质的证明，运用坐标描述图形的位置和运动
统计与概率	①收集、整理和描述数据，包括简单抽样、整理调查数据、绘制统计图表等 ②处理数据，包括计算平均数、中位数、众数、极差、方差等 ③从数据中提取信息并进行简单的推断；简单随机事件及其发生的概率
综合与实践	①综合运用数与代数、图形与几何、统计与概率等知识和方法解决问题 ②应当保证每学期至少一次，可以在课堂上完成，也可以课内外相结合

此外，数学课程应当注重发展学生的数感、符号意识、空间观念、几何直观、数据分析观念、运算能力、推理能力和模型思想。为适应时代发展对人才培养的需要，数学课程还要特别注重发展学生的应用意识和创新意识。

2.2.3.2 普通高中数学课程的总体目标及内容安排

1. 学科核心素养与总体目标

在《高中数学课标 2017》中，“数学学科核心素养”被定义为数学课程目标的集中体现，是具有数学基本特征的思维品质、关键能力以及情感、态度与价值观的综合体现，是在数学学习和应用过程中逐步形成和发展的。其具体包含六方面：数学抽象、逻辑推理、数学建模、直观想象、数学运算和数据分析，这些要素既相对独立、又相互交融，是一个有机的整体。

课程的总体目标包括以下几点。

(1)通过高中数学课程的学习，学生能获得进一步学习以及未来发展所必须的数学基础知识、基本技能、基本思想、基本活动经验(简称“四基”)；提高从数学角度发现和提出问题的能力、分析和解决问题的能力(简称“四能”)。

(2)在学习数学和应用数学的过程中，学生能发展数学抽象、逻辑推理、数学建模、直观想象、数学运算、数据分析等数学学科核心素养。

(3)通过高中数学课程的学习，学生能提高学习数学的兴趣，增强学好数学的自信心，养成良好的数学学习习惯，发展自主学习的能力；树立敢于质疑、善于思考、严谨求实的科学精神；不断提高实践能力，提升创新意识；认识数学的科学价值、应用价值、文化价值和审美价值。

2. 课程内容

(1)必修课程。

必修课程包括五个主题，分别是预备知识、函数、几何与代数、概率与统计、数学建模活动与数学探究活动。数学文化融入课程内容。

必修课程共 8 学分 144 课时，表 2-8 给出了课时分配建议，教材编写、教学实施时可以根据实际作适当调整。

表 2-8　必修课程课时分配建议

<table>
<tr><th>主题</th><th>单元</th><th>建议课时</th></tr>
<tr><td rowspan="4">主题一
预备知识</td><td>集合</td><td rowspan="4">18</td></tr>
<tr><td>常用逻辑用语</td></tr>
<tr><td>相等关系与不等关系</td></tr>
<tr><td>从函数观点看一元二次方程和一元二次不等式</td></tr>
<tr><td rowspan="4">主题二
函数</td><td>函数概念与性质</td><td rowspan="4">52</td></tr>
<tr><td>幂函数、指数函数、对数函数</td></tr>
<tr><td>三角函数</td></tr>
<tr><td>函数应用</td></tr>
<tr><td rowspan="3">主题三
几何与代数</td><td>平面向量及其应用</td><td rowspan="3">42</td></tr>
<tr><td>复数</td></tr>
<tr><td>立体几何初步</td></tr>
<tr><td rowspan="2">主题四
概率与统计</td><td>概率</td><td rowspan="2">20</td></tr>
<tr><td>统计</td></tr>
<tr><td>主题五
数学建模活动
与数学探究活动</td><td>数学建模活动与数学探究活动</td><td>6</td></tr>
<tr><td colspan="2">机动</td><td>6</td></tr>
</table>

(2)选择性必修课程。

选择性必修课程包括四个主题，分别是函数、几何与代数、概率与统计、数学建模活动与数学探究活动。数学文化融入课程内容。具体如表 2-9 所示。

表 2-9　选择性必修课程课时分配

<table>
<tr><th>主题</th><th>单元</th><th>建议课时</th></tr>
<tr><td rowspan="2">主题一
函数</td><td>数列</td><td rowspan="2">30</td></tr>
<tr><td>一元函数导数及其应用</td></tr>
<tr><td rowspan="2">主题二
几何与代数</td><td>空间向量与立体几何</td><td rowspan="2">44</td></tr>
<tr><td>平面解析几何</td></tr>
</table>

续表

主题	单元	建议课时
主题三 概率与统计	计数原理	26
	概率	
	统计	
主题五 数学建模活动与 数学探究活动	数学建模活动与数学探究活动	4
机动		4

(3)选修课程。

选修课程是由学校根据自身情况选择设置的课程，供学生依据个人志趣自主选择，分为A、B、C、D、E五类。这些课程为学生确定发展方向提供引导，为学生展示数学才能提供平台，为学生发展数学兴趣提供选择，为大学自主招生提供参考。学生可以根据自己的志向和大学专业的要求选择学习其中的某些课程。

A类课程：供有志于学习数理类(如数学、物理、计算机、精密仪器等)学生选择的课程。

B类课程：供有志于学习经济、社会类(如数理经济、社会学等)和部分理工类(如化学、生物、机械等)学生选择的课程。

C类课程：供有志于学习人文类(如语言、历史等)学生选择的课程。

D类课程：供有志于学习体育、艺术类(包括音乐、美术)学生选择的课程。

E类课程：包括拓展视野、日常生活、地方特色的数学课程，还包括大学数学的先修课程等。大学数学先修课程包括微积分、解析几何与线性代数、概率论与数理统计。

2.3 21世纪数学课程改革的发展趋势

当今世界，科技迅猛发展，数学应用领域得到了很大的拓展。国际数学课程改革的浪潮推动着各国中学数学教育改革，使得中学数学教育的目标和内容，中学数学的课程理念、教学模式和教学手段等多方面都发生了新的变化。国际和文化视野下的数学教育及其研究受到了前所未有的重视，中学数学课程改革主要呈现如下发展趋势。

2.3.1 统一性与灵活性相结合的课程标准

每个国家的国情不同，导致国家间的教育领导体制之间存在一定的差异。中国、新加坡、日本等东方国家大多施行中央集权教育领导体制，在全国范围内施行统一的标准，其有利于统一课程发展步调，便于管理，但却显得有些死板，实施起来缺乏灵活性。美国、德国等西方国家则施行地方分权制教育领导体制，各地方根据自身的实际情况制定适合自己的标准，其有利于充分发挥地方的积极性，但由于过度“自由化”而显得地区之间差异较大，难以管理。

随着时代的发展，世界各国的交流越来越多，开始通过互相学习了解到自身的不足。很多西方国家的数学课程标准从原先过度的“自由化”逐渐走向统一，如美国发布的《州共同核心课程标准》，美国50个州之中已经有48个州施行该标准，[①] 澳大利亚也从2008年开始致力于研制一套全国统一的课程标准。中国、日本等东方国家则开始改变以往过于统一的现状，注意灵活性，如采用“一纲多本”“必修加选修”等。如我国的上海市着手制订课程计划，进行小范围的课程试验改革。由上海试验的顺利进行可见，我国的数学课程在大范围的统一和小范围的试验相结合之中发展前进。

总之，世界各国的数学课程标准都在“分”与“合”的矛盾之中逐步前进，东方国家与西方国家相互学习，向着统一性与灵活性相结合的趋势发展。

2.3.2　个性化与差别化相结合的课程目标

数学课程目标指一定阶段学校的数学课程要实现的具体目标和意图，是确定课程内容、教学目标和教学方法的基础，反映了国家与社会对学生所具备的与数学有关的素养要求。因此数学课程的目标最能体现如今数学课程改革与发展的趋势。

目标的差别化和弹性是“大众数学”教育思想的深刻体现。数学新课程提倡选择性学习，安排多种可供学生选择的数学活动，使得数学课程更具弹性。如今，许多国家的数学课程从初中开始就根据职业预备教育、普通初中、普通高中、大学预科四个方向分流。数学教材兼顾统一和差异性两方面的要求，学生既能学习统一的课程，又可以在不同方向之间作出选择。值得注意的是，提倡选择性学习是国际数学课程改革的一大特色：数学课程的目标在于安排多种可供学生选择的数学活动，学习的程度有一定的弹性，有助于兼顾学生的个体差异性，使不同发展水平的学生都能获益[②]。

2.3.3　适应科技与社会发展的课程内容

以电子计算机为核心的信息革命与大数据时代的到来，对数学产生了深刻的影响，极大改变了数学教育的现状。

传统的“一支粉笔、一本教科书、一块黑板”的数学教学形式受到冲击，“智能电子交互白板”“云在线学习”等计算机辅助教学研究正在兴起，数学教育的观念、内容和方法日新月异，数学教育已迈入信息化时代，现代意义上的数学教学正在出现。结合具体的数学内容开发各类教学软件，借助计算机快速、形象与及时反馈等特点，并配合教师教学，使得教师的指导性与学生的主观能动性得到更好的发挥。随着计算机技术的发展，人机交互作用，从ICAI(智能型计算机辅助教学)发展到融声、图、文于一体的、认知环境更趋自然的MCAI(多媒体计算机辅助教学)等[③]，这些均证明了数学课程的内容及呈现方式向着适应科技与社会发展的方向发展。

---

① 杨光富. 美国首部全国《州共同核心课程标准》解读[J]. 课程·教材·教法，2011，31(3)：105－109.

② 朱志平. 提倡选择性学习：新课程的一大特色[J]. 全球教育展望，2002，31(11)：59－62.

③ 黄勇. 计算机技术与数学教学整合的类型研究[J]. 上海师范大学学报(哲学社会科学·教育版)，2003，32(1)：89－93.

2.3.4 科学有效和多元化的课程评价

传统教育的评价观具有静态性、功利性，把学生的全面发展局限于知识和技能的掌握，把完整的教育评价体系简化为单一的“终结性评价”，把丰富的评价方法简化为单一的纸笔测验。①

当今，数学新课程改革注重发展性的评价观。首先，评价主要在于全面了解学生的学习过程，激励学生的学和改进教师的教，建立目标多元、方法多样的评价体系。其次，评价目标既要关注学生知识与技能的掌握，也要关注学生在学习活动中表现出来的发现、解决问题的能力，以及对数学的情感、态度、价值观等。再次，评价方法需将自我评价、学生互评、教师评价、家长评价和社会有关人员评价相结合，采用书面考试、作业分析、课中观察、大型作业、建立成长记录袋、分析小论文和活动报告等多种评价形式。

课程改革是教育改革的焦点，课程设计的质量直接决定着教育质量的高低，决定着教育目标是否能完满地实现。当前的国际数学课程的改革充分体现了民族和文化的特点，如英国、美国等发达国家的数学课程改革逐步走向一定程度的统一，而东方文化的国家，数学课程改革则走向多元化的开发，如日本数学教育注重个性化、活动化和实践性。

此外，从世界数学课程改革趋势可知，数学课程改革在吸收国际经验的同时，必须从自己的实际情况出发。例如，儿童写的方块字中蕴含的几何图形、乘法口诀、“鸡兔同笼”内容等有着丰富的数学思想和方法，体现了我国数学的民族特色，故在吸收国际数学课程改革的有益经验的同时，应充分考虑我国的民族文化特点，取之精华，去其糟粕。这对于构建具有时代特点和中国特色的数学课程体系十分重要。

思考与练习

1.《义教数学课标 2011》和《高中数学课标 2017》的基本理念和课程目标是什么？

2.“数学学科核心素养”的具体内容是什么？

3. 你认为应如何培养中小学生的“数学学科核心素养”？请举例阐明。

---

① 孙宇．学习新课标 感悟新理念[J]．通化师范学院学报，2004(6)：22－23＋81.

第3章 数学教育的基本理论

学习提要

把数学教育作为一门科学来研究，始于20世纪初。第二次世界大战结束之后，数学教育进入一个迅猛发展的时期，各种数学教育论文、著作大量出现，数学教育研究领域大大拓展。从古到今，教育理论不同程度地支配着数学教师的言行，影响着数学教育过程。相对而言，弗赖登塔尔和波利亚在数学教育领域的工作得到国际上比较广泛的承认，形成了重要的数学教育理论；中国的“双基”数学教育，积累了丰富的经验；心理学家皮亚杰倡导的建构主义学说，对数学教育有很大影响。本章将对以上几方面加以叙述。

3.1 弗赖登塔尔的数学教育理论

弗赖登塔尔(Hans Freudenthal，1905—1990)(图3-1)是国际上极负盛名的荷兰籍数学家和数学教育家。早在20世纪三四十年代，他就以拓扑学和李代数方面的卓越成就而为人所知。1960年以后，他把主要的精力放在了数学教育方面，发表了大量的著作，并开展了许多社交活动。在1967年至1970年任“国际数学教育委员会”(ICMI)主席，并召开了第一届“国际数学教育大会”(International Congress on Mathematics Education，ICME)，创办了杂志《数学教育研究》(*Educational Studies in Mathematics*)，为数学教育事业作出了巨大贡献①。1987年，弗赖登塔尔曾到华东师范大学和北京讲学，他的讲学受到广大听众的欢迎和重视，其讲稿《数学教育再探——在中国的讲学》(*Revisiting Mathematics Education China Lectures*)于1994年在荷兰出版且有中文译本。

图3-1 弗赖登塔尔

弗赖登塔尔是一位学问精深而广博的学者，对数学科学研究有丰富的经验和杰出的成就，对数学教育有广泛的实践经验和深入的理论研究，他出版了许多数学教育理论著作，影响遍及全球。他的主要观点在《作为教育任务的数学》(*Mathematics as an Educational Task*，1973)、《除草与播种——数学教育学的前言》(*Weeding and Sowing Preface to a Science of Mathematical Education*，1978)以及《数学结构的教学现象学》(*Didactical Phenomenology of Mathematical Structures*，1983)中有系统阐述②，主要可以概括为几个关键词：数学现实、数学化、再创造。

① 弗赖登塔尔. 作为教育任务的数学[M]. 陈昌平，唐瑞芬，等，编译. 上海：上海教育出版社，1999：1.

② 弗赖登塔尔. 作为教育任务的数学[M]. 陈昌平，唐瑞芬，等，编译. 上海：上海教育出版社，1999：1—5.

1. 数学现实(realistic mathematics)

数学来源于现实，寓于现实，并用于现实，而且每个学生有各自不同的“数学现实”，这是弗赖登塔尔的基本出发点①。数学现实是人们利用数学概念和数学方法对客观事物认识的总体，其中不仅含有客观世界的现实，也包含受教育者使用自己的数学能力观察这些客观事物所获得的认识。数学教师的任务在于了解学生的数学现实，并因此组织教学。那么学生的数学现实是什么呢？多数学者都比较认可英国考克罗夫特报告提出的水平分类，即学生拥有的数学现实包含“日常生活所需要的数学”“不同技术或者说是不同职业所需要的数学”“进一步学习及从事高水平研究所需要的数学”三个水平②。因此，在教学过程中，教师应该充分了解每个学生所拥有的数学现实，利用学生的知识结构、认知规律、已有的生活经验和数学实际，灵活处理教材，根据实际的教学需要对原材料进行优化组合，进行因材施教，逐步丰富和提高学生的“数学现实”③。通过设计与生活现实密切相关的问题，帮助学生认识到数学与生活之间的密切联系，从而体会到学好数学对生活有很大的帮助，无形当中产生了学习数学的动力。这也是弗赖登塔尔常说的“数学教育即是现实的数学教育”。

关于情境问题，弗赖登塔尔认为，数学教育要引导学生了解周围的世界，因为周围的世界是学生探索的源泉，而数学课本从结构上应当从与学生生活体验密切相关的问题开始，发现数学概念和解决实际问题，实现数学化。

情境问题与传统数学课本中的数学例子有相通之处，即它们都被用来作为引入数学概念或理解数学方法的基础。二者的区别在于，传统的数学课本一般都按照科学的体系展开，不大重视属于学生自己的一些非正规的数学知识的作用。在这种情况下，那些常识性、经验性的知识一般派不上用场，学生只要关注课本提供的数学问题进行解答即可，完全不需要考虑该情境或问题的实际意义。而弗赖登塔尔所倡导的情境问题则是直观且容易引起想象的数学问题，隐含在这些数学问题中的数学背景是学生熟悉的事物和具体情境，能引起学生的学习兴趣、启发他们的思维，并且与学生生活中积累的常识性知识和那些学生已经具有的、但未经训练和不那么严格的数学体验相关联④。

因此，“现实的数学”教学必须明确以下三点。

第一，数学的概念、命题和数学的运算法则等都来自于现实世界的实际需要，同时还要结合学生自身的生活经验。这些最能反映现代生产、现代社会生活需要的最基本、最核心的数学知识和技能即是数学教育的内容⑤。

第二，数学的研究对象，是现实世界同一类事物或现象抽象而成的量化模式。现实世界的事物、现象之间充满了各种各样的关系和联系，数学教育的内容就包括数学

---

① 冯育花. 弗赖登塔尔数学教育思想的应用研究——在“情境-问题”教学模式中应用的探索[D]. 云南师范大学，2006：7.

② 吴开朗，朱荣，许梦日. 论汉斯·弗赖登塔尔的数学教育观[J]. 数学教育学报，1995，4(3)：17—18.

③ 张奠宙，宋乃庆. 数学教育概论[M]. 北京：高等教育出版社，2016：46.

④ 同③.

⑤ 同③.

与外部的联系以及数学内部的内在联系[①]。这样才能使学生获得丰富多彩且错综的“现实的数学”内容，掌握比较完整的数学体系；同时学生也有可能把学到的数学知识应用于现实世界中去[②]。

第三，数学教育要为不同的人提供不同层次的数学知识，满足社会对人才多方面、不同层次的需要。也就是说，不同的学生需要学习不同的“现实的数学”。数学教育所需提供的内容应该符合学生各自的“数学现实”，通过“现实的数学”教学，学生就可以通过自己的认知活动，构建自己的数学观，促进数学知识结构的优化[③]。

2. 数学化(mathematization)

何为数学化呢？弗赖登塔尔指出：“笼统地讲，人们在观察现实世界时，运用数学方法研究各种具体现象，并加以整理组织，对于这一个过程，我称之为数学化。”[④]简单来说，利用数学方法把实际材料组织起来的过程即称为数学化。

数学化是一个由浅入深，具有不同层次、不断发展的过程。一般来讲，数学化的对象，一是数学本身，二是现实客观事物。对数学本身的数学化，就是深化数学知识，或者使数学知识系统化，形成不同层次的公理体系和形式体系。对客观世界的数学化，是形成了数学概念、运算法则、规律、定理，以及为解决实际问题而构造的数学模型等[⑤]。数学化的基础是数学现实，每个学生会因各自相异的数学现实而拥有不同层次的数学化。弗赖登塔尔的名言是“与其说是学习数学，还不如说是学习‘数学化’；与其说是学习公理系统，还不如说是学习‘公理化’；与其说是学习形式体系，还不如说是学习‘形式化’。”[⑥]

在他看来，数学的产生和发展本身就是一个数学化的过程。先人从手指或石块的集合形成数的概念；从测量、绘画形成图形的概念等都是数学化[⑦]。其他科学也在数学化，它们数学化到一定程度，才得以发展到一个新的阶段[⑧]。如研究化学反应时，把参加反应的物质的浓度、温度等作为变量，用方程表示它们的变化规律，通过方程的“稳定解”来研究化学反应。这里不仅需要应用基础数学，还要沿用“前沿上的”“发展中的”数学；不仅要用加减乘除来处理，还要用复杂的“微分方程”来描述。研究这样的问题，离不开方程、数据、函数曲线、计算机等。正如苏联数学家格涅坚科所说，当今世界“不仅仅是科学在数学化，而且绝大多数实践活动也在数学化”，“我们的时代是知识数学化的时代”[⑨]。

弗赖登塔尔强调的数学化对象包括两大类：一是指现实客观世界中存在的；二是

---

① 张奠宙，宋乃庆. 数学教育概论[M]. 北京：高等教育出版社，2016：47.

② 李永新，李劲. 中学数学教育学概论[M]. 北京：科学出版社，2012：95.

③ 同①.

④ 吴开朗，朱荣，许梦日. 论汉斯·弗赖登塔尔的数学教育观[J]. 数学教育学报，1995，4(3)：17－18.

⑤ 李永新，李劲. 中学数学教育学概论[M]. 北京：科学出版社，2012：96.

⑥ 同⑤.

⑦ 同④.

⑧ 同⑤.

⑨ 同①.

指数学范畴之内的。其中对客观世界的数学化，形成了数学概念、数学命题及为解决实际问题而构造的数学模型，我们称其为横向数学化；而对数学本身的数学化，是数学知识的系统化，从而形成不同层次的公理体系和形式体系，可以称其为纵向数学化①。

对于横向数学化，可以简单概括为从“生活”到“数学符号”的转化过程，其基本流程如图 3-2 所示。

确定具体问题中的数学成分 → 图示化建立现实与数学成分的联系 → 符号化数学成分 → 寻找其中的关系和规则 → 考虑在其他数学知识领域中的体现 → 形式化表述

图 3-2　横向数学化过程

对于纵向数学化，是从低层数学到高层数学的过程，其基本流程如图 3-3 所示。

猜想公式 → 证明有关规则 → 完善数学模型 → 作一般化处理或推广

图 3-3　纵向数学化过程

弗赖登塔尔提出的数学化是抽象的数学与现实的生活相结合来解决数学问题的方法。在教学中，通过现实情境所提供的信息引出数学的抽象概念是较为优越的课堂教学方法②。在“一浪接一浪”的数学化进程中，学习者会经历一个又一个由现实的情境问题到数学问题，由不那么严格的数学体验到严格的数学系统，由数学的“再发现”到数学的具体应用③。

3. 再创造(recreation)

“再创造”是弗赖登塔尔提出的学生学习数学的方法。“再创造”的过程实际上就是一个“做数学”(doing mathematics)的过程，它强调学生不应该学习现成的数学，“应该通过再创造来学习数学，这样获得的知识和能力才能更好地理解，而且保持较长久的记忆”④。强调以学生为主体的学习活动对学生理解数学的重要性，强调激发学生主动学习的重要性，并认为“做数学”是学生理解数学的重要条件，“再创造”的核心是数学过程的再现⑤。这就要求教师“将数学作为一种活动进行解释和分析”，要站在学生的角度设身处地地设想“你当时已经有了现在的知识，你将是怎样发现那些成果的；或者设想一个学生学习过程得到指导时，他是应该怎样发现的”⑥。当然，教师不能简单地放手不管，由学生本人发现或创造需要学习的知识，而是通过精心设计，创设适合的问题情境，让学生通过合作学习和实践探索问题的结果，即“有指导地再创造”。可以说，弗赖登塔尔的“再创造”思想是由“数学现实”和“数学化”思想综合产生的数学认识论

① 冯育花. 弗赖登塔尔数学教育思想的应用研究——在“情境-问题”教学模式中应用的探索[D]. 云南师范大学，2006：10.

② 付云菲. 弗赖登塔尔的数学教育思想研究[D]. 内蒙古师范大学，2013：16.

③ 张奠宙，宋乃庆. 数学教育概论[M]. 北京：高等教育出版社，2016：49.

④ 张奠宙. 数学教育研究引导[M]. 南京：江苏教育出版社，1994：219.

⑤ 同③.

⑥ 李永新，李劲. 中学数学教育学概论[M]. 北京：科学出版社，2012：97.

问题。

需要特别注意的是，弗赖登塔尔的数学教育理论不是“教育学＋数学例子”式的论述，而是抓住数学教育的特征，紧扣数学教育的特殊过程，因而有“数学现实”“数学化”“数学反思”“思辨数学”等诸多特有的概念。他的多数著作都是根据自己研究数学的体会、观察儿童的学习经历写成，因此思辨性的论述较多①。

3.2 波利亚的解题理论

我们在数学学习的过程中大多都有过这样的经历：一道题，自己百思不得其解，而老师却给出了一个绝妙的解法。这时候，我们会很想知道“老师是如何想出这个解法的”。如果这个解法不难，我们也许会问“自己完全可以想出，但为什么我没有想到呢”。要回答这些问题，就需要研究“解决数学问题”的规律②。

美籍匈牙利数学家、数学教育家波利亚在该领域做出了许多奠基性的工作。波利亚1887年出生于匈牙利布达佩斯，青年时期于布达佩斯、维也纳、哥廷根、巴黎等地攻读数学、物理和哲学，1912年在布达佩斯约特沃斯·洛伦得大学哲学系获得博士学位，1914年进入瑞士苏黎世工业大学任教，1928年成为该校正式教授，1938年任该校理学院院长。1940年他移居美国，自1942年起任美国斯坦福大学教授。波利亚在数学的广阔领域里有一些精深的研究，他一生发表了200多篇研究论文和许多专著，在众多的数学分支(包括实变函数、复变函数、组合论、概率论、数论、几何等)都颇有建树，一些术语和定理都由他的名字命名③。波利亚不仅是一位数学家，还是一位优秀的教育家，他在数学教育方面取得了杰出成就，在全球范围都有着深远的影响，在他93岁高龄时，被国际数学教育大会(ICME)聘为名誉主席④。

《怎样解题——数学思维的新方法》(*How to Solve It A New Aspect of Mathematical Method*，1944)、《数学的发现——对解题的理解、研究和讲授》(*Mathematical Discovery on Understanding*，*Learning*，*and Teaching Problem Solving*，1962)和《数学与猜想》(*Mathematics and Plausible Reasoning*，1961)是波利亚最著名的三本著作，他把他对数学、数学教学、数学学习和解题的独到见解都总结在了这三本书中，且受到了世界各地的广泛欢迎和推崇。

3.2.1 波利亚的数学教育观

波利亚对于数学教育的目的、价值、方法非常关注。他以中学数学教育(主要是指高中阶段)为例，提出数学教育的首要目标是“必须教会那些年轻人去思考”。“教

① 张奠宙，宋乃庆．数学教育概论[M]．北京：高等教育出版社，2016：49．
② 同①．
③ 杨之．波利亚的数学思想[J]．自然杂志，1985，8(3)：188－192＋240．
④ 张奠宙，宋乃庆．数学教育概论[M]．北京：高等教育出版社，2016：49－50．

会思考”意味着数学教师不只是传授知识，而且应当发展学生运用所学知识的能力①，应该强调运用的技巧、有益的思考方式和理解的思维习惯②。“任何有效的教学方法必定以某种方式与学习过程的性质互相关联”，因此，为教会学生思考，波利亚提出了教学或学习时要遵循的三个原则：主动学习、最佳动机、阶段序进③④。

(1)主动学习。波利亚认为“学东西的最好方式是发现它”“那些曾使你不得不亲自去发现的东西，会在你脑海里留下一条路径，一旦有所需要，你就可以重新运用它”。为了有效学习，教师应该“尽量让学生在现有条件下尽量多地自己去发现需要学习的材料”。思想应在学生头脑里产生，教师则只起“助产士”的作用。为了让学生更加主动、努力地去完成学习活动，波利亚还提出“让学生主动地为问题的明确表述贡献一分力量”的方法，因为比起求解问题，表述一个问题更需要学生的见识和独创，这也许是发现问题的关键。

(2)最佳动机。学习应当是主动的，没有学习动机，就很难让学生主动学习。学习的动机是多元的，波利亚指出“对所学内容的兴趣”应是学生学习的最佳动机，而“不学习会带来惩罚”应是教师最后一个考虑提供的学习动机。因此，教师在选择题目时最好能联系学生的日常生活或普遍兴趣，在学生做题之前，还可以让他们先猜测结果或部分结果，这不仅能调动学生的积极性，还能教给学生应有的思维方式。

(3)阶段序进。“学习从行动和感受开始，再上升到语言和概念，最后形成该有的心理习惯。”学习的第一个过程是探索阶段，它联系着行动和感知，并且处在一种比较直观且带启发性的水平上；第二个过程是形式化阶段，包括引进术语、定义、证明等，提高到概念化水平；第三个过程是同化阶段，即把所学的内容消化、吸收到学生的知识系统中，并到学生的精神世界去，从而扩大智力范围。波利亚还指出，普通的高中教材几乎仅仅是包含了常规的习题，常规习题为学生提供了孤立法则的应用练习，虽然这类题目是必须存在且有用的，但是往往容易忽略学生学习的探索阶段和同化阶段两个重要阶段。因此，教师应当更多地介绍具有丰富背景并值得深入探索的题目作为学习素材。另外，波利亚还提示我们，“当教师准备的题目是合适的，可以让学生课前预先做一些探索工作，从而激发学生解题的兴趣”。

3.2.2 波利亚关于解题的研究

为了回答“一个好的解法是如何想出来的”这个令人激动的问题，波利亚认为：“对你自己提出问题是解决问题的开始；当你有目的地向自己提出问题时，它就变成你的问题；假使你能适当地应用同样的问句和提示来问你自己，它们可以帮助你解决你的问题；假使你能适当地应用同样的问句和提示来问你的学生，你就可以帮助他解决他

① 波利亚. 数学的发现——对解题的理解、研究和讲授[M]. 刘景麟，曹之江，邹清莲，译. 北京：科学出版社，2006：280.

② 张奠宙，宋乃庆. 数学教育概论[M]. 北京：高等教育出版社，2016：50.

③ 波利亚. 数学的发现——对解题的理解、研究和讲授[M]. 刘景麟，曹之江，邹清莲，译. 北京：科学出版社，2006：283－288.

④ 同②.

的问题”[1]。波利亚在《怎样解题——数学思维的新方法》一书中的论述都是围绕“怎样解题”表(表 3-1)中的问题和建议组织的，并以例题表明这张表的实际应用。书中各部分基本上是对该表的进一步阐述和注释，解题的全过程包括“理解题目”“拟订方案”“执行方案”“回顾”四个步骤[2]。

表 3-1　波利亚的“怎样解题”表

	理解题目
第一，你必须理解题目	△**未知数是什么？已知数据(已知数、已知图形和已知事项等的总称)是什么？条件是什么？** △条件有可能满足吗？条件是否可以确定未知量？条件是否充分？或者它是多余的？或者它是矛盾的？ △画张图，引入适当的符号
	拟订方案
第二，找出已知数和未知数间的联系。假使你不能找出联系，就得考虑辅助问题。最后你应该得出一个解题方案	△你以前见过它吗？ △**你知道与此相关的问题吗？**你是否知道一个可能用得上的定理？ △**看着未知数！**试着想出一个有相同或者相似的未知数的熟悉问题。 △**这里有一个与你现在的问题有关的问题而且以前解过，你能利用它吗？**你是否应该引入某些辅助元素？ △ 你能不能重新叙述这个问题？你还能用不同的方法重新叙述它吗？回到定义上去。 △ 如果你不能解决这个问题，可以先解决一个与此有关的问题。你能不能想出一个更容易着手的问题？一个更一般的问题？一个更特殊的问题？一个类似的问题？你能先解决这个问题的一部分吗？仅仅保持条件的一部分而舍去其余部分，这样对于未知数能确定到什么程度？它会如何变化？ △ 你是否利用了全部的已知数据
	执行方案
第三，执行你的方案	△ 实行你的解题方案，**检验每一个步骤。**你能否清楚地看出这一步骤是正确的？你能否证明这一步骤是正确的
	回　顾
第四，检查已经得到的解答	△**你能检验结果吗？** △你能用别的方法得出这个结果吗？你能否一下子看出它来？ △你能应用这个结果或方法到别的问题去吗

波利亚的“怎样解题”表四个阶段最引人入胜的应该是第二阶段的“拟订方案”，其精髓就是启发学生去联想。通过一连串的建议性或启发性的问题来加以回答[3]。“怎样解题”表的问题和提示蕴含着许多化归、变换等重要思想方法，且是各种数学思想方法

① 张奠宙．数学教育研究导引[M]．南京：江苏教育出版社，1994：236.
② 波利亚．怎样解题——数学思维的新方法[M]．涂泓，冯承天，译．上海：上海科技教育出版社，2011.
③ 张奠宙，宋乃庆．数学教育概论[M]．北京：高等教育出版社，2016：52.

的源泉[①]。在教学中使用“怎样解题”表的核心观念，能提高学生的自主学习、独立思考及创造性的能力。

3.2.3 波利亚解题表的教学示例

下面引用《怎样解题——数学思维的新方法》这本书中的一个例子来阐明波利亚解题理论在教学中的应用。

案例1：已知长方体的长、宽和高，求它的对角线长度.[②]

1. 理解题目

为了使讨论得益，学生必须熟悉勾股定理，及其在平面几何里的一些应用，而学生可能对立体几何几乎没有系统的知识。教师可以在这里依靠学生对空间关系的简单了解，通过让该题目具体化而使之有趣味。教室是一个尺寸能被测定和估算的长方体，学生们必须求出，或“间接地测定”教室的对角线长度。教师指出教室的长、宽和高，并用手势表明其对角线，通过不断地提及教室而使画在黑板上的图形更加形象。

【教师】**“未知量是什么?”**

【学生】“这个长方体的对角线的长度。”

【教师】**“已知数据是什么?”**

【学生】“此长方体的长、宽和高”。

【教师】**“引入适当的符号。**用哪个字母表示未知量?”

【学生】“x。”

【教师】“你选哪些字母来表示长、宽和高?”

【学生】“a，b，c。”

【教师】**“联系 a，b，c 与 x 的条件是什么?”**

【学生】“x 是长为 a、宽为 b 和高为 c 的长方体的对角线长度。”

【教师】“这是一个合理的题目吗? 我的意思是，条件是否可以确定未知量?”

【学生】“是的。如果我们已知 a，b，c，我们就知道了长方体，如果长方体被确定，其对角线也就被确定了。”

2. 拟订方案

学生们刚刚成功地理解了题目的意思，并对它表现出了一点兴趣。现在他们也许有了自己的一些念头，一些初步的想法。如果教师在经过敏锐地观察后，并没有发现学生已产生了这些初步想法的任何迹象，就必须仔细地重新开始与学生们对话。教师必须做好准备，对那些学生们不能回答的问题要进行修改并重新提出。同时还必须做好时常遭受学生们那种令人困窘的沉默的准备(用“……”表示)。

【教师】**“你们知道一道与它有关的题目吗?”**

【学生】……

---

① 宋运明. 我国小学数学新教材中例题编写特点研究[D]. 西南大学，2016：68.

② 案例来源：波利亚. 怎样解题——数学思维的新方法[M]. 涂泓，冯承天，译. 上海：上海科技教育出版社，2011：5—17.

【教师】“观察未知量！你们是否知道有哪一道题目和这一题目有相同的未知量?”

【学生】……

【教师】“那么，未知量是什么?”

【学生】“长方体的对角线。”

【教师】“你们知道有什么题目和这一题目有相同的未知量吗?”

【学生】“不知道，我们从来没碰到过关于长方体的对角线题目。”

【教师】“你们看，对角线是一条线段，是一条直线的一部分。难道你们从未做过未知量是一条线段长度的题目吗?”

【学生】“我们当然做过。比如说求一个直角三角形的一条边。”

【教师】“很好！非常幸运你们能想起一道与你们现在要解的题目有关，并且你们以前解答过的题目。为了有可能应用它，你们是否应该引入某个辅助元素?”

【学生】……

【教师】“往这里看，你们所记得的题目是一个关于三角形的。在你们现在的图形里有没有三角形呢?”

这个暗示已经足够明确，以至于能使学生产生一个解题的思路，也就是说要引入一个直角三角形(图 3-4)，在这个三角形中要求的对角线就是其斜边。然而，教师仍然需要对下列情况有所准备，当这个暗示仍然不足以使学生茅塞顿开，那教师必须准备好采用一整套越来越明显的暗示。

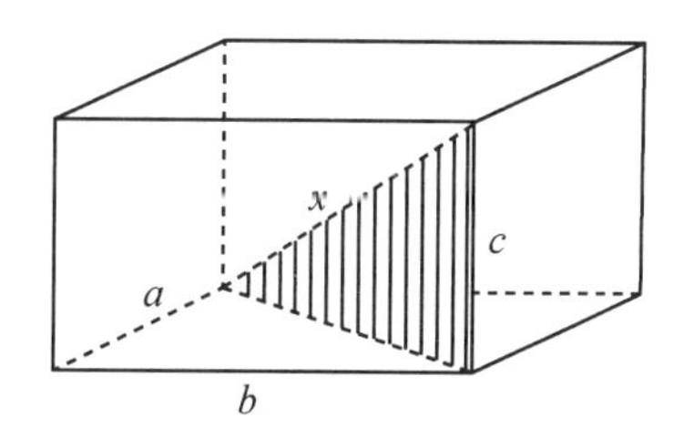

图 3-4　引入直角三角形

【教师】“你们是否希望在这题的图中有一个三角形呢?”“在这个图中，你们希望有一个什么样的三角形?”“你们还不能求出对角线，但你们说过能够求出三角形的一条边。那么，现在你们该做什么呢?”“如果这里的对角线同时又是一个三角形的一条边的话，那么你们能把它求出来吗?”

学生们在或多或少的帮助下，成功地引入了具有决定性的辅助元素，即图 3-4 中用阴影强调表示的那个直角三角形。这时，教师还必须确定学生对该题已经有了足够深的理解后，才能鼓励他们着手进行实际的计算。

【教师】“我认为在图中把某个三角形画出来是一个很好的主意。你们现在有了一个三角形，但是你们有没有找到未知量呢?”

【学生】“未知量就是这个三角形的斜边，我们可以用勾股定理把它计算出来。”

【教师】“如果两条直角边都是已知的，你们是会计算的，但是它们是否已知呢?”

【学生】“其中一条直角边是给定的，就是 c。至于另外一条，我想也不难求出。对了，这条直角边又是另一个直角三角形的斜边。”

【教师】“太棒了！现在我知道你们已经有了一个方案了。”

3. 执行方案

学生有了解题的思路：他发现了一个直角三角形，这个直角三角形的斜边就是要求的未知量 x，它的一条直角边是已知的高度 c，另一条边是长方体一个面上的对角线。此时，还需要激励学生引入其他合适的符号：引入 y 来标记另一条直角边，也就是长方体一个面上的对角线，这个面的两边长分别为 a 和 b。这样，在引入了另一个求未知量 y 的辅助题目后，他的解题思路就更清晰了。

先后对两个直角三角形分别进行计算得到：

$$x^2=y^2+c^2,$$

$$y^2=a^2+b^2。$$

然后，消去辅助的未知量 y，得到：

$$x^2=a^2+b^2+c^2,$$

$$x=\sqrt{a^2+b^2+c^2}。$$

如果学生能正确地执行每一个步骤，那么教师就没有任何理由去打断学生，除非是在可能的情况下**提醒学生检查每一个步骤。**

【教师】“你能明显看出以 x，y，c 为三边的这个三角形是一个直角三角形吗?”

对于这个问题，学生可能会诚实地回答：“能”，但是如果教师对学生的这种出于直觉的确信不能满意，并继续问下面问题时，学生可能会感到窘迫。

【教师】“但是你能证明这个三角形是一个直角三角形吗?”

因此，教师还是应该先不提出这个问题，除非整个班级都对立体几何有了一个较好的基本知识。即使如此，仍然存在着一些风险：回答一个附带性的问题可能会成为大多数学生的主要困难。

4. 回顾

最后学生们得出了解答：假设长方体从一个顶点出发的三条棱长分别为 a，b，c，那么它的对角线长为 $\sqrt{a^2+b^2+c^2}$。

教师不能期望那些没有经验的学生能对这个问题给出一个很好的解答。然而，学生应该很早就有这样的体会，“用文字”表达的题目比纯粹用数字表述的题目有更多的优点。如果一个题目是“用文字”表述的，它的结果将很容易接受多种检验，而一个用数字表述的题目就不那么容易了。例子虽然简单，但已经足以说明这一点。教师可以问好几个有关结果的问题，对于这些问题，学生也许很容易回答“是”，但是如果有一个答案是“否”，这就说明结果中存在着严重的缺陷。

【教师】“你用到所有的已知数据了吗? 所有的已知量 a，b，c 都在你的对角线公式中出现了吗?”

【教师】“在我们的题目中，长、宽、高起到了相同的作用。我们的题目对于 a，b，c 都是对称的。你得到的对角线的表达式对于 a，b，c 来说都对称吗? 假如 a，b，c 互换，表达式是否不变?”

【教师】“我们的题目是一个立体几何题目：求一个三边 a，b，c 都给定的长方体的对角线长。这个题目和一道平面几何题目相似：求一个两边 a，b 都给定的长方形的对角线长。我们的‘立体’几何题目的解答与我们‘平面’几何题目的解答是否相似?”

【教师】“假如高 c 缩短，直至最后为零时，那么长方体就变成了一个长方形。如果你在你的对角线公式中令 $c=0$，你是不是就得到了求长方形对角线的正确公式了呢?”

【教师】“如果 c 增加，对角线也将变长。你的公式是否也表明了这一点?”

【教师】“如果长方体的三个量 a，b，c 都等比例地增长，那么对角线也将以与此相同的比例增长。假如在你的公式中分别以 $12a$，$12b$，$12c$ 来代替 a，b，c，对角线的表达式相应地也应乘 12，是不是这样?”

【教师】“如果 a，b，c 是以英尺(1 米=3.28 英尺)为计量单位，那么你的公式给出的对角线长计量单位也应是英尺，但如果你把所有计量单位都改为英寸(1 英尺=12 英寸)，公式仍应成立。是这样吗?”

这些问题能产生几个好的效果。首先，这个公式通过检验，能让学生对这个事实留下深刻的印象；其次，这个公式在细节上获得了新的意义，与多方面事实发生了联系，因此学生会对该公式的记忆更加牢固；最后，这些问题还能转化到相似的一些题目中去。

【教师】“你能检验这个结论吗?”

【教师】“你能在别的什么题目中利用这个结果或者方法吗?”

……

3.3　中国数学“双基”教学理论

注重“数学基础知识和基本技能”的教学，是我国数学教育的特点。由于中国学生在“国际数学测试”中成绩优良，在国际数学奥林匹克竞赛中屡获佳绩，“双基”数学教育引起了世人的重视[①]。

“万丈高楼平地起”，做任何事情，基础总是重要的[②]。我国的数学教育，一向注重“双基”的教学，即关注学生的“数学基础知识”和“数学基本技能”的培养。这是中国数学教育的“国粹”，需要继承和发扬。但是，打好基础又是为了什么呢？当然是为了发展和创新。缺乏基础的创新是空中楼阁，没有创新指导的打基础是方向不明的训练。因此，优质的数学教育，必须是能给学生打下扎实的基础，并且能够培养学生的创新精神，获得完美的个性发展。

中国“双基”在教学上有着相当成功的经验，但是也存在着“基础过剩”和“缺乏创新”的不足。在 21 世纪的今天，我们应当总结经验，扬长避短，与时俱进地发展“双基”教学，在“双基”教学和“创新”教学之间做到合理平衡。

3.3.1　数学“双基”教学的一般论述

数学“双基”是指数学基础知识和基本技能。我国《数学教学大纲》规定“数学基础知

① 王昕．谈我国双基数学教学的成功与不足[J]．成功(教育)，2012(3)：88.

② 张奠宙．话说“数学双基”[J]．湖南教育(数学教师)，2007(1)：4—6.

识是指数学中的概念、性质、法则、公式、定理以及由其内容反映出来的数学思维和方法；数学基本技能是指能按照一定程序和步骤进行运算、推理、处理数据、画图、绘制图表等”[①]。“数学双基”的内涵有狭义和广义之分。狭义的“数学双基”是指记忆和掌握“基本数学公式和程式”、快速且准确地进行计算的“基本技能”，以及能够逻辑地进行数学的“基本论证”。广义的则泛指和“创新”呼应的那一部分，包括数学思想方法，不妨称为“双基平台”[②]。但是，通过考试能够进行检测且得以外显的“双基”，往往指狭义的部分。“数学双基教学”作为一个特定的名词，其内涵不只限于“双基”本身，还包括在数学“双基”之上的发展。启发式教学、精讲多练、变式练习等，都属于“发展”的层面，却又和数学“双基”密切相关。

历史经验表明，加强“双基”教学能提高教学质量，而削弱“双基”教学会降低教学质量，因此，施行数学“双基”教学，应当是我国数学教学长期坚持的方针。数学“双基”教学是根植于中国本土文化的教学理念，带有鲜明的中国特色，因此在向国外学习先进经验的同时，也要保持自身的优良传统。同时，随着时代的发展，中国数学“双基”教学也需要不断注入新的活力。新的课程改革中要加强“双基”，但是也应同素质教育、创新教育结合起来，没有基础的创新是空想的，没有创新的基础是盲目的。

中国数学教学有以下五个特点：①注重教学具体目标；②教学中擅长由“旧知”引出“新知”；③注重对新知识的深入理解；④重视解题，关注技巧和方法；⑤重视及时巩固、课后练习、记忆有法[③]。这些特征的核心是“知识本位”，也就是说，中国的教育处在“知识本位”的教学环境当中，而这正是产生数学“双基”的现实土壤。

在实施数学“双基”教学过程中，许多经验是正确的，有深远的意义。[④⑤] 其主要包括。

(1)“启发式”教学，这是教师在教学时永远应当坚持的传统。有时候，一堂课从表面上看全是教师在讲解，学生在被动地听，实际上，学生思维也在积极活动。教学过程中，教师通过“显性”和“隐性”的提问驱动学生的思维活动，显性的是课堂提问，隐性的提问则是启发。教师的这种基本功的启发示范，是“双基”教学的一部分。

(2)“精讲多练”，“双基”数学教学不排斥讲解、示范。但总的来说，练习应当多于讲解。

(3)“变式练习”保证了数学“双基”训练不是机械练习。在我国的数学教学中，学生要做一定量的练习，但是这些练习并非简单重复，而是通过变换数学问题的非本质方面，从而突出数学概念和性质的本质属性。

(4)“小步走，小转弯，小坡度”的三小教学法，这是对“后进的”“慢学的”学生进行教学的有效方式。将一个大的问题分割为较容易处理的小问题来解决，符合学习的规律。

(5)“大容量、快节奏、高密度”的复习课，这是我国数学教学独具特色的方面，也

---

① 王新民，马岷兴．关于“数学双基”存在形态的分析[J]．数学通报，2006，45(8)：10.

② 谷继冲．对我国“双基”数学教学的认识[DB/OL]．[2021-12-30]．http://www.doc88.com/p-2691313793200.html.

③ 张奠宙．中国数学双基教学[M]．上海：上海教育出版社，2006：8.

④ 李永新，李劲．中学数学教育学概论[M]．北京：科学出版社，2012：111－112.

⑤ 韩龙淑．数学启发式教学研究[D]．南京师范大学，2007.

是训练学生基本技能的重要手段。教师的示范讲解，知识的系统铺展，问题的巧妙串接，如果没有扎实的数学基础，很难上好这样的课。

如上所说，“双基”教学只是优质教育的一个侧面。没有基础不行，但是光有基础也不行。数学“双基”对所有学生都一样，因材施教不足，数学“双基”教学须突出个性发展的教育，把握适当的“度”，才有光辉的未来。因此，我们需要进行数学教育改革，把数学“双基”教学不足的部分积极改正，形成均衡的优质数学教育。

3.3.2 数学“双基”教学的文化渊源

数学“双基”教学是对中国传统文化的传承，具有深刻的中国文化底蕴。小农经济的农耕文化，精耕细作的要求，养成重视操作技能的传统；儒家文化中收敛性的思维模式，总是“代圣贤立言”，强调严格地遵从经典；严酷的考试文化，只要求基本功和八股程式，无关创造；清末的考据文化，只重逻辑严谨，不求丰富想象[①]。因此，中国文化能够迅速和外来数学中的逻辑演绎相融合，却往往和重大数学创新的思维模式形成隔膜。在我国的文化传统中，讲究“打好基础”“治学严谨”的古训比比皆是，而对于“大胆探究”“敢于创新”的要求则很少。中国千余年“考试文化”下的教育评价体系，是形成“双基”数学教学的重要动因。科举考试写八股文，文字必须工整通顺，说理符合“四书五经”的官定解释，不准有违背圣贤思想的自由发挥。到了现代，虽然不考八股文了，但是如今的考试制度和评价方法，往往也只能反映学生“数学双基”掌握的水平，却很难测量出学生的创新能力。高考数学的考核模式进一步加重了“数学双基”在教学中的影响。这一点，在东亚文化圈的国家里，都不同程度地存在着，而以中国最甚。

3.3.3 数学“双基”教育理论的心理学研究

国际上的心理学研究，有许多支持“双基”的理论。认知心理学认为人的专长是由自动化技能、概念性理解和策略性知识组成，前者与“双基”息息相关。有意义的接受性学习，更是注重“双基”的接受与形成。关于熟能生巧的现代研究表明，数学是“做”出来的，没有通过演练形成的基本技能，不可能有真正的发展。ACR-T 理论将复杂问题的学习归结为简单问题的掌握，实质上是一种强调“基础”的心理学理论[②]。

注重打好基础，突出“基础知识”和“基本技能”的掌握与训练，一直是中国数学教育的一个特点。对于“双基”与“双基”教学，不应采取简单肯定或绝对否定的态度，而应从理论高度对各个相关问题做出深入分析，继承其优秀成分，并切实克服其原有的局限性。首先，按照现代认知心理学的研究，各个数学概念或命题、公式、法则等在学习者头脑中的表征并不是相互独立、互不相干的，而是组织成了一定的概念网络或知识网络；进而，如果说各个数学概念或命题、公式、法则等都可被看成网络上的结点，那么依据各个结点在网络中的相对地位和联结程度，就可以具体判定什么相对重要，或者说应当被看成相应的“基础知识”。其次，如果说静态性是知识的重要特点之一，那么，技能则具有明显的运作性质，并直接涉及能在人的头脑中以“产生式系

① 张奠宙．话说“数学双基”[J]．湖南教育(数学教师)，2007(1)：4－6．
② 同①．

统”这种动态形式来表征；进而，如果说单个程序或产生式系统可以被用以解决单一的问题，复杂问题的解决就需要多个程序或产生式系统的连接或组合，按照各个程序或产生式系统应用的广泛程度，我们也就可以对各个范围内的基本技能作出具体判断[①]。

古人云："书读百遍其意自现"，"熟能生巧"是中国的教育古训，数学"双基"教学是"熟能生巧"的一种延续，数学是"做"出来的。从心理学的角度分析，"双基"训练是智力技能形成的基石；数学"双基"训练是理解数学的必要条件；数学的经验性活动和反省抽象都须以操作运算为基础。因此，理解优先、操作附带的教学观点并不符合人的认识过程规律，操练和理解是一个相互交替和交融的认知活动。从国际的数学测试成绩分析，中国学生取得好的成绩，固然与较多的训练有关，同时也反映出学生较强的理解能力。至于理解的深度能否达到创新发展的程度，那是另外的问题了。

ACR-T 理论把知识与记忆联结在一起，区分出两类不同的知识：陈述性知识和程序性知识。其中，陈述性知识的获得不外乎是两种模式：一种是被动接受式；一种是主动建构式。这两种模式各有优劣，被动接受的优势是效率和准确性，ACR-T 理论更主张把知识直接传授给学生。程序性知识是指用于提取陈述性信息块的规则性单元，称为产生式。在 ACR-T 理论中，产生式规则的获得主要依靠类比的过程。ACR-T 的类比机制会从样例中抽象出原理，进而形成用于当前情境的产生式规则，新的产生式规则一旦形成，又可以用于其他的情境。这一理论实际上是"做中学"的理论[②]。由于 ACR-T 理论的许多观点与我国传统的"双基"教学不谋而合，如强调练习的作用、基本技能的自动化，主张熟能生巧，肯定接受学习的价值等，因此，它可以为我国的数学"双基"教学研究提供一个新的视角。

3.3.4 数学"双基"教学的特征

张奠宙通过与西方的数学教育理论观点进行对比，凝练出中国数学"双基"教学理论的四个特征。[③]

1. 速度赢得效率

"算"是中国数学的传统特征之一。中国的数学教学，继承了善于运算的传统，特别是强调运算的速度。例如，我国在小学里对整数的四则运算速度，都有一定的要求；初中阶段，对"整式"运算的速度也有要求。事实上，速度保证了效率，速度为"问题解决"的高级思维提供了充裕的时间和空间。

中国数学教学历来有计算速度的要求，速算比赛一直是学校里使用的激励手段。表 3-2 是《义教数学课标 2011》中对学生第一学段计算速度的要求[④]。

---

① 张奠宙. 中国数学双基教学[M]. 上海：上海教育出版社，2006：219—222.

② 张奠宙. 中国数学双基教学[M]. 上海：上海教育出版社，2006：241—252.

③ 张奠宙. 中国数学双基教学[M]. 上海：上海教育出版社，2006：51—84.

④ 中华人民共和国教育部. 义务教育数学课程标准(2011 年版)[S]. 北京：北京师范大学出版社，2012：53.

表 3-2　第一学段计算技能评价要求

学习内容	速度要求/(题・min^{-1})
20以内加减法和表内乘除法口算	8～10
百以内加减法和一位数乘除两位数口算	3～4
两位数和三位数加减法笔算	2～3
两位数乘两位数笔算	1～2
一位数乘除两位数和三位数笔算	1～2

2. 记忆通向理解

记忆，是最重要的心理现象之一。语言学习，强调记忆。语文要背诵生词、诗句、范文；外语要背单词、记语法，熟悉习惯用法；数学是科学的语言，同样需要记忆。我国的数学教学，强调必要的记忆，因为记忆是理解的基础。记住某种对象的必要特征，才能真正地理解它。例如，我国要求学生背诵"九九表"，并在年幼时就完成。相对而言，西方的数学教学，则不强调背诵"九九表"，而把精力花在"理解乘法是加法累计的结果"。结果是中国学生在数字计算上有明显的优势。又如，"负负得正"这一数的运算规律，也是先操作，记住会用，以后慢慢就理解了。理解是逐步达到的，不能先理解，后操作。应该是理解的要操练，一时不完全理解的，也要操练，在操练中加深理解。

3. 适度形式化要求

我国的数学教学在20世纪50年代苏联数学的影响下，强调尽量的形式化，反对用大量"白开水式"的材料代替数学。苏联著名数学家A. 亚历山大罗夫给出数学的特征是："抽象性、严谨性、广泛应用性"。这一观念深入人心，与20世纪上半叶数学追求"形式主义"的哲学有着十分密切的联系。在中小学学生的数学学习中，学习形式化的表达是一项基本要求，但是不可能也不必要全盘形式化，应该进行一定的"非形式化"。基础教育中的许多数学内容，要想完全严谨是做不到的。苏步青在编写数学教科书时曾提出"混而不错"的处理方法，是数学实践中应该遵循的原则。但是，"混而不错"只适用于整个数学体系的陈述、基本概念的叙述、理念的运用，至于在微观层面，则应始终保持着严谨的要求，特别是在几何证明、解题步骤上，依然要求一丝不苟。

4. 重复依靠变式

我国的数学教学强调反复训练，注意进行一定的重复以形成"技能"。但是，我国的重复并非简单的重复，而是具有"变式"训练的特征，其中包括"概念性变式"和"过程性变式"。变式练习是中国数学教育的一个创造，学生在经历了尝试、探究过程之后，所获得的知识还必须加以巩固、拓广运用。数学的变式教学就是通过不同的角度、不同的侧面、不同的背景从多个方面变更所提供的数学对象的某些内涵以及数学问题的呈现形式，使数学内容的非本质特征时隐时现而本质特征保持不变的教学形式。

3.3.5 数学“双基”教学的未来展望

进入21世纪以后，中国数学教育正在发生深刻的变化。数学教育的论战，以从未有过的方式在全社会公开进行。数学“双基”教学是作为中华教育文化传统而得到继承和发扬，还是当作历史包袱退出教育舞台，还要看其发展[①]。

强调“双基”，注重“三大能力”培养，从提出到其内涵的进一步完善，在数学教育实践发展过程中也暴露了一些不足，甚至可能出现异化，原因如下。

(1)过度注重知识传授而放松了能力培养的要求。

(2)程式训练有余而自主探索不足。

(3)题海战术导致学生课业负担过重，学生“不堪重负”，创新能力日渐低下。

这些问题不可忽视，需要在数学教育实践中认真研究并予以解决。事实上，“双基”教学被异化并不是“双基”教学与考试结合的结果，而是人们受应试教育的影响和驱使，让“双基”教育去瞄准考试，以致发生偏差。但是，我们既不能把中国数学教育的某些成功，一律归功于“双基”理论，也不能把中国数学教育的缺陷，一律归罪于“双基”理论。在21世纪的今天，我们的任务是要在创新精神的指导下打好基础。

其后，许多有识之士建议将“双基”扩展为“四基”，即在数学基本知识和数学基本技能之上，再增加基本思想和基本活动经验。现在这一建议已经写进《义教数学课标2011》和《高中数学课标2017》，并且在数学教育界有高度的认同感。由“双基”扩展为“四基”——基础知识、基本技能、基本思想和基本活动经验，同时，也将能力目标扩充成四条，即“四能”——从数学角度发现问题、提出问题、分析问题和解决问题的能力。“四基”与创新精神和实践能力是相辅相成的，其核心依然是“在坚实的数学基础上谋求学生的全面发展”。“四基”并非孤立存在，其基本形式是一个三维的模块。学生头脑中的数学大厦是在一个个基础模块之上建立起来的。“四基”教学犹如一个立方体：它的“长”和“宽”分别表示数学基础知识的积累过程和基本技能的演练过程；“高”则要求在基础知识和基本技能的基础上提炼和升华为数学思想方法；在形成这三项“基础”的过程中，注意数学基本经验的积累，基本活动经验则填充于立方体内部，数学活动无处不在[②③]。“四基”体现着中国数学教育不仅有独特的教学理念，还具有在实践中形成的整套教学设计和方法。具有中国特色的数学“双基”教学，是无数前辈学者的实践经验和理论探索的结晶，值得我们继承发扬。

3.4 建构主义的数学教育理论

海伦·凯勒说：“每一个教师都能够把学生领进教室，但并不是每一个老师都能够让学生去学习。”《学记》云：“玉不琢，不成器；人不学，不知道。”中国大陆的中小学几乎每一间教室都有这样的标语：“好好学习，天天向上。”什么是学习？学习是指学习者

① 张奠宙. 中国数学双基教学[M]. 上海：上海教育出版社，2006：488.

② 张奠宙，于波. 数学教育的“中国道路”[M]. 上海：上海教育出版社，2015：227—228.

③ 张奠宙，宋乃庆. 数学教育概论[M]. 北京：高等教育出版社，2016：77.

因经验而引起的行为、能力和心理倾向的比较持久的变化。这种变化不是因成熟、疾病或药物引起的，且也不一定表现出外显的行为。具体到中学生的数学学习，有自身的特点。

1. 需要不断提高运用抽象概括思维方面的水平

数学较其他学科更为抽象概括，不仅对象是抽象的思维材料，而且使用了高度概括的形式化抽象语言。数学对象的抽象具有层次性，而研究方法具有抽象性。这些特点，容易使学生造成表面形式的理解，而不知道符号背后的实质，经常出现只会模仿而不能灵活运用的问题。数学学习必须通过由具体到抽象的概括，只有掌握了数学对象的形式，才能理解形式背后的实质。数学解题需要很高的抽象概括能力，通过抽象概括来得到解题方法规律，建立数学模型。

2. 数学学习中再发现的要求比其他学科高，需要教师的点拨与指导

学生的数学学习很大程度上表现为在教师指导下的数学再发现过程。因为教材中数学结果的呈现往往是严谨的，不是按数学结果被创造的过程来表达，而教学过程需要还原知识发现的过程，因此其难度是其他学科不能比的，它需要教师进行教学法的精心设计和加工。学生的学习是按照教师设计的实践路径去探索尝试，学生在这个过程中，思维往往会发生偏差，所以教学中需要教师的点拨、引导和矫正。

3. 数学学习需要且有利于发展学生的逻辑思维能力，应当突出解题练习环节

数学的逻辑结构是按公理体系建立起来的，一切结论命题都需要经过严格的逻辑证明，学生在整个学习过程中，需要反复学习运用各种逻辑推理来证明或解答各种数学问题，并达到熟练掌握的程度，这对发展逻辑思维能力极其有利，但这种能力的获得必须经过一定数量的变式解题的练习环节。

3.4.1　认知学习理论概要

认知心理学的兴起在一定意义上可被看成信息时代科学整体性发展的一个必然产物，特别是信息论和计算机科学的发展更是为认知心理学的产生提供了重要的外部条件。尽管认知心理学的发展在最初主要是一种不自觉的行为，但这一发展却又直接促进了行为主义心理学基本理论立场的自觉反思与批判。

3.4.1.1　从行为主义到认知心理学

桑代克(E. L. Thorndike)从动物和人类学习的实验中总结了一系列学习规律，提出了试误说，认为“学习即联结”，是不断“尝试错误”直至成功的过程。巴甫洛夫(Ivan Pavlov)通过响声与肉块的多次结合，引起狗唾液分泌的实验，认为学习是一种暂时神经联系的形成，是一种经典性条件反射。斯金纳(B. F. Skinner)通过小白鼠偶尔踏上操纵杆得到食丸，以后不断按压操纵杆，直到吃饱为止的实验，认为学习是在奖赏下操作某种工具的条件反射[①]。

行为主义的基本主张之一是客观主义——分析人类行为的关键是对外部事件的考

① 喻平. 数学教育心理学[M]. 南宁：广西教育出版社，2015：3-4.

察。反映在教学上，则认为学习是强化建立刺激与反应之间的联系。教育者的目标是传递客观知识，而学习者的目标是在这种传递过程中达到教育者所确定的目标，得到与教育者完全相同的理解。在行为主义者看来，大脑就像一只黑箱，判定“学习”是否发生只能依靠外显的行为，即按照可以观察的学习结构来判定。学习通过“尝试—错误”的过程，在刺激和反应之间建立联系，从而达到“行为的改变”。因此，重复练习、熟能生巧是学习的不二法门。

行为主义的操作性学习观点有一定的合理性。例如，在东亚、东南亚一些国家，数学教学历来有强调“熟能生巧”的传统，包括中国在内的一些国家和地区，在许多国际数学教育评价中名列前茅。事实上，要达到“熟”的水平，没有训练是不行的，做一定量的是走向熟练的必由之路。对此，一般性的解释是：学生对口诀、公式、法则掌握得滚瓜烂熟，可以使他们在数学探索中以最迅速的方法完成常规性的推导步骤，节省宝贵的时间来进行艰难的尝试和判断，最后解决难题。

但行为主义只能解释低级的、动作性的操作学习，对高级的、复杂的智能学习解释就差强人意了。人毕竟不是小白鼠，数学技能不同于体育动作技能。比如，几何证明中如何添加辅助线与体育竞技中的甩铁饼大相径庭，前者“运用之妙，在乎一心”。数学学习中，过量的练习，往往会导致“熟能生厌”“熟能生笨”。再有，行为主义常常是应试教育的遮丑布，以“看得见”的分数来衡量学生学习的效果，学生内心对数学的火热思考则被湮没在冰冷的分数里。因此，题海战术、时间战术应被摒弃。

案例 2：小明的口袋中有 24 个果冻。小明吃了其中 5 个，给了朋友 3 个。小明总共有多少个果冻？

给“总共”这个“刺激”，粗心的学生就有“相加”这个“反应”，从而得出错误的结果：24＋5＋3＝32(个)。

案例 3：在一艘船上，有 75 头牛，34 头羊，请问船长的年龄是多少？

在很多学生看来，凡是数学题，总有唯一的答案。这是他们的数学老师语重心长灌输的“刺激”。于是就有以下可笑且可悲的结果：75－34＝41(岁)。在他们眼里，75＋34＝109(岁)，船长年龄太老，41 岁是合情合理的！

以上分析清楚地表明了行为主义的教学思想，特别是“程序教学”的严重弊病。首先，“程序教学”过于强调对教材的分析性研究而忽视使学生实现必要的综合，把学生放在被动的地位上显然是与认识活动的能动性质直接相对立的。其次，人类的行为是有别于动物的高级行为，行为主义所采用的“刺激—反应联结”充其量只能被用于低智力行为和简单技能的学习，而不足以揭示高级智力活动或心理活动的本质。最后，就数学学习而言，尽管“死记硬背”和“理解记忆”、“机械性行为”和“自动化行为”在表面上十分相似，但就内在的心理过程而言也有重要的本质区别。因此，行为主义基本理论立场的错误性使其衰落也就无法避免了。

3.4.1.2 认知学习理论概述

20 世纪 60 年代以来，认知主义观点逐渐取代行为主义的观点。认知是指将感知到的信息在人脑中被转换、消化、储存、恢复和应用的全过程。当前的认知心理学更注重对学生的认知结构、认知加工过程和学习策略的研究，把学生的学习看成一个积极主动的信息加工过程。研究的重点主题是元认知、社会认知、各种认知策略、认知风格、认知技能的获得、问题解决、教学策略，从而揭示认知结构变化规律，探索学习者知识和技能获得的内在心理机制。

格式塔学派(Gestaltism)通过观察猩猩由一次拿起短棒打下高处的食物以后能产生类似行为的实验，认为学习是一种“顿悟”的过程，强调知觉整体性。格式塔学派突出地强调了对于问题内在结构关系的整体性把握：解决问题的过程就是完形的重组，即是从不完整、不合适的结构转变为完整、前后一致的结构，从结构上不理解或觉得有问题转变为真正掌握和实现结构的要求。

托尔曼(E. Tolman)通过小白鼠走出迷宫的实验，认为学习是一种潜在的认知结构，这种认知结构就是在认知活动中，对输入的信息进行组织或再组织的加工所形成的概括化的认知模式。

布鲁纳(Bruner)和奥苏伯尔(Ausubel)认为学习是认知结构的组织与重新组织，是通过原认知结构与新的认知对象发生联系而实现的。内在逻辑结构的知识与学生原有认知结构相联结，新旧知识相互作用，新知识在学生头脑中就获得了新的意义，这是学习的实质。但布鲁纳主张学生积极主动地发现学习，认为教学就是创设有利于学生发现、探究的学习情境，组织安排一个良好的教材结构。而奥苏伯尔则强调有意义地接受学习，主张通过语言形式理解知识的意义，接受系统的知识，认为教学就是安排好教材结构，调动和准备好原有认知结构，并使两种结构能自然合理地发生关系。

加涅(R. Gagne)认为学习应当被看成内在认知过程与外部环境交互作用的结果。由于学习活动最终是通过个体内在的认知活动得以实现的，因此关于学习者内在认知过程的分析就应被看成教学工作的最终依据。

认知论的学习观基本上还是采取客观主义的传统，与行为主义学习观的不同之处在于强调内部的认知过程。认知心理学关注的焦点是“学习”的内部过程和机制，透过外部行为和结果进行分析、解释，以抓住实质。

3.4.1.3　认知心理学与教学研究

相对于行为主义，认知心理学的研究是一个重要的进步，认知心理学认为：心理学应当深入地研究内在心理活动，即对内在心理活动的研究上升到科学的水平。就国内而言，数学教育的课程在很长时期内一直是“教材教法课”唱主角，相应地，在有关刊物和书籍中我们所看到的也常常是“教案”而非“学案”。另外，就数学教育的现代化而言，人们所强调的又往往是如何以现代数学思想去了解初等数学的教学，不仅没有对教育理论的现代化予以应有的重视，更没有清楚地认识教育理论的现代化主要取决于对学习过程中心理活动的深入研究。任何一个教育工作者都必须牢记，如果我们并不真正了解学生在学习过程中的思维活动，相应地教学理论就不可能具有坚实的理论基础①。

受行为主义的影响，教育领域的研究者普遍采用定量分析法，只注意了相应测试结果的统计分析，认为这是可获得的可靠信息，而根本无须顾及学生内在的思维过程。

① 郑毓信，梁贯成. 认知科学建构主义与数学教育[M]. 上海：上海教育出版社，1998：62—63.

其实对“结果”的统计分析并不能取代对“过程”的深入研究，与可见行为的定量分析相比，我们应该更加重视内在思维活动的定性分析，这能更好地了解学生在学习活动中真实的思维活动。

值得注意的是，以类比电子计算机式的“信息加工”过程为主要特征的认知心理学研究，常常忽略了人的智慧本身与机器体现智慧的某种功能之间的区别，这可以看成认识活动历史局限性的一个具体表现。就智慧的认识本身而言，我们不能仅仅着眼于功能，还必须注意其内在机制或本质的认识和分析。在互联网及计算机技术对整个人类生活影响深远的今天，我们更应当自觉地抵制和反对各种机械论的观点，而灵活、综合地应用已有的知识、方法以及数学思维去进行数学活动，这才是一种真正意义上的创造性劳动①。

3.4.2　建构主义与数学教育

建构主义(Constructivism)在现代汉语的解释上有“建立、成立”和“构造”之意，其理论根源可追溯到 2 500 多年前。现代建构主义主要是吸收了美国教育家杜威(John Dewey)的经验主义和瑞士心理学家皮亚杰(Jean Piaget)的结构主义与发生认识论等思想，并在总结 20 世纪 60 年代以来的各种教育改革方案的经验基础上演变和发展起来的②。建构主义是当代教育心理学领域中的一场革命，是从行为主义到认知主义之后的进一步发展。其主要观点是：认识并非主体对客观实在的简单的、被动的反映(镜面式反映)，而是一个主动的建构过程；在建构的过程中，主体已有的认知结构发挥了特别重要的作用，而主体的认知结构亦处在不断的发展之中③。

建构主义认为人们对客体的认识是一个主动建构的过程，是在已有知识基础上“生成”的，而不是思维对于外部事物或现象简单的、被动的反映。学习者以自己的方式建构对事物的理解，从而不同人看到的是事物的不同方面，不存在唯一标准的理解。学习过程同时包含两方面的建构：一方面是通过同化对新知识意义的建构；另一方面又通过顺应对原有经验本身进行改造和重组。数学知识的学习是以主体在自己思想中实际建构出它的意义为必要前提的，通过自己建构起来的数学知识，在头脑中才会根深蒂固。建构学习不能靠死记硬背、机械模仿，靠的是理解和思考，学生靠自身已有知识经验对学习内容做出解释，使其对自己来说获得新的意义。

在教育领域中常常谈论的建构主义具有认知理论和方法论的双重身份。从方法论角度而言，“人类是认识的主体，人的行为是有目的的，今天人类具有高度发展的组织知识的能力”，这种认识在教育学方面的意义是：教师必须知道学生正在想什么，他们对所呈现的材料有何反应；教师要重视诊断学生的工具；教师不能只让学生做练习，还要训练学生建构重要概念和原则的技能；教师要向学生提供促进建构数学对象和关系的材料、工具、模型的良好的学习环境④。

---

① 郑毓信，梁贯成．认知科学建构主义与数学教育[M]．上海：上海教育出版社，1998：66－71.

② 李永新，李劲．中学数学教育学概论[M]．北京：科学出版社，2012：101.

③ 孔凡哲，曾峥．数学学习心理学[M]．北京：北京大学出版社，2012：56.

④ 同②.

3.4.2.1　建构主义的知识观

对于数学知识的认识，持建构主义观的学者往往不同于行为主义论者[①②]，在他们看来。

(1)数学知识不是对现实世界的准确表征，任何一种传载知识的符号系统也不是绝对真实的表征。它只不过是人们对客观世界的一种解释、假设或假说，不是问题的最终答案，必将随着人们认识程度的深入而不断地变革、升华和改写，出现新的解释和假设。

(2)数学知识不可能以实体的形式存在于个体之外，虽然数学知识通过数学语言被赋予了一定的外在形式，但真正的理解只能是由学习者基于自身的经验背景建构起来的，这取决于特定情况下的学习活动过程，否则就不叫理解，而是死记硬背般复制式的学习。

(3)数学知识并不能完整、准确地概括世界的法则或真理，而是要针对具体问题进行再创造。

按照建构主义的观点，数学课本上的知识，只是一种关于某种现象的较为可靠的解释或假设，并不是解释现实世界的“绝对参照”。某一社会发展阶段的科学知识固然包括真理性，但是并不意味着终极答案，随着社会的发展，肯定还会有更真实的解释。学生对知识的接收，只能由他自己来建构完成，以其自身的经验为背景来分析知识的合理性。在学习过程中，学生不仅理解新知识，而且对新知识进行分析、检验和批判。

实际上，关于“什么是数学知识”的问题，涉及哲学思考。马克思主义哲学主张“能动的反映论”。世界是可以认识的，科学真理(包括数学真理)是现实世界的反映。人的能动性反映在于对客观真理的发现、整理、组织和系统化。但在建构主义学说中，有一部分人认为数学知识依个人的主观认识而定，例如一些学者认为，任何知识在被个体接受之前，对个体来说是没有什么意义的，也无权威可言。所以，教学不能把知识作为预先决定的事物教给学生，不要以我们对知识的理解方式作为让学生接收的理由，用社会性的权威去压服学生。依照这种观点，完全排除了人类积累的知识的权威性，否定“接受性”学习，否定教科书的重要性，否定教师的主导作用，从而走向主观唯心主义的误区。

3.4.2.2　建构主义的学习观

建构主义者认为，学习有两种方式：一种是复制式(Transcriptive)，另一种是建构式(Constructive)。传统的数学教学法认为，“学数学”就是学习以特殊方式书写的无意义的符号和规则。这些知识只需通过老师的讲授、学生练习，然后运用测试手段来检查学生的掌握程度。建构主义的学习观是对传统数学教育思想的直接否定，它认为这种教学法假定学生能在自己头脑中建立教师观念的完整复制品。然而实际上，在无意义教学下的儿童常常出现系统性错误和误解，原因在于他们使用了不正确的演算过程。

大量案例分析发现：儿童入学前就发展了许多非形式数学知识，这些知识对儿童

---

① 李永新，李劲．中学数学教育学概论[M]．北京：科学出版社，2012：102.

② 张慧萍．建构主义与数学教育——试论数学反思性思维[D]．内蒙古师范大学，2007：17.

来说是很有意义也很有趣味的；非形式数学常常是主动建构而不是被动接受。儿童入学后，学习用符号写成的形式数学。研究表明，“儿童常常不按照教师的方式去做数学。”也就是说，儿童不是单纯地模仿和接受成人的策略和思维模式，他们会用自己现存的知识去过滤和解释新信息，以致同化它。非形式数学是同化形式数学的基础，如果儿童看不出教师所呈现的信息和他们已有的数学知识之间的联系，那么，教师的讲授犹如对牛弹琴。

建构主义观下的数学学习具有以下特征。①

(1)学习不是由教师把知识简单地传递给学生，而是学生自己建构知识的过程。学生不是简单被动地接收信息，而是主动地建构知识的意义，这种建构无法由他人代替。

(2)学习不是被动接收信息刺激，而是主动地建构意义，根据自己的经验背景，对外部信息进行主动地选择、加工和处理，从而获得自己的意义。外部信息本身没有什么意义，意义是学习者通过新旧知识、经验间的反复、双向的相互作用过程而建构成的。

(3)学习意义的获得，是每个学习者以自己原有的知识经验为基础，对新信息重新认识和编码，建构自己的理解。在这一过程中，学习者原有的知识经验因为新知识经验的进入而发生调整和改变。

3.4.2.3 建构主义的教学观

建构主义强调，儿童并不是空着脑袋进入学习情境中的。儿童和成人(专家)对同一数学观念的理解有很大差别，基于不同体验和材料，观念具有不同的形式。学生在以往的日常生活和各种形式的学习中，他们已经形成了有关的知识经验，对任何事情都有自己的看法。

由于人们从来不能确切地知道别人的认知和知识结构情况，因此相互交流就显得尤为重要：①通过使用的语言、选择的参照、选取的例子来评估他们结构之间的一致性；②通过考虑那些内在一致的结构之间的表面水平来评估另一个人的建构能力。即使他们表面形式多么不同，教师也必须尽可能考虑学生的建构，以便提供有效且合理的指导。在建构主义的课堂上，教师不仅仅作为知识的呈现者，而是应该重视学生自己对各种现象的理解，倾听他们时下的看法，思考这些想法的由来，并以此为据，引导学生丰富或调整自己的解释。总之，教学不是教师简单地告诉学生就可以奏效和完成的。

那么，作为一名以建构主义为指导思想的教师，他在课堂上要做什么才有助于学生主动建构数学呢？数学教师在建构主义的课堂上需要做以下六件事：①加强学生的自我管理和激励他们为自己的学习负责；②发展学生的反省思维；③建立学生建构数学的“卷宗”来判断学生建构能力的强弱；④观察和参与学生尝试、辨认与选择解题途径的活动；⑤反思和回顾解题途径；⑥明确活动、学习材料的目的②。

以上阐述表明，教师要关注学生的思想以及他们对自身研究问题建构的数学意义，

---

① 李永新，李劲．中学数学教育学概论[M]．北京：科学出版社，2012：102—103．

② 张奠宙，宋乃庆．数学教育概论[M]．北京：高等教育出版社，2016：62．

鼓励学生提出多种解题的方式，寻求对别人解法的理解，承担发现和改正错误的责任。此外，为了适应建构主义指导下的数学教学，教师必须理解学生的数学现实、理解人类思考数学的现实、理解教学现实。

基于此，建构主义学习观强调合作学习和交互式教学。个人的建构往往是不完善的，通过合作讨论，让大家相互了解彼此的不同见解，看到事物的不同侧面，从而形成更加丰富的理解。学生不断反思自己的思考过程，对多种观念加以组织和重新组织以有利于学生建构能力的发展。同时，建构主义认为教师应是学生学习活动的促进者，要深入了解学生真实的思维活动，根据原有的认知结构特征去进行教学，对学生的错误的纠正方式应是促进学生对自己错误的“自我否定”；主要任务是为学生的学习创造良好的环境，包括提供必要的知识基础、思维材料和民主宽松的教学气氛①。

3.4.2.4　对建构主义的评述

建构主义对人的认识过程，包括对学生的学习过程进行了深入的分析，具有科学的价值。但是，建构主义具有主观唯心主义的成分。在如何将建构主义运用到数学教学时，也有一些极端的提法。比如“每个人都在建构自己的数学，即只有在各个主体自己的意识中才存在数学”，它不仅偏离“客观数学”，也认为“数学是一种由社会构造成的人类活动，它有其历史、传统和文化”②，还忽视了教学活动中教师的“主导作用”和“示范作用”。

另外，建构主义只关注如何认识事物，怎么认识深刻就怎么去做，忽略了认识的速度和效率。教学是有目的、有计划、按照课程标准的目标要求实行的班级集体认识活动。数学课程的目标，是要把几千年来人类积累的数学知识的基础部分，在短短的十来年中让学生学习并能理解和掌握，这需要很高的教学效率。而激进的建构主义教学任凭学生的兴趣自由摸索，根本不谈认识效率，这样的教学是走不远的③④。

3.4.3　数学概念学习的APOS理论

APOS理论是美国杜宾斯基(Dubinsky)等人所倡导的一种理论。A、P、O、S分别是英文Action(操作)、Process(过程)、Object(对象)和Schema(图式)的第一个字母。这种理论认为：在数学概念学习中，如果引导个体经过操作、过程和对象等几个阶段后，个体一般就能在建构、反思的基础上组成数学概念的图式，进而厘清问题情境、顺利解决问题。

例　函数的教学

操作阶段：整个过程由学生自主完成。例如$y=2^x$，可让学生进行具体的细胞分裂实验，产生2^1，2^2，2^3，2^4，…，分别与细胞分裂的次数1，2，3，4，…对应。通过操作，形成指数函数的初步认识。

过程阶段：把上述的操作获得综合成一个函数过程。一般地，有$x\to 2^x$；更一般

① 李永新，李劲．中学数学教育学概论[M]．北京：科学出版社，2012：103－104．
② 徐斌艳．极端建构主义意义下的数学教育[J]．外国教育资料，2000(3)：61－66．
③ 张奠宙，宋乃庆．数学教育概论[M]．北京：高等教育出版社，2016：63．
④ 李永新，李劲．中学数学教育学概论[M]．北京：科学出版社，2012：104－105．

地，各种函数都可以概括为一种对应过程：$x \to f(x)$。在反思比较的基础上归纳出操作对象的共同特点，通过同化与顺应将其纳入认知结构中，再用适当的语言符号将其本质属性表达出来。这个过程由感性上升到了理性，称为概念的形成阶段。这个阶段要求学生通过有意义接受和发现学习反复地将操作中的属性与已有的认知结构建立联系，形成新的认知结构，并体会概念的具体意义。这是一个压缩、深化的过程，是对操作内容的压缩深化，也是对思维的压缩与提取，形成新的认识，达到对思维的提升，开始建构函数知识图式。此时，“函数”表示一个动词，自变量 x 相当于机器的“输入”，函数值 y 相当于机器的“输出”(图 3-5)。

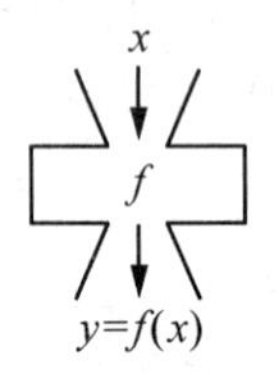

图 3-5 “机器”输出流程

对象阶段：在形成函数概念之后将概念作为一个独立的对象加以认识，这是一个由具体操作转化为内部心理运作阶段。脱离了具体的形式运算和具体过程，在心理内部对概念进行加工，把概念作为一个整体加以认识，是思维的高级阶段。在函数教学中要对“指数函数”进行界定，需要说明它的定义域、值域、单调性等其他性质及其相关运算，进而建构指数函数的内容图式。在此阶段，“函数”表示一个名词，可以进行加减乘除的运算。

图式阶段：在形成对象的基础上，通过例题、练习达到对知识的进一步深化，形成函数对象的整体认识，建构这个对象的心理图式，然后再通过应用与其他相关知识建立联系，在反复比较的基础上形成一个新的认识，从而建构新的图式。这是认识进一步深化的过程，思维得以进一步提升。随着学习内容的加深，认识进一步拓展，则需要我们不断调整图式结构，通过同化与顺应建立新的平衡过程，再形成新的函数知识图式。

APOS 理论不但清楚地指明了建构数学概念的学习层次，而且为数学教师如何进行数学教学提供了一种具体的教学策略。

思考与练习

1. 你知道数学教育中哪些有影响的理论？
2. 弗赖登塔尔对数学教育发展的突出贡献是什么？
3. 阅读波利亚的《怎样解题——数学思维的新方法》，写一篇心得体会。
4. 设计一个解决某类问题的解题表。
5. 为什么我国重视数学“双基”教学？
6. 中国的数学“双基”教学应该怎样发展？如何避免它的异化？
7. 你是否赞同建构主义的数学教学理论？说说自己的看法。

第 4 章　数学课堂教学设计与实施

学习提要

数学课堂是学生获取知识、技能，体验数学情感价值，形成数学问题解决能力，提升数学素养的主要场所。数学课堂教学是达成上述目标的主要途径和形式。要上好一堂数学课，必须要做好两个基本环节——数学课堂教学设计和实施。那么如何进行数学课堂教学的设计呢？设计之后又怎么保证它能有效地实施呢？这就是本章所要解决的问题。

4.1　数学课堂教学设计

“凡事预则立，不预则废。”数学课堂教学设计就是对课堂教学前的“预”。为提高教学质量和教学效率，教师必须在教学实施前设计一份具体且详尽的教学计划方案。这就要求我们了解什么是数学课堂教学设计，掌握它的基本要求，分析它的要素结构。

4.1.1　数学课堂教学设计是什么

4.1.1.1　数学课堂教学设计的含义

所谓数学课堂教学设计，就是指教师按照课程标准的要求，遵循学生的认知发展规律，针对具体的教学内容、数学学科特点和数学教与学的基本理论，运用系统的观点与方法，整合课程资源，明确教学目标，合理组织和安排各种教学要素，为优化教学效果而制订实施方案的系统的计划过程。由此可以看出，数学教学设计实际上就是为数学教学活动制订蓝图的过程。著名的教学设计理论家迪克和赖泽曾说：教学设计就是“系统化的备课”。教学设计的根本目的就是建构最佳教学方案，促进学生学习，实现教学效果最优化①。其最终目的就是使学生能更高效地学习，开发学生的学习潜能，塑造学生的健全人格，从而使学生得到全面发展②。因此，数学教学设计的指导思想就是“以学生发展为本”。

既然是设计，就需要思考、立意和创新。因而，数学课堂教学设计又是一项创造性工作，需要经历方案的构思、设计、制订、预实验和反思等主要阶段。

当前我国的中学数学课堂教学设计主要具有主体性、文化性、探究性和交互性等特征。首先，过程体现学生的主体性。学生是学习的主体，教学设计是为学生的学设计的，要体现“以人为本”“全面发展”的教育理念。其次，情境体现了数学的文化性。情境引入包括联系生活的应用实例、讲述数学历史文化背景故事等，通过引入具有文化特征的数学故事或数学史，培养学生的人文底蕴，发展数学思想，提升数学意识。

① 曹一鸣．数学教学论[M]．北京：高等教育出版社，2008：136．
② 张奠宙，宋乃庆．数学教育概论[M]．北京：高等教育出版社，2016：49．

再次，问题体现学生探究性。教师在进行教学设计时，以问题为切入点，在探究中激发学生的自主性，通过不断地探索问题、解决问题来引发学生深入思考。最后，课件体现动态交互性。在制作课件的过程中，教师打破传统的课件制作思维模式，将现代信息技术与数学课程进行有机结合，使课件恰到好处地为学生的思维服务。

4.1.1.2 数学课堂教学设计的理念

数学课堂教学设计的理念是进行数学课堂教学的思想指导，对于课堂教学起支配作用，贯穿于数学课堂教学的全过程。理念是先于模式、策略、程序而存在的意识形态，因此，在进行数学课堂教学设计之前，教师要先明确数学课堂教学设计的理念。

(1)提高教学效率。如何提高数学课堂教学效率是教师进行教学设计最基本、最重要的问题，也是教师努力追求的终极目标。教师在进行数学课堂教学设计时，应将提高课堂教学效率作为出发点，保证教学设计中的每个步骤、每个策略都为提高教学效率而服务。教学效率主要体现在以下几个方面：①是否激发了学生学习动机，尤其是内在动机；②是否促进了学生的学习；③是否落实了具体的教学目标和要求等。[①]

(2)强调学生主体地位。人本主义、认知主义和建构主义对于学生在学习中的地位都持有同样的观点：学生是学习的主体，所有的“新知识”只有通过学生自主的“再创造”活动，才能将其纳入认知结构中。新课程标准的核心理念为“一切为了学生的发展”，因此，教师应该转变角色，尊重学生的主体性，以新的理念指导、设计教学。教师是教学过程的组织者、引导者和合作者。在设计教学目标、组织教学活动等方面，应面向全体学生，突出学生的主体性，充分发挥学生的主观能动性，让学生自愿参与到问题探究活动中。

(3)培养数学核心素养。新课程提出，数学教育要改变过去过于强调学科本位、知识本位的倾向，强调创设合适的教学情境，启发学生思考，使学生在获得基础知识和基本技能的同时形成正确的价值观，最终实现数学核心素养的养成和发展。因此，在数学教学设计中要更加关注技能形成方式和学习方式的多样化，让学生在多样化的数学活动中感受、体验数学的探索与创造，使学生对数学有更深刻的体会，以便在未来遇到同样问题时能够应对解决。

(4)改进评价方式。数学是一门抽象性的学科，需要学生在体验中进行学习。新课标强调数学教学不但重结果，也重过程，侧重于学生个性的发展和创新意识的培养，侧重于数学思想方法的渗透，学生情感、态度、价值观的升华及思想品德的教育。因此，教师在进行教学评价时必须转变评价方式，不仅关注学生学业成绩，也要注重对学生综合素质的考查；不仅关注结果，也要关注学生的学习、体验过程，关注学生成长发展过程，充分发挥评价的激励导向功能。

4.1.1.3 数学课堂教学设计的思路

教学设计是教师在上课前对教学内容和活动进行整体规划并撰写具体方案的过程。在进行教学设计时，既要理解教材又要突破教材的束缚，应创造性地使用教材，对教

---

① 何小亚. 追求数学素养达成的教学设计标准与案例——谨以此文纪念驾鹤西游的我国著名数学教育家张奠宙先生！[J]. 中学数学研究(华南师范大学版)，2019(3)：1－8＋53.

材进行二度开发。在这个过程中，教师不但要对教材分析、学情分析、教学目标、教学重难点、教学方式、教学用具等进行设计，还要对课堂系统教学过程进行设计，包括课前探究、新课导入、师生互动、课堂总结和课后作业等。在教学实施后，教师应及时地对这节课进行反思总结，提炼闪光点并继续发扬，反思改进不足之处，做好教学后记。

数学教学设计的思路是以学生学前状况为起点，以数学教学目标为导向，以学生的主体性学习为核心，以学生学习的类型、结果为指向的一个过程。按照教学流程：情境导入→自主探索→引导探究→归纳小结→反馈评价→升华提高进行整体思考，重视培养学生自主探索、合作交流的精神，在数学教学中提高学生思维的灵活性、批判性和创造性。

4.1.2 数学课堂教学设计的理论依据

数学课堂教学设计除了依据第3章所提及的行为主义、认知主义和建构主义相关理念，还包括我国新一轮数学课程改革所倡导的理念。

1. 教学观

(1)教学是课程创生与开发的过程。

传统课程要求在教学过程和教学情境预设之前明确教学的方向、目标或计划。而新课程要打破成规，把师生作为课程的有机整体，他们是课程的创造者和主体，共同参与课程开发。

(2)教学是师生交往、积极互动、共同发展的过程[①]。

新课程要求教学是师生对话、积极互动和共同发展的过程。在这过程中，师生相互交流思想和知识，相互交流感情和经验，教学就是师生互教互学、共同发展、教学相长的过程。

(3)教学不仅是学习结论，更重要的是经历的学习过程。

教学的目的不仅是使学生掌握现有的知识，得出结论，更重要的是学生能主动获取知识，并能迁移到新的情境中，能创造性地解决问题。新课程的重要目标之一是培养学生的创新精神和实践能力。在数学教学中培养学生的创造性思维，充分揭示学生的思维过程。

首先，教学应充分揭示概念的形成过程，将教材中的抽象概念通过比较、抽象、泛化、假设、验证和分化等过程显性化。其次，教学应充分揭示发现结论的过程，将教材中的"定理证明-样本练习"的模式通过实验、比较、归纳、猜测和检验等过程变成一系列的探索。最后，教学应充分揭示问题解决的思考和探索过程。数学创造性思维与问题解决有着密切的关系，许多经典的数学创造都诞生在数学家对相关问题的探索中。数学创造性思维的形成是培养创造性地解决数学问题能力的基础。

(4)教学要关注学生而不是学科。

"一切为了每个学生的发展"是新课程的核心理念。在教学中，教师要注意每个学

① 何小亚. 数学新课程的教学观与教师角色的转变[J]. 广东教育，2003(3)：29.

生的发展。教师如果只注重学科知识的学习，忽视学生在教学活动中的情感体验和经验积累，认为学科高于教学和教育，只注重学科知识和学科能力的发展，不注重学生道德素质和人格的发展，则是对新课程标准的错误解读。关注学生是指尊重每个学生的尊严和人格，包括发展稍迟缓的学生、数学学困生、智力缺陷的学生等，公平对待每一位学生。关注学生，意味着信任和赞扬，欣赏每一个学生的独特性、兴趣、爱好和专长，欣赏每一个学生的进步，欣赏每一个学生的努力和表现出的善意，欣赏每一个学生的质疑精神。

2. 学生观

“一切为了每个学生的发展”是新课程针对学生方面所倡导的，主要体现在三个方面：学生是发展的人；学生是独特的人；学生是具有独立意义的人。[①]

学生是发展的人的内涵主要包括：①学生的身心发展遵循一定的规律。这就要求教师掌握学生的身心发展理论，熟悉不同年龄段学生的身心发展特点，并根据学生身心发展的规律和特点开展教育教学活动，促进学生身心健康发展。②学生有很大的发展潜力。教师必须相信学生身体隐藏着巨大的发展能量，坚信每个学生都是积极成长、追求进步和完善的个体，是可以获得成功的，故教师对教育好每个学生应该是充满信心的。③学生处在发展过程中。在教育过程中，学生是在教师的指导下成长起来的。学生的生活是否有趣，是否感到快乐，是否有能力得到充分的发展，是否能健康的成长，都与老师有密切联系。

学生是独特的人的内涵主要包括：①学生是一个完整的人。学生是具有丰富个性的完整的人，教师应为学生提供完整的生活世界，丰富学生的精神生活，给予学生全面展示个性力量的时间和方式。②每个学生都有自己的独特性和遗传性。社会环境、家庭条件和生活经历等因素的相互作用从而造就了学生的独特性，比如每个学生在世界上都有自己独特的“心理”，并且在他们的兴趣、爱好、动机、需要、气质、个性和智力等方面都有自己独特的感受和见识。教师应该重视学生的这些独特性，培养具有独特个性的学生。独特性也意味着差异。教师不仅要正视学生之间的差异，还要尊重差异，鼓励差异，使每一个学生在原有的基础上得到全面自由的发展。③学生和成年人有很大的不同。在教育过程中，教师应发挥共情能力，更多地从学生的角度来考虑问题，找到正确的教育方式。

学生是具有独立意义的人的内涵主要包括：①每一个学生都是一个独立于教师、独立于教师意志的客观存在。教师应以学生为独立主体，使自己的教育教学适应学生的需要和发展。教师是学生发展的引导者和推动者，而不是强迫他人的塑造者。②学生是学习的主体，是学习的主人，教师不能代替学生去学习，只能为学生创造良好的学习环境，让学生观察、思考、体验。③学生是权责主体。在现代文明社会，学生一方面享有一定的法律权利，承担一定的法律责任，是法律权利和责任的主体。另一方面学生也享有一定的伦理权利，承担一定的伦理责任，是伦理权利和责任的主体。学校和教师不仅要保护学生的合法权益，而且要引导学生学习和了解生活，教育学生对

① 宋德生. 从“目中无人”到“以人为本”——新课改下的学生观[J]. 中学英语园地(教学指导)，2012(5)：18—19.

自己负责，对他人负责，学会承担责任。

3. 教师观

(1)教师必须从知识传授者转变为学生学习指导者和发展推动者。

教师应注重激发学生的内在动力(内在动力是指个体在学习过程中寻找学习的源泉和奖励。它包括好奇心、需求、扮演角色和伙伴之间的互助作用)、学习和培养积极人格的能力、把教学的重点放在如何促进学生的“学习”上、教学的目的在于“不教”。

(2)教师必须从教育实践者转变为课程建设者和开发者。

新课程要求教师具有较强的课程意识和参与意识，了解国家课程、地方课程、校本课程之间的关系，正确认识教材在课程中的地位和作用，创造性地使用教材，积极开展国家课程本土化和校本课程实践。

(3)教师是教育教学研究者和反思实践者。

教师应以研究者的心态参与数学教学，用研究者的眼光审视和分析教学理论和实践中存在的问题，反思自己的教学行为，寻找解决的办法，总结经验，形成规律，持之以恒，更新和完善教学理论。肖川曾说：“教育就是不完美的人引领着另一个(或另一群)不完美的人追求完美的过程。”①

(4)教师要从学校的教师转变为社区型的开放的教师。

新课程强调学校与社区的互动，重视挖掘社区资源，教师不仅是学校的组成部分，而且是整个社区教育、文化事业建设的组成部分。在这种情况下，教师应从学校的教师转变为社区型开放教师。

4.1.3　数学课堂教学设计的要素分析

数学教学设计是一个系统设计，包含了教学目标、教学内容、学生情况、教师情况等内容，必须综合考虑数学教学系统中的各个要素。因此，对于数学教学设计的要素分析主要从目标分析、内容分析、学生分析三个维度来进行。

4.1.3.1　数学课堂教学设计的目标分析

教学目标是指本节课教师期望学生所能达到的学习效果和标准，是对教学目的所作的具体说明，是对教学结束之后学习者的预期行为所做的具体描述，是进一步细化了的教育目的。教学目标在教学设计以及教学实施过程中起着导向性作用，是课堂活动的出发点、中心和归宿。数学教学设计必须首先设计目标，要使自己明确应该“怎么教”和学生应该“怎么学”，使自己的教学活动能够按照一定的方向有效地进行。

在数学课堂教学设计中，教学目标一般从知识与技能、过程与方法、情感态度与价值观三个维度进行思考。

对于数学教学目标的描述，课标中明确将其分为两类：一是采用结果性目标的方式，二是采用体验性或表现性目标的方式。结果性目标即告诉学生学习的结果是什么，一般刻画的是对知识的理解、掌握程度和运用水平，常采用了解(认识)、理解、掌握、

① 肖川．教育的理想与信念[M]．长沙：岳麓书社，2002：12.

灵活运用等目标动词。体验性或表现性目标即描述学生的心理感受、体验，或学生表现的行为，一般刻画的是数学活动水平，常采用经历(感受)、体验(体会)、探索等过程性目标动词。关于情感、动作领域常用动词，在记忆水平上的行为动词常用的有初步体会、初步学会、知道、感知、识别等，在解释性理解水平上常用的动词有说明、表达、判断、归纳、比较等，在探究性理解水平上常用的动词有推导、证明、探究、设计等。

下面以“平方差公式”的教学目标为例。

①在理解基础上掌握平方差公式，能说出公式中字母 a，b 的含义；

②根据公式的结构特点，运用公式进行运算；

③经历从特殊到一般探索发现平方差公式的过程，感受到数学发现的乐趣；

④会推导平方差公式，通过对平方差公式的推导，激发学习的内在动机。

总之，明确数学课堂教学目标，做到内容全面、具体、可测量，逻辑清晰，表述到位，能直接指导教学活动。

4.1.3.2 数学课堂教学设计的内容分析

教学内容分析是教学中的一个根本性问题，符合新课程改革“创造性使用教材”的要求，是保证课堂有效教学的重要条件。科学合理的分析教学内容，不仅能提高教学效果，还能促进教师的专业发展。教师可从以下几方面考虑。

1. 基础分析

学习教材的教学参考，了解教材的编写意图和特点，了解本课程的学习目标，熟悉教学要求。

2. 背景分析

了解相关数学知识的背景、发展过程及其与其他相关知识、学科和实践的联系，探讨其教学价值。例如，有理数加法运算的符号法则中的“异号两数相加，符号取绝对值较大的那个数的符号”这一法则是如何产生的，有哪些实际背景？它除了作加法运算之外，还有什么作用？对这些问题的思考能够加深对数学知识的理解，为设计好的教学活动打好基础。

3. 结构分析

在整个教材中，熟悉教材知识图和整体单元结构，全面掌握教材，明确本课内容在本节的位置和作用，明确本课内容上下之间的相关内容。弄清知识间的上下、并列、矛盾、对立与交叉、纵横关系等。清晰例题、课堂练习、习题的布局和教学功能。

4. 知识分析

在分析教材中的重点和难点后，根据课堂教学目标要求，对容易混淆和容易出错的知识点进行分析，从而确定课堂教学的主轴。以数学归纳法教学为例，虽然数学归纳法名字中有“归纳”二字，但是数学归纳法却属于严谨的演绎推理方法，因此教师在讲解本节知识时，首先介绍归纳、归纳法、数学归纳法三者之间的联系与区别，从数学归纳法的逻辑结构[$P(1)$成立，假设 $P(n)$成立，导出 $P(n+1)$也成立，从而推出结论可知 $P(n)$对 $\forall n \in \mathbf{N}$ 成立]中体会到结论的真实性，体会到用有限次的验证和一次逻辑推理，代替无限次的验证过程，从而实现从无限到有限转化的中心思想。

4.1.3.3 数学课堂教学设计的学生分析

学生是学习的主体，教学应该从学生的实际出发。只有熟悉学生的特点，了解学生的数学现实，才能充分调动学生的积极性，激活其主体性，促进学习的发生。

1. 基本情况分析

基本情况分析主要是了解学生学习情况、能力差异、年龄性格特征、兴趣爱好、身体状况、家庭状况等方面。

2. 认知结构分析

认知结构分析主要是了解学生的知识结构，认知准备。例如，教师在选择下面这种完全由学生自己操作来学习平方差公式的教法时，教师需要帮助学生做认知准备。

教师在讲授平方差公式时，可让学生进行如下操作。

①回顾多项式乘法法则：计算$(x+3)(x-3)$，$(x+1)(x-1)$，$(2y+1)(2y-1)$，$(a+b)(a-b)$。

②思考：观察上述计算结果，叙述你发现的规律以及等式结构的特点。

③请概括：两个数的和乘这两个数的差等于这两个数的平方的差。

教师在总结讲评学生的解答(选三个学生为例)之后再给出平方差公式标准的符号语言和文字语言(其实学生在操作的过程中已领会其意)。

3. 了解学生的方法

了解学生的一般方法有访谈法、观察法、课堂提问法、检查练习法、问卷调查法等，具体如下：①与家长、班主任沟通；②与学生沟通；③根据课堂教学中的反馈信息；④练习、家庭作业、辅导、测试中的反馈等。

4.2 数学课堂教学设计的基本要求

教师在进行数学课堂教学设计前要先明确教学设计的基本要求，遵循数学教学设计的原则，规范数学课堂教学设计。

4.2.1 数学课堂教学设计的原则

教学设计可区分为教师主导为主的设计和学生自主活动为主的设计，无论是哪种设计，都需要遵循如下几个原则。

1. 科学性原则

教学设计必须遵循科学性原则，确保教学设计时对课程目标、教学目标的正确把握；确保采用正确、合适的教学方法和策略；确保透彻理解所教的数学知识与思想方法。教学设计要能成功实施，必须具备两个可行性条件：一是符合主客观条件，二是具备可操作性。

2. 目标性原则

教学目标在课堂教学中起导向的作用，教学目标既是教学的出发点，也是衡量教学效果的标准。教学设计要做到有的放矢，根据教育目的和课程目标制订教学目标，再依据教学目标进行数学教学活动设计。

3. 系统性原则

加涅认为，教学设计是一个系统的规划教学体系的过程。教学体系本身就是一种有利于学习的资源和程序的安排。任何以培养人才为目的的组织都可以纳入教学体系。教学设计是一项系统工程，包括教学目标、教学内容、教学方法和教学评价等子系统。各子系统是相对独立、相对依赖、相对约束的一个有机整体。

4. 创新性原则

创新的思想是新课程改革一直提倡的，如何在数学教学设计中做到创新，表现在以下方面：首先教学目标的确立应当体现知识和技能、过程和方法、情感态度和价值观三维目标；其次要选用自主、合作、探究的教学方法，体现数学学习的自主性、体验性和互动性，培养学习者的探究精神、创新能力和合作意识。教学设计是一种对教材、学生、教法的个性化创造性劳动，需要根据学生的实际情况和教材本身的情况进行巧妙构思、认真设计适合自己的教学范本。

5. 变通性原则

由于数学课堂教学是一个动态的变化过程，可变性、偶然性因素很多，因此在进行中学数学课堂教学设计时，要预留出一定的变换空间，对一些知识的呈现、一些问题的处理可设计多种方案或估计多种可能，以便随时应对课堂教学中的变化。

4. 2. 2　数学课堂教学设计的基本要求

数学教师在进行教学设计时需要符合一些基本要求。这些要求，除了以学生的心理和认知特点以及数学知识本身的特点为依据外，一般的教学原则也是重要的依据。依据上述教学原则，数学课堂教学对教师提出以下要求。

1. 注重由目标生成数学问题，组织课堂活动

教学目标不仅统帅着教学设计的整个过程，还是评价教学质量和效果的准则[①]。中学数学课堂教学设计同样如此，要使数学课堂教学目标在教学设计过程中起着核心作用，即在教学设计中，确定具体的教学目标，生成数学问题，并将三维目标整合成一个或多个教学活动。

例如，“二次函数”的教学目标。

①通过对多个实际问题的分析，让学生感受到二次函数具有刻画现实世界有效模型的作用。

②通过观察和分析，归纳出二次函数的概念并能够根据函数特征识别二次函数。

③学生能对具体情境中的数学信息做出合理解释，能用二次函数来描述和刻画现

① 王琛．论教学目标的实现[J]．当代教育科学，2004(5)：23.

实事物间的函数关系。

④学生通过观察、归纳、猜想、验证等教学活动，体验数学与日常生活的联系，进一步发展解决问题的能力，增强学生的应用意识。

在进行教学设计时，教师应以所确立的教学目标为核心，将其提炼成具体的数学问题，然后分解成一个或几个数学学习活动。例如，针对上述例子中的目标和问题，我们可以设计两个活动：探索扔铅球的路线和探索二次函数关系的一般形式。这两项活动主要反映了"知识和技能"目标维度，即第二个教学目标的描述。同时，这四个目标也展现了新数学课程标准中的"解决问题""数学思考"以及"情感态度和价值观"目标维度，可在活动形式设计时考虑如何落实。

2. 注重问题驱动，激发学生思考数学

问题是数学的心脏，解决问题是数学教学的核心。教师不仅要设计出合适的数学问题，还要启发学生从数学的角度提出问题，理解问题，引导学生形成解决问题的一些基本策略，丰富解决问题的经验。问题驱动强调在中学数学教学中，对数学问题进行启迪，即在教学设计中，从数学思维的角度对教学问题给予特别的关注。

"不愤不启，不悱不发。举一隅不以三隅反，则不复也。"启发式教学思想千古流传，就是要求教师要创造合理的提问情境，激发学生达到"愤悱"的状态，使学生在情绪上受到愤悱的启发，得到智慧的启迪。因此，教师在设计问题时注意层次的深入、连锁，且具有很好的指导性，能有效地激发学生的数学思维，使学生在探索过程中更好地解决问题。总而言之，对于学生来说，教师设计的问题应具有挑战性(给学生带来认知冲突)、启发性(引起儿童的数学思维)和可接受性(符合学生的认知水平)。

3. 注重假设演绎推理，促进学生理解数学，巩固认知

心理学研究表明，中学生的思维可以不依赖于具体可感知的事物，通过假设推理来解答问题。本阶段学生的思维以命题的形式进行，能够根据逻辑推理、归纳或演绎的方式来解决问题，能够理解符号的意义、隐喻和直喻，其思维发展水平已接近成人水平①。假设演绎推理强调教学能使学生理解数学、巩固数学知识，即在学生学习数学知识、解决数学问题的过程中，教师应根据数学知识本身的特点和学生的认知特征选择适合的教学手段进行教学。比如，在学习"三角形相似的性质"时，教师可以借助之前学过的"三角形全等的性质"进行对比探究，使学生更好地进行知识的理解和迁移。

4. 注重活动探索，使学生体验"数学化"和"再创造"的过程

"数学化"是指从实际问题中抽象出数学模型，或从较低层次的数学知识中抽象出较高层次的数学知识。弗赖登塔尔针对传统教学中的"将数学作为现成的教学产品""数学学习是一种模仿教学"的观念而提出现实数学教育思想，指出在数学学习过程中，教师应引导学生在现实活动中通过自己的实践和思考去创造，去获取数学知识，而不是生吞活剥地将数学知识灌输给学生②。

---

① 张大均. 教育心理学[M]. 北京：人民教育出版社，2005：82－85.

② 弗赖登塔尔. 作为教育任务的数学[M]. 陈昌平，等，编译. 上海：上海教育出版社，1995：102－103.

5. 注重渗透，促进学生吸收丰富营养的数学思想方法

数学思想方法是从一些具体的数学知识中进行提炼和总结的思维方法，具有一般性和相对稳定的特点。它揭示了数学发展的一般规律，对数学的发展起着指导作用，它直接控制着数学的实践，是数学的灵魂。因此，有意识地将一些基本的数学思想和方法渗透到中学教学中，可以加深学生对数学概念、公式、定理和规律的理解，这是提高学生数学能力的重要手段[①]。

在中学阶段，数学思想主要有数形结合思想、类比思想、分类思想、化归思想、建模思想、极限思想、概率统计思想等。以极限思想为例，战国时代的《庄子·天下》篇中“一尺之棰，日取其半，万世不竭”的阐述就体现极限思想；魏晋时期杰出的数学家刘徽的“割圆术”正是利用极限思想来求得圆周率。刘徽总结出：“割之弥细，所失弥少。割之又割，以至于不可割，则与圆合体无所失矣”。由此求出了 π 的近似值，即“徽率”。教师在进行“导数”“函数最值”等概念的教学设计时，可以借用上述数学史内容将极限思想融入其中，使学生在数学思想方法的体验和浸润中深度学习。

4.3 数学基本课型的教学设计

教师在教学过程中起着主导作用。这主导作用想要发挥好的效果，需要教师对自己的课堂教学活动进行深度的思考以及精心的设计。数学课一般包括数学概念课、数学命题课和数学解题课三种基本课型，教师需要根据不同的课型进行教学设计。

4.3.1 数学概念课的教学设计

4.3.1.1 数学概念教学的含义

概念反映具体事物的本质，是对一类事物的总体概括和表征。数学概念是人脑对现实物体关系和空间形态的一种反映形式，即一种数学的思维形式。在学习数学过程中，公式构成了学习定理、法则、公式的重要基础。正确理解和灵活运用数学概念，是掌握数学基础知识和基本技能，发展逻辑论证和空间能力的前提。

数学概念的特征主要体现在以下几种形式。

(1)判定特征，即在一个数学概念中，人们可根据其内涵判定某一对象是此概念的正例或反例。

(2)性质特征，即概念是对所指对象的基本特征的具体概括。

(3)过程特征，有些概念是对于某种数学过程或操作过程的反映和规定，如“n 的阶乘”这个概念中就规定了从 1 连乘到 n 运算操作过程。

(4)对象特征，概念也是某些对象的泛指，如三角形、四边形、圆等。

(5)关系特征，有些概念反映概念对象间的关系，如线段平行、线段垂直等。

---

① 储冬生. 从“撰写教案”走向“教学规划”——谈问题驱动式教学的教学设计[J]. 河北教育(教学版)，2016(6)：15－17.

(6)形态特征，有些概念描述了数学对象的形态，如三角形、四棱柱、五棱锥等[①]。

数学概念学习是数学学习的基础，数学概念教学是数学教学的重要组成部分。一般地，数学概念学习的内容包括数学概念的名称、数学概念的定义、数学概念的例子以及数学概念的属性。关于概念的形成，认知学派认为概念形成与概念同化是概念获得的两种基本形式。

4.3.1.2　概念形成和概念同化

概念形成是指从一类具体事例出发，概括出一类事物的共同性质，这是发现学习过程。概念同化是指学习者利用原有的认知结构对概念的内涵进行理解，从而掌握新概念的本质属性和方法，这是接受学习过程。

1. 概念形成(Concept Formation)

概念形成旨在通过大量具体的例子，以学生的直接经验为基础，让学生用归纳的方式概括出一类事物的共同属性，从而达到对概念的理解。由于儿童(尤其是学龄前儿童)的思维阶段处于具体形象思维，需要依靠具体形象的事物进行联想和想象。因此，概念形成的教学方式更有利于他们获得概念。低年级学生大多数通过接触概念的正例和反例，或者记住某些典型例子来获得具体概念或日常概念。随着认知水平的提高，学生可以按概念的形成方式来获得精确的科学概念。

2. 概念同化(Concept Assimilation)

美国教育心理学家奥苏伯尔认为学生在教学的情况下学习数学概念，是完全不同于人们在自然环境下形成概念或科学家发明与创造概念的。他认为概念同化才是获得概念的最基本方式。学生需要接受系统、高效的学习，因此，他们在学校获得概念的主要形式不是概念形成而是概念同化。学生在学习概念时，以原有的数学认知结构为基础，把新概念进行加工、整合。若新知识与原来的认知结构中的观念有联系，则通过新旧知识的联系及相互作用，新概念纳入原有的认知结构，原有认知结构得到丰富和扩充，这样的一个过程就是同化。

概念同化与概念形成不是孤立存在的。概念同化也含有概念形成的因素，它不能脱离分析、抽象和概括。同样道理，概念形成包含着同化的因素，要用具体的、直接的感性材料去同化新概念。因此，在教学过程中，不适宜只用一种学习方式去进行数学概念教学。概念形成的教学方式有利于培养学生发现问题和解决问题的能力，但比较耗费教学时间。概念同化的教学方式有利于节约教学时间，培养学生的逻辑思维能力。无论是通过概念的形成还是概念同化的方式获得概念，最终的目标是使学生在头脑中建构出良好的认知图式，掌握相似知识的关键属性。

为了更好地进行数学概念教学，帮助学生理解数学概念，教师应该关注以下五方面。

(1)通过剖析，明确概念的表达含义。

一些数学概念是通过数学语言、符号表示的，其表达方式一般都具有很高的概括性和抽象性，教师在教学的过程中需要解剖分析其中的关键词、句，揭示每个词、句

① 邵光华，章建跃. 数学概念的分类、特征及其教学探讨[J]. 课程·教材·教法，2009，29(7)：47-51.

子以及符号的含义，使学生深刻理解概念的本质属性。

(2)通过比较，明晰概念之间的差异。

数学中的许多概念都平行相关，如分式与分数、数列极限与函数极限、平面几何与立体几何、不等式的解与方程的解等。如果把它们联系在一起进行类比，则可以达到复习旧知巩固新知的效果。此外，有些数学概念关系密切，差异小，形式相似，一个概念或许有不同的定义，学生就容易混淆。例如，“菱形”的概念：有一组邻边相等的平行四边形叫作菱形；对角线相互垂直的平行四边形叫作菱形；四条边相等的四边形叫作菱形……在这些概念中，运用不同的特征定义菱形，在课堂教学中，应该让学生加以区分，澄清歧义。一旦学生明晰了概念之间的差异，也就加深了对概念的理解。

(3)通过举例，明辨概念的外延。

概念学习的本质是对概念属性的辨认。概念属性通常是经过多层次的抽象泛化，往往具有十分抽象等特点。通过举例使得抽象的概念属性形象化和具体化，成为有形的事物，对概念的学习起到辅助作用。例子有正例和反例之分。有研究表明，基于例子本身的属性和例子之间的关系来呈现正、反例子的教学效果最好[①]。因此，教师应注意引导学生从正反两个方面了解概念，可以运用多个案例，让学生分别从正反面了解概念的内涵和外延。

(4)通过画思维导图，建构概念体系。

要想学生达到对某个数学概念的理解，则在概念教学中不能脱离与该概念相关的其他概念。一方面，定义一个概念必须建立在其他概念的基础上；另一方面，孤立的数学概念是不存在的。因此，运用思维导图刻画概念之间的联系，有利于建构概念体系。如在思维导图上刻画概念之间的相邻关系、对立关系、矛盾关系、交叉关系、从属关系、并列关系等，概念体系一目了然。此外，每章学习完后，教师引导学生对所学概念进行分类整理，通过画思维导图，明确概念之间的关系，建立章节或学科的概念网络体系。这样有助于学生巩固、理解概念的同时，发展学生的辩证思维能力与创造性思维。

(5)通过数学文化的渗透，介绍概念产生的背景。

为了避免学生产生从天上掉下来数学概念的感觉，可以在课堂教学中，引入趣味的数学历史、数学的思想和精神等，不仅让学生知道学习的内容，更应该让学生知道为什么要学习该内容，达到从“学习”到“知道怎么做”的转变。

4.3.1.3 数学概念教学设计的案例分析

1. 概念形成教学案例分析

上述提到概念形成的教学方式，是由大量的例子作为出发点，基于学生原有的认知结构，经过比较、分类，找出一类事物的性质，再检验和修正性质，最后总结出数学概念定义的。它是从特殊到一般，从具体到抽象的过程。下面以“函数概念”为例子加以说明。

---

① Merrill M D，Tennyson R D. Concept classification and classification errors as a function of relationships between examples and nonexamples[J]. Improving Human Performance Quarterly，1978，7(4)：351－364.

(1)通过比较以下例子，分析例子所包含的共同属性。

①固定利息与年份之间的关系；

②匀速直线运动中，路程与时间之间的关系；

③庄稼的产量与施肥量之间的关系；

④我国人口与年份之间的关系。

(2)让学生讨论得出共同属性。

①都有两个变量；

②一个变量随另一个变量的变化而变化；

③给定一个变量，可以得出另一个变量。

④两个变量都有一定的范围。

(3)教师引导学生，得出本质属性。

①都有两个变量，不妨设为 x 和 y；

② x 和 y 都有一定的范围；

③在该范围内，变量 x 的每个值，都有唯一确定的一个 y 值与之对应。

(4)最后形成概念。用准确精练的数学语言表达函数的概念。

本节还对“角”的概念进行数学概念形成的教学设计。

（具体案例请参看电子资料：案例一）

2. 概念同化教学案例分析

概念同化并不意味着学生被动地学习新概念，而是以现有的知识作为“固着点”，在语义上建构一个新的概念。奥苏伯尔对概念同化的描述如下：①新概念必须具有逻辑意义，才能使学习者建立非人为的、实质性的联系；②学习者具有适当的知识，能够在教学中吸收新概念，即学生既有认知结构，又有相应的思维潜能；③学习者主动使新概念的潜在意义与其认知结构概念相互作用①。教师在进行概念同化的教学中要做到上述三点，让学生进行有意义学习，而不是被动式地接受学习。下面以“梯形面积”为例加以说明。

学习“梯形面积”这一概念，可以利用两个形状相同、大小相等的梯形拼接成一个平行四边形。学生通过对平行四边形面积以及两个梯形面积拼接后是原来梯形面积的 2 倍等已有认知去理解梯形面积的概念和计算公式。并且，学生把梯形面积归纳进自己原有的矩形面积、平行四边形面积的认知结构中去，从而丰富了学习者关于四边形面积的认知结构。

本节还对“菱形”概念进行数学概念同化的教学设计。

---

① 涂荣豹，王光明，宁连华. 新编数学教学论[M]. 上海：华东师范大学出版社，2006：106.

（具体案例请参看电子资料：案例二）

4.3.2　数学命题课的教学设计

4.3.2.1　数学命题教学的含义

1. 数学命题的含义

从逻辑学上看，命题就是一个判断。判断是思维的对象，是肯定或否定的思维形式。它有两个特点：一是判断有所断定；二是判断真假。在数学中一般情况下，把在一定范围内可以用语言、符号或式子表达的，可以判断真假的陈述句称为命题。数学命题通常由题设和结论两部分组成。例如：若四边形是菱形，则它的对角线互相垂直平分。在这里题设是“四边形是菱形”，结论是“它的对角线互相垂直平分”。一般地，数学命题是由概念组合而成，反映着数学概念之间的联系，故命题学习的复杂程度高于概念学习。

2. 数学命题的分类

按命题的复杂性分类，命题可分为简单命题和复合命题。例如：“所有正方形都是长方形”是简单命题；由简单命题和逻辑关联词语组成的命题是复合命题。例如：“5是整数且是正数”是复合命题。按命题性质分类，命题可分为真命题和假命题。如果命题中的“q”可以由命题的“p”经过推理得出，那么称这类命题为真命题。例如：“如果$a>0$，$b>0$，那么$ab>0$”是一个真命题。如果命题中的“q”不能或者不一定能由“p”经过推理得出，那么这类命题称作假命题。例如：“如果$ab>0$，那么a和b都是正数”是一个假命题。一个命题要么真，要么假，二者必居其一。作为教学内容的数学命题可分为公理和定理两大类，其中数学定理包括代数中的公式、法则和几何中的定理及推论等。

3. 数学命题教学的含义

在整个数学知识体系中，数学命题一般指数学课程中的公式、公理、定理、法则等，而数学命题教学则是指对数学课程中的公式、定理等的教学。在命题教学的过程中，需要注重命题产生的过程。引导学生去经历知识的产生过程，渗透数学思想方法的同时，也可以让学生厘清知识之间的关系，从而形成命题的认识基础。命题教学的过程还应该注重命题的证明过程。一个命题的证明可能以一组命题作为基础，还可能用到多种方法证明。这就使得在命题的证明过程中可能与多个命题产生联系，进而可以促进学生对一类定理的理解和掌握。

4.3.2.2　数学命题的教学设计

中学数学是一个由概念、定理、公式组成的逻辑系统，因此数学命题教学的主要公理、定理、公式和教学原则，是形成数学技能和培养数学能力的重要途径。中学数学命题教学的基本要求是：使学生理解数学命题的含义，明确其推导过程和适用范围，灵活运用数学命题解决问题，其教学设计应突出数学猜想的形成过程，以及数学证明的发现过程，并在教学设计过程中按照“观察(实验)—归纳—猜测—证明”这样的环节逐一进行，从而发展学生的逻辑推理能力。

1. 数学公理的教学

数学公理是不需要证明的真命题。数学公理的教学首先要让学生理解公理的含义和引入公理的必要性，然后引导学生探索、观察实验和得出规律性结论，并引导他们用具体的例子进行测试，逐步学会公理的使用(证明数学命题或解决实际问题)。例如，对于公理“两点之间只有一条直线”，教科书通过实验加以澄清，即过一点有无数条直线，过两点只有一条直线，然后总结出规律。在教学过程中，要让学生自己在纸上练习，然后让学生尝试过三点画一条直线，发现通过三点不一定有一条直线，从而深刻理解“存在”和“唯一”的含义。而像“在所有的连接点上，线段是最短的”这一公理的教学法，教科书中是用连接曲线、折线与线段相比的方式进行呈现的。教师可以在教学中让学生尝试动手操作，也可以利用学生走路的经验，在两个地方之间，走直路、弯路和曲折线路，来感受哪条最短的方法来说明这一公理。

2. 数学定理、公式的教学

数学逻辑性强，比如说数学结论一般是逻辑推理得出，要求言必有据。中学生不知道证明的重要性，以致很多时候不会写详细的证明过程，所以在教学中，教师应注意学生证明思想的培养，注意书面证明的格式，养成证明的习惯。对于公式定理的引入，不能直接由教师给出，而应通过实验、观察、推理、归纳、猜测等过程来启发学生。

随着学习进程的推进，学生需要掌握的数学命题越来越多，这需要教师在进行命题教学的过程中，高度重视命题的知识脉络，注意沟通不同结构中知识之间的联系，从纵向和横向两个方面组织和研究命题，结合命题的应用，使学生在头脑中建立稳固的命题体系。这样有利于学生厘清知识脉络，促进知识之间的有效迁移。

4.3.2.3　数学命题教学的案例分析

在数学命题教学中，教师必须在充分了解学生的认知结构后，研究学生的最近发展区，与现实生活情境的命题密切联系，促进学生探索新知识，培养学生的问题意识和应用意识。结合中学数学命题教学的要求(使学生能够深入理解数学命题的含义，阐明其推导过程和适用范围，并具有灵活运用数学命题解决问题的能力)，进行数学命题教学设计。下面以“余弦定理的证明”为例加以说明。

(1)情境引入：回顾三角形全等的判别方法，得出给定三角形的三个角、三条边这六个元素中的某些元素，那么三角形就唯一确定。本节课就进行探究三角形六个元素之间有怎样的数量关系。

(2)引入问题：已知一个三角形的两条边及其夹角，如何计算这个三角形另一条边和另外两个角？

(3)运用向量法求解问题，得出余弦定理。

(4)用几何法(把三角形分成锐角三角形、直角三角形、钝角三角形)证明余弦定理，体会向量方法证明的优势以及发现余弦定理与勾股定理之间的关系。

(5)巩固练习，总结反思。同时强调公式“结构的不变性，字母的可变性”的特点。

本节还对“勾股定理”进行数学命题教学的教学设计。

(具体案例请参看电子资料：案例三)

4.3.3 数学解题课的教学设计

4.3.3.1 数学解题教学的含义

问题解决一直是数学界、心理学界关注的问题。在上述介绍的概念、命题学习的基础上，问题解决是应用概念、命题去解决问题的学习形式。问题解决一直是心理学界、数学界关注的问题，许多学者从不同角度、不同层面对问题解决的本质、过程进行解读。例如波利亚的解题表对数学问题解决的宏观思考过程进行分析。(在本书第3章“波利亚的解题理论”有介绍，这里不再赘述)

1. 数学问题

问题是认识主体想要弄清楚或力图说明的东西，也就是主体所要解决的疑难。当人们与客观世界接触，在抽象的量化角度建立模式的过程中反映出认识与客观世界的矛盾时，就形成了数学问题。换言之，以数学为内容，或虽不以数学为内容，但必须运用数学概念、理论或方法才能解决的问题称为数学问题。

传统数学具有可接受性、封闭性和确定性的特点。学生基本上可以通过模仿教材和操作练习来完成。其结构是规则的，可根据现成的公式或常规的解决方案获得。主要目的是巩固和变式训练，题目挑战性不强，这种问题可以称为“练习题”。①

“问题解决”数学教育口号的提出，为障碍问题和探索性问题提出了更高的要求。波利亚在数学上的发现被理解为“有意识地寻求适当的行动，以达到一种有意识的，但又不能立即实现的水平”。1986年第六届国际数学教育大会的一份报告指出“数学问题是一个未解决的问题，其特点是智力挑战，没有现成的直接方法、程序或算法”②。

2. 解题

解题就是“解决问题”，就是寻找一个解决方案的活动，即找到数学题的答案，这个答案在教学上也叫作“解”。老师证明一道数学题以及学生做出一道数学题都是解题。

① 罗增儒，罗新兵. 作为数学教育任务的数学解题[J]. 数学教育学报，2005(1)：12—15.

② 同①.

数学家们的解题可能是一个创造和发现的过程，而教学中的解题是一个再创造或再发现的过程。波利亚说："第一要务是加强中学数学教学中的解题训练""掌握数学意味着善于解题"。解题巩固相关概念、规则、技能和方法，提高相应技能的熟练程度。解题教学的基本意义是通过对典型数学问题的研究，探索解决数学问题的基本规律。对于数学教学来说，不仅要以"问题"为研究对象，而且要以"解题"为对象，发展智力，促进以"人的发展"为目标。

在我国传统的数学教育观念中，"解题"意味着解答"习题"。这里的"习题"不包括具有"开放性答案"和某些从实际生活中提出的条件不充分的"问题"。这个观念随着时代的发展逐步发生变化，中学数学教学中经常出现探索性题和开放性题。

波利亚认为："中学数学教学的首要任务就在于加强解题能力的训练，不仅能解决一般的问题，而且能解决需要一定程度的独立思考、判断、创造性和想象力的问题"①。他在《怎样解题表》中给出了一个大程序，将解题分为四个步骤：理解题目、拟订方案、执行方案、回顾。(本书的第3章详细介绍了波利亚的"怎样解题"表，这里不再赘述。)

3. 数学解题教学

解题教学应激发学生的学习主动性，让学生参与解题活动，提高数学解题能力，同时培养学生的探索精神和创新意识。具体来说，解题教学的基本要求如下。

(1)明确目的。

选择例题和练习，应该有明确的目的，围绕教学目标服务。选择的题目或者用于说明一个概念，或者用来揭示一个法则，抑或可以用来突出问题解决方法等。例如，计算$(x+3)(x+5)$和$(x-2)(x+4)$时，学生很容易求得结果，但选这两个例题的目的主要不在于检验学生是否掌握了多项式的乘法法则，而是通过该题的解题结果，让学生经历从特殊到一般的过程，去发现推导得出公式$(x+a)(x+b)=x^2+(a+b)x+ab$。

(2)正确示范。

正确示范是通过教学实例，使学生能够遵循和模仿基本的问题解决方法，掌握基本的问题解决模式和问题解决技能。例如，解方程组：$\begin{cases}\frac{6}{x}+\frac{6}{y}=\frac{1}{2},\\ \frac{8}{x}+\frac{3}{y}=\frac{3}{10},\end{cases}$其教学的示范性应突出两方面：一方面是化归策略，化分式方程为整式方程；另一方面是突出换元方法。示范还可以起到规范学生解题步骤、解题格式的作用。

(3)积极启发。

解题教学中应遵循启发原则，激发学生创新性思维，充分发挥学生的主体作用，切忌由教师包办代替。当$ax^2+(a-4)x+1>0$成立，求a的取值范围。该题讨论抛物线和x轴的位置关系，学生可能会根据所学的解一元二次方程的根的个数的讨论方法，$\Delta=0$表示一元二次方程只有一根，$\Delta>0$表示一元二次方程有两根，$\Delta<0$表示一

① 丁涛．例谈常规解法在解题教学中的重要性[J]．中国数学教育，2011(Z2)：84－85．

元二次方程没有实数根，于是解要使 $ax^2+(a-4)x+1>0$ 恒成立，则 $\Delta=(a-4)^2-4a<0$ 恒成立。这时，教师可以引导"为什么会出现这样的结果呢？这道题这么做对不对？"让学生产生强烈的求知欲，经过一系列讨论，分析解题过程，可以发现上述解法没有考虑抛物线开口问题。通过这个例子，启发学生在解题时要认真分析，千万不能只靠感觉，凭经验。通过这种方法可以培养学生知识的迁移能力，同时学生的分析、解决问题能力得到了发展。

(4)适度变式。

为防止学生思维定势，在学生获得一些基本的和常规的解决问题的方法时，教师应当精选问题，以问题为桥梁沟通教学环节之间的联系，结合实例，适度地灵活变通。通过改变条件、结论或解决问题的方法，强化数学思维的灵活性和变通性，提高学生的迁移能力和创新能力。

(5)突出数学思想方法。

数学问题的解决，包含了丰富的数学思想和方法，如转换、分类、化归……这些思想方法中包含了许多具体的数学方法，如变换法、消去法、截补法等。在解题教学中，教师应帮助学生掌握数学解题的运用思路，使学生掌握必要的数学方法和解题策略，深刻体会数学思想。

4.3.3.2　数学解题教学的案例分析

在数学解题教学中，可以把问题特殊化，从特殊情形中寻求解决一般问题的方法。再者，将问题作多向变式、推广，按照"问题提出——问题解决——问题反思——问题推广"这一程序循序渐进，使得学生思维逐步深化、反思逐步提升，有助于培养学生的应用意识和解决问题的能力。下面以"函数性质的应用"为例进行具体阐述。(表 4-1)

表 4-1　数学解题教学的案例分析①

<table>
<tr><td colspan="2">本节在教材中位置</td><td colspan="4">人教版(A 版)必修 1 第一章第三节
《函数的基本性质》</td></tr>
<tr><td>课题</td><td>函数性质的应用</td><td>课时</td><td>1 课时</td><td>课型</td><td>专题课</td></tr>
<tr><td>课标分析</td><td colspan="5">能够对简单的实际问题，选择适当的函数构建数学模型，解决问题
能够从函数的观点认识方程，并运用函数的性质求方程的近似解
能够从函数观点认识不等式，并运用函数的性质解不等式</td></tr>
<tr><td>学情分析</td><td colspan="5">学生已经学习了函数的概念和函数的基本性质，在进一步研究函数的性质时，由于函数图象是发现函数性质的直观载体，因此，在本节教学时可以利用数形结合的方法，以利于学生作抽象函数的相关题目。本节课，学生在学会了集合语言的基础上，运用函数的基本性质，探究与抽象函数有关的不等式问题</td></tr>
</table>

① 案例来源于第四届全国高中青年数学教师优秀课教案。

续表

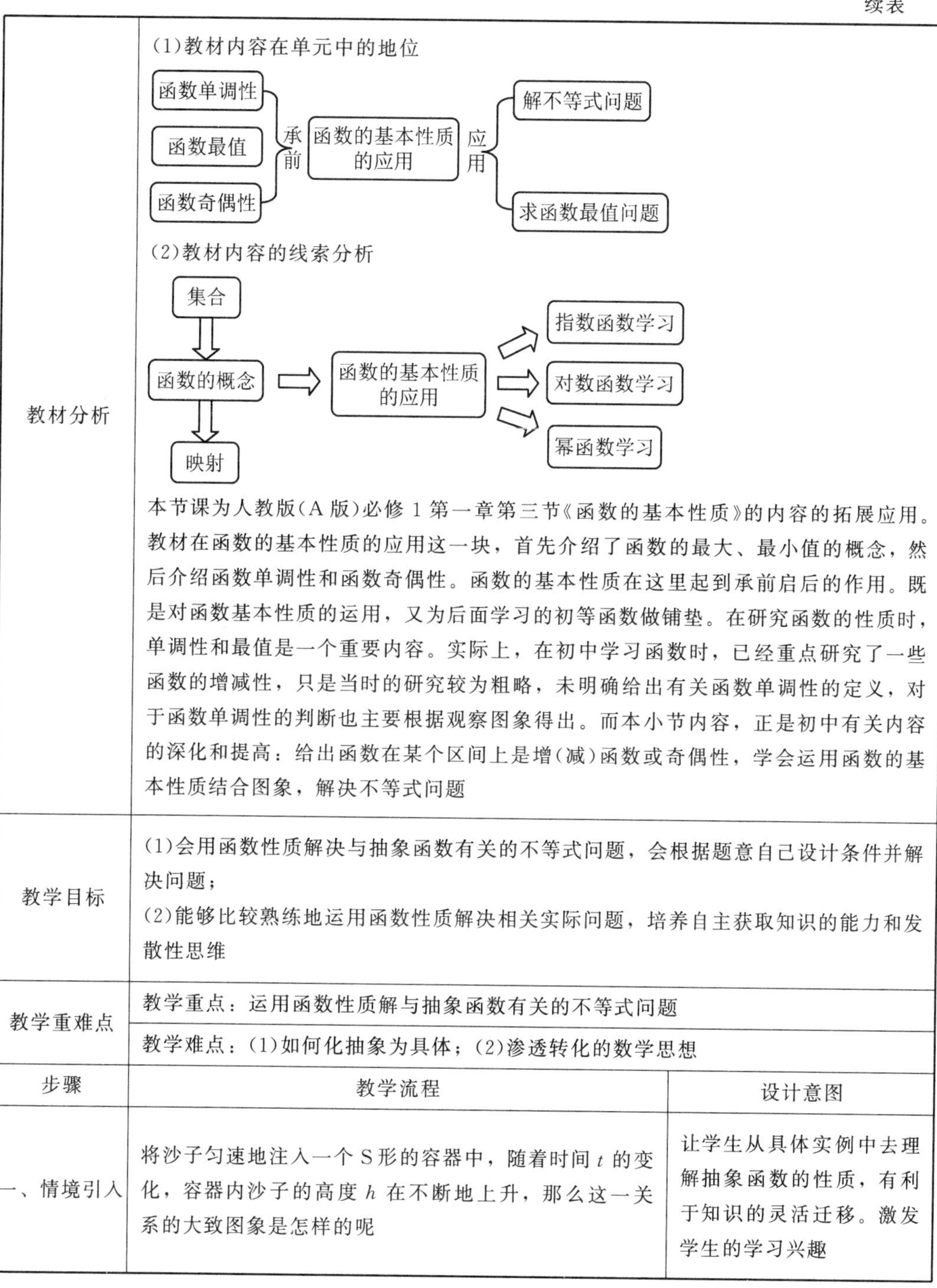

教材分析	(1)教材内容在单元中的地位 函数单调性　函数最值　函数奇偶性 → 承前 → 函数的基本性质的应用 → 应用 → 解不等式问题　求函数最值问题 (2)教材内容的线索分析 集合 → 函数的概念 → 映射；函数的概念 → 函数的基本性质的应用 → 指数函数学习　对数函数学习　幂函数学习 本节课为人教版(A 版)必修 1 第一章第三节《函数的基本性质》的内容的拓展应用。教材在函数的基本性质的应用这一块，首先介绍了函数的最大、最小值的概念，然后介绍函数单调性和函数奇偶性。函数的基本性质在这里起到承前启后的作用。既是对函数基本性质的运用，又为后面学习的初等函数做铺垫。在研究函数的性质时，单调性和最值是一个重要内容。实际上，在初中学习函数时，已经重点研究了一些函数的增减性，只是当时的研究较为粗略，未明确给出有关函数单调性的定义，对于函数单调性的判断也主要根据观察图象得出。而本小节内容，正是初中有关内容的深化和提高：给出函数在某个区间上是增(减)函数或奇偶性，学会运用函数的基本性质结合图象，解决不等式问题	
教学目标	(1)会用函数性质解决与抽象函数有关的不等式问题，会根据题意自己设计条件并解决问题； (2)能够比较熟练地运用函数性质解决相关实际问题，培养自主获取知识的能力和发散性思维	
教学重难点	教学重点：运用函数性质解与抽象函数有关的不等式问题	
	教学难点：(1)如何化抽象为具体；(2)渗透转化的数学思想	
步骤	教学流程	设计意图
一、情境引入	将沙子匀速地注入一个 S 形的容器中，随着时间 t 的变化，容器内沙子的高度 h 在不断地上升，那么这一关系的大致图象是怎样的呢	让学生从具体实例中去理解抽象函数的性质，有利于知识的灵活迁移。激发学生的学习兴趣

续表

二、问题提出	问题1：设函数 $y=f(x)$ 在 $\mathbf{R}$ 上单调递减，解不等式 $f(2x)>f(-x)$，并说出你的解题依据。 教师首先提出问题，学生思考后回答，教师板书解答过程，师生共同分析解题思路，归纳解此类数学问题的方法	从实例提出问题，向抽象函数过渡，体现了特殊到一般的过程，也体现了教师的主导作用和学生的主体作用，让学生学会借鉴教师分析问题的方法
三、问题推广	推广：若 $f(x_1)<f(x_2)$，则怎样比较 x_1，x_2 的大小呢？ 学生经过思考、讨论后回答问题，着重在于条件的利用	深化问题，通过给学生思考、探索的空间，培养学生的合作学习观念
四、问题演化	知识迁移：函数 $f(x)$ 是定义在区间 $[-1, 3]$ 上的单调递减函数，求解不等式 $f(2-x)<f(2x-3)$。 学生思考后在黑板上进行板书，并阐述解题思路，教师进行点评并引导学生规范解题过程	变化问题情境，使学生体会解决数学问题过程中的愉悦感
五、问题再变化	问题2：设 $y=f(x)$ 是定义 $\mathbf{R}$ 上的偶函数，且 $f(x)$ 在 $(0, +\infty)$ 上单调递增，又 $f(3)=0$，则 $f(x)<0$ 的解集为________。 学生运用不同解法解决问题，教师针对不同的方法进行点评	直观迁移，分别从代数、几何角度，利用数形结合思想，借助函数图象，将抽象的符号语言转化为形象、直观的图形语言
六、问题反思	追问1：有关这类数学问题的解题思想、解题方法是什么呢？在解题过程中需要注意哪些问题？ 学生思考后作答，教师在学生回答的基础上进行适当的引导和补充	引导学生重视数学思想
七、问题升华	追问2：刚才的情况都是把不等式转化为 $f(x_1)<(>)f(x_2)$ 来解，若题目为 $f(x_1)+f(x_2)>0$，该怎样解呢？ 学生思考后回答，教师通过激励性点评，促进更多学生发表自己的看法	促进学生将“奇偶性”和“单调性”进行结合
八、再次提出问题	问题3：奇函数 $f(x)$ 在定义域 $(-1, 1)$ 内单调递减，解关于 a 的不等式：$f(1-a)+f(1-a^2)<0$。 学生思考后回答，教师利用多媒体演示答案，进行适当点评	对条件进行适当分析与巩固

续表

<table>
<tr><td>九、课堂小结</td><td colspan="2">这堂课你都学到了哪些知识？有什么收获或者什么困惑呢？
学生进行思考后总结，教师进行概括，并根据学生所反映的情况进行一对一辅导</td><td>引导学生自己概括所学内容，有利于学生对于知识整体的认识</td></tr>
<tr><td>十、作业布置</td><td colspan="2">练习册第 32 页第 7～第 9 题</td><td>有针对性地进行练习，巩固</td></tr>
<tr><td rowspan="2">十一、板书设计</td><td colspan="3">函数性质的应用</td></tr>
<tr><td>1. 知识点
$\left.\begin{array}{l}f(x)\text{递增}\\f(x_1)<f(x_2)\end{array}\right\}\Rightarrow x_1<x_2$
$\left.\begin{array}{l}f(x)\text{递减}\\f(x_1)<f(x_2)\end{array}\right\}\Rightarrow x_1>x_2$
2. 思想
转化、数形结合等数学思想。
3. 方法
引导式教学、利用函数图象。
4. 注意
定义域优先，多角度思考问题</td><td>（教师板书）</td><td>（学生演示）</td></tr>
<tr><td>十二、教学反思</td><td colspan="3">略</td></tr>
</table>

闪光之处。

(1)新课标的指导思想之一：为使每个学生都受到良好的数学教育，数学教学不仅要使学生获得数学的知识技能，而且要把“知识技能”“数学思考”“问题解决”“情感态度”四方面的目标有机结合，整体实现课程目标。本教学设计较好地实施了这一教学理念。在教学过程中，不仅重视学生获得知识技能，而且注重激发学生的学习兴趣，引导学生通过独立思考或者合作交流感悟数学的基本思想，引导学生在参与数学活动的过程中积累基本经验，帮助学生形成良好的学习习惯。

(2)本节课在引入阶段一开始从将沙子匀速地注入一个 S 形的容器内，引发学生从生活中的实际问题入手，从具体到抽象，由观察实例上升为描述图象，再由教师进行阐述，讲解符合函数性质中的单调性的图象，从而在学生脑海中初步建立数学建模的思想。创设实际生活的情境，能够让学生切实感受到数学是源于生活的，激发学生学习数学知识的兴趣，调动学生学习数学知识的欲望。

(3)本节课是按照“问题提出——问题解决——问题反思——问题推广”这一程序循序渐进，反复完成的。在这一过程中，思维逐步深化、反思逐步提升、问题逐步推进，并贯穿始终。通过对抽象函数的性质的研究，能够培养、训练、提高学生的逻辑思维能力和发散思维能力；渗透函数与方程、数形结合、化归与转化、分类讨论转化等数学思想方法，在学习过程中感悟数学思想方法的作用。

思考与练习

1. 谈谈你对数学课堂教学设计的认识，它包括哪些内容？

2. 数学课堂教学设计有哪些具体要求？

3. 在进行数学课堂教学设计分析时，有哪些需要注意的地方？

4. 数学命题、数学原理、数学解题的课堂教学设计的侧重点分别是什么？它们之间有什么联系和区别？

5. 如何写一份完善的数学课堂教学设计？

第5章　数学思想方法及其教学

学习提要

数学思想方法是数学知识的精髓，是数学本质的理解和认识，是在数学活动中解决问题的基本观点和根本想法。在数学教学中注重思想方法渗透，重视数学思想方法的教学，是提高学生思维品质和数学素养的关键所在。本章主要介绍数学思想方法及其意义、中学常用的数学思想方法、中学数学思想方法的教学等内容。

5.1　数学思想方法概述

问："现有煤气灶、水龙头、水壶，你要烧开水，应怎样做呢?"

答："在壶里注满水，放在灶上点燃煤气即可。"

问："这自然是正确的，但若壶中灌满了水呢?"

答："把水倒掉。"

由此可见，数学思想方法来源于生活也应用于生活，数学思想方法日渐被教育研究者所重视。

1980年，徐利治编写的《浅谈数学方法论》一书开创了数学思想方法研究的先河。20世纪90年代，国内众多专家、学者对数学思想方法及其教学的研究的关注度日益增加，出版了许多新著作，如郑毓信的《数学方法论入门》、张奠宙和过伯祥的《数学方法论稿》，中国的数学教育已达成重视"数学思想方法教学"的共识①。《义教数学课标2011》指出：课程内容"不仅包括数学的结果，也包括数学结果的形成过程和蕴含的数学思想方法"；从数学学科学习角度看，数学思想和方法在课程中应占有重要地位，应该作为教育任务的重要内容，甚至在学校课程中数学的思想和方法应当占有中心的地位，占有把教学大纲中所有的概念、所有的题目和章节联结成一个统一的学科的核心地位。②

5.1.1　数学思想

数学思想是指对数学知识本质的认识，是从某些具体的数学内容和对数学认识过程中提炼升华的数学观点，它在认识活动中被反复运用，具有普遍的指导意义，是建立数学和用数学解决问题的指导思想。数学思想蕴含在数学知识形成、发展和应用的过程中，是数学知识和方法在更高层次上的抽象与概括。数学思想是数学科学产生、发展的根本，也是探索和研究数学所依赖的要素，还是数学课程教学的精神内核。

有学者将具有奠基性和总结性的思想称之为基本数学思想，包括：符号与变元思

---

① 罗增儒. 数学思想方法的教学[J]. 中学教研，2004(7)：29.

② J. I. M. 弗利德曼. 中小学数学教学心理学原理[M]. 陈心五，译. 北京：北京师范大学出版社，1987：34.

想、集合思想、对应思想、公理化与结构思想、数形结合思想、化归思想、对立统一思想、整体思想、函数与方程思想、抽样统计思想、极限思想等。其中符号与变元思想、集合思想是两大基石，对应思想、公理化与结构思想是两大支柱。其他基本数学思想是从“基石”和“支柱”衍生出来的。①

从数学产生、数学内部发展、数学外部关联三方面看，数学发展所依赖的思想有三个：抽象、推理、模型。② 从现实生活中抽象得到数学的概念和运算法则，数学学科得以建立；进一步推理得到大量结论，推动数学的发展；然后通过数学模型建立数学与外部世界的联系，产生的巨大社会效益反过来促进数学发展。由数学抽象派生的思想：分类、集合、数形结合、变中不变、符号表示、对称、对应、有限与无限等；由数学推理派生的思想：归纳、演绎、公理化、转换化归、联想类比、逐步逼近、代换、特殊与一般等；由数学建模派生的思想：简化、量化、函数、方程、优化、随机、抽样统计等。③

5.1.2 数学方法

从数学教育任务的角度看，数学方法应被看成在数学地提出问题、研究问题、解决问题(包括数学内容问题和实际问题)过程中，所采用的各种方式、手段、途径等。④数学方法是人类在数学研究与学习中积累起来的宝贵精神财富，有着广阔的领域和丰富的内容。根据不同标准，数学方法有不同分类。

数学具有高度抽象性、逻辑严谨性和运用广泛性的三大特征，与之对应，数学方法具有抽象概括性、精确性、可操作性三个基本特征。数学方法在科学技术研究中具有举足轻重的地位和作用，它能够提供简洁精确的形式化语言、数量分析及计算的方法和逻辑推理的工具。

从研究问题的领域来看，数学方法可划分为微观数学方法和宏观数学方法。宏观的数学方法是数学家和数学工作者进行数学科学研究且在数学发展中具有统摄性的方法，如系统方法、黑箱方法等，而在中学数学教育、教学中常运用的是微观数学方法。

微观数学方法在中学数学中的运用大致可分为以下三类⑤。

(1)逻辑推理的方法：例如，分析法(包括逆证法)、综合法、反证法、归纳法、穷举法(要求分类讨论)等。这些方法既遵从了逻辑学中的基本规律和法则，又因运用于数学之中而具有数学的特色。

(2)数学中的一般方法：例如，建模法、消元法、降次法、代入法、图象法(包括坐标法)、向量法、比较法(比较大小)、放缩法、同一法、数学归纳法等。这些方法极为重要，应用十分广泛。

(3)数学中的特殊方法：例如，配方法、待定系数法、公式法、换元法(或中间变

---

① 蔡上鹤．数学思想和数学方法[J]．中学数学，1997(9)：1－4．

② 李海东．积极体现课标理念 彰显教科书育人价值——人教版《义务教育教科书・数学(七至九年级)》的主要特色[J]．课程・教材・教法，2013，33(5)：75－79．

③ 同②．

④ 顾泠沅，邵光华．作为教育任务的数学思想与方法[M]．上海：上海教育出版社，2009：7．

⑤ 卢东平．刍议中学数学思想与方法教学[J]．福建教育学院学报，2005(3)：45．

量法)、拆项补项法、因式分解法、平行移动法以及翻折法等。这些方法在解决某些数学问题时起着重要作用，不可等闲视之。

5.1.3　数学思想与方法的联系和区别

数学思想和数学方法紧密联系。思想指导方法，方法体现思想。同一数学成就，当我们强调指导思想、解题策略时，评价它在数学体系中的自身价值和意义时，称之为数学思想；当强调操作，用它去解决别的问题时，就称之为数学方法；当不加区别时，泛称数学思想方法。例如：化归思想方法是研究数学问题的一种基本思想方法。我们在处理和解决数学问题时，总的指导思想是把亟待解决的问题转化为相对较易解决或已有固定解决程式的问题，这就是化归思想。而实现这种化归，需要将问题不断地变换形式，通过不同的途径实现化归，这就是化归方法，具体的化归方法有多种，如恒等变换、解析法、复数法、三角法、变量替换、数形结合、几何变换等。

总而言之，数学思想是观念性的、全面的、普遍的、深刻的、一般的、内在的、概括的；数学方法是操作的、局部的、特殊的、表象的、具体的、程序的、技巧的。从数学教育的角度看，区分数学思想与方法可能没有太大意义。哪个是方法，哪个是思想，非去做一番考证和辨析大可不必。与其如此，不如“珠联璧合”“淡化形式，重视实质”，在不便或不必区分是思想还是方法时，就统称为数学思想方法，如化归思想方法、极限思想方法、数形结合思想方法等。[①]

5.2　中学常用的数学思想方法

我们通常遵守适切性、有利性和高频数三个原则来认识和理解中学数学思想方法，主要的思想方法有：数学模型、转化与化归、特殊与一般、数形结合、方程与函数、分类讨论、极限、符号化与变元表示、统计与概率、集合等思想。[②] 数学思想方法遍布在中学数学教学的各个环节，如概念或定理的引入、猜想、验证、运用等过程中。另外，这些思想方法对于学习高等数学而言，也是基本且重要的。

5.2.1　数学模型思想方法

数学模型是一种符号模型，它有广义和狭义两种解释。

从广义理解，凡所有数学概念、数学公式、关系式、几何图形、定理、原理以及由公式系列构成的算法系统、理论体系都是数学模型。因为它们都是从某种原型中抽象概括出来的用来反映这种原型量性特点和关系的一种结构。如自然数概念0，1，2，3，…，n 是从离散现象中抽象出来的用以反映离散数性特点的数学模型。勾股定理是从直角三角形中抽象出来的用以反映直角三角形三边关系的数学模型。

从狭义理解(作为研究解决原型问题工具的数学模型)，数学模型只指那些反应特

① 顾泠沅，邵光华. 作为教育任务的数学思想与方法[M]. 上海：上海教育出版社，2009：10.

② 董磊. 初中数学主要思想方法的内涵及层次结构[J]. 中学数学教学参考，2018(26)：67－70.

定问题或具体事物系统的形式化的数字符号关系结构，即联系一个系统中各量间内在关系的数学表征。如可用代数方程表示一类应用题的数学模型。

总之，数学模型是数学抽象的产物，是针对或参照现实原型的特征或数量关系的模拟，采用形式化的数学语言，概况或近似地表达出来的一种数学关系结构。数学模型思想方法是把所考查的问题化为数学问题，构造相应的数学模型，通过对数学模型的研究和解决，使原问题得以解决的一种数学应用方法。简言之，数学模型方法就是运用数学工具进行分析、研究、解决所考查问题的方法[①]。

数学模型思想的上位思想是数学抽象思想、符号与变元思想及公理化和结构化思想，方程与函数是其下位思想方法。我们可将数学模型分为三类：概念化原理类、数学建模(实际问题)类、已解决问题类。

以数学建模(实际问题)这类教学为例来体会数学模型思想方法，在教学过程中我们应该从实际问题中抽象出数学模型，再用所建立的数学模型去解决生活中的实际问题，由此可以让学生体会到数学模型的实际应用价值，体验到数学知识的作用。通过选用一些学生熟悉的生活实例，如“方案选择问题”，让学生感受用模型思想解决实际问题的优越性，并体会用不等式来表示这样的关系可为解决实际问题带来便利。

例1[②] 某景点门票每位10元，20人以上(含20人)的团体票8折优惠。那么不足20人时，应该选择怎样的购票策略？教师首先启发学生思考下面几种情况：设人数为$x(0<x<20)$。

(1)什么情况下，买20张团体票和买x张普通票花费一样多？

(2)什么情况下，买20张团体票比买x张普通票花费少？

(3)什么情况下，买20张团体票比买x张普通票花费多？

解： 设人数为$x(0<x<20)$

(1)$8\times 20=10x$，解得$x=16$。

(2)$8\times 20<10x$，解得$x>16$。

(3)$8\times 20>10x$，解得$0<x<16$。

答： 当人数少于16时，买普通票更省钱；当人数多于16少于20时，买20张团体票更省钱；当人数恰好为16时，两种方案花费一样。

5.2.2 转化与化归思想方法

运用一定的措施和手段，把面临的数学问题转化成与之等价的一个或几个较为简单的数学问题，从而使原问题得到解决的方法叫作转化法。一般来说，在用转化法处理问题时，既可以转化问题的条件，也可以转化问题的结论，还可以运用几何转化方法对图形的形状、大小等加以转化。

在中学数学教学中，立足于运动、变化观点，恰当地运用变换法指导教学，有助于学生对表层知识的理解，有助于培养学生灵活处理问题的能力。

---

① 顾泠沅，邵光华．作为教育任务的数学思想与方法[M]．上海：上海教育出版社，2009：296.

② 吴丹丹，杨凌云．初中数学教学中如何渗透模型思想——以“一元一次不等式”的教学为例[J]．初中数学教与学，2017(12)：8—10.

如余弦定理：

$$a^2=b^2+c^2-2bc\cos A$$

若已知三边 a，b，c，求 A，则可变形为

$$\cos A=\frac{b^2+c^2-a^2}{2bc}$$

若已知 c，b，A(其中 $b\neq c$)，求 a，则可变形为

$$a=[(b\pm c)^2\mp 2bc(1\pm\cos A)]^{\frac{1}{2}}$$

于是余弦定理的应用范围便明显扩大了。

总的来说，转化思想是指在处理待解决问题 A 时，由于问题 A 难以直接解决，故而转换为问题 B，问题 B 有新的数学原理和背景，支撑我们从不同的角度和不同的侧面去解决，若还有困难，可进一步转换为问题 C……直至问题解决。

化归思想是指待解决的问题 X，通过某种途径，转化为易解决的另一个问题或一些问题 $\sum Y$，通过 $\sum Y$ 的解决，从而使原问题 X 得到解决。

用框图表示如图 5-1 所示。[①]

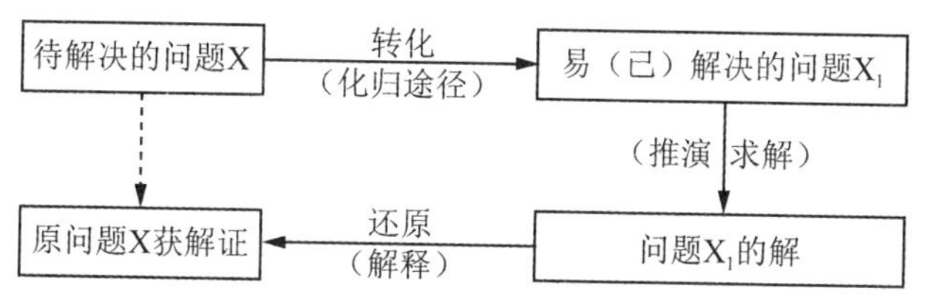

图 5-1　化归流程图

将化归过程再扩展，得到更一般的化归模式，如图 5-2 所示。

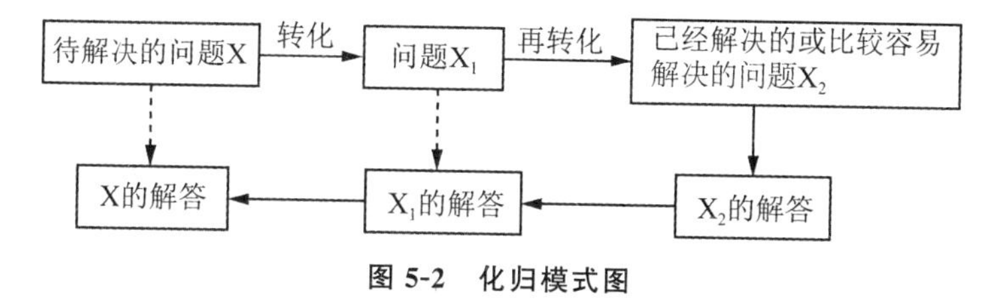

图 5-2　化归模式图

就问题解决过程的整体而言，转化思想与化归思想都是对问题形态的转换，问题的不同形态带来不同的数学支持，进而寻求突破，如数形转换、特殊与一般的转换、低阶与高阶的转换。就问题解决过程的局部而言，二者又存在不同之处，从转换的视角看，化归思想更具一般性；化归思想将待解决问题转化为已经解决的或比较容易解决的问题，遵循化繁为简、化难为易、化高次为低次的“剥笋”原则；从转换的方向看，化归思想是单向的。综上，从问题解决过程的整体看，转化与化归是一致的；从问题解决过程的局部看，转化与化归是有区别的。

转化思想与化归思想统称转化与化归思想。它是最重要和最常用的数学思想方

① 顾泠沅，邵光华．作为教育任务的数学思想与方法[M]．上海：上海教育出版社，2009：278.

法之一。其上位思想是辩证思想，依据是公理化与结构化思想、集合与对应思想。其下位思想方法是特殊与一般、数形结合、分类讨论、数学建模、消元、降次、反证法等。

5.2.3 特殊与一般思想方法

特殊与一般就是从特殊到一般和从一般到特殊两个方向去认识和处理数学问题的思想方法。认识新的数学问题，如概念、公式、定理、法则等，从特殊开始通过一个或几个具体例子的分析归纳出其本质属性，进而运用合情推理得到一般性结论，即从特殊到一般。所得的一般性结论，经过验证或演绎推理证明后可用以指导实践，运用演绎法处理同类的新问题，即从一般到特殊。

特殊与一般思想方法的上位思想是辩证思想和转化与化归，它包含了两种重要的推理方法：从特殊到一般，是不完全归纳，结论尚需验证，属合情推理；从一般到特殊，是演绎推理，结论必然正确，属逻辑推理。它还包括特殊化和一般化方法。①②

例 2 根据下面一组等式：

$S_1=1$，

$S_2=2+3=5$，

$S_3=4+5+6=15$，

$S_4=7+8+9+10=34$，

$S_5=11+12+13+14+15=65$，

$S_6=16+17+18+19+20+21=111$，

则 $S_1+S_3+S_5+\cdots+S_{2n-1}$ 的值是？

分析： 求 $S_1+S_3+S_5+\cdots+S_{2n-1}$ 的值，可从简单情况考虑。

解： 当 $n=1$ 时，$S_1=1$；当 $n=2$ 时，$S_1+S_3=16$；当 $n=3$ 时，$S_1+S_3+S_5=81$……从以上等式的结果可以得出 $S_1+S_3+S_5+\cdots+S_{2n-1}=n^4$。从特殊等式的结果得出一般等式的结果，这是利用从特殊到一般的思想解决问题。

5.2.4 数形结合思想方法

著名数学家拉格朗日指出：“只要代数同几何分道扬镳，它们的进展就缓慢，它们的应用就狭窄，但是当这两门科学结合成伴侣时，它们就互相吸取新鲜的活力，从那以后，就以快速的步伐走向完善。”我国著名数学家华罗庚也指出：“数缺形时少直观，形缺数时难入微。”数和形作为数学的两个基本对象，是现实世界的数量与空间形式的反应，在解析几何学中二者达到了有机的统一。

数形结合就是借助“形”的直观性、整体性和相关几何性质优势，以及“数”的精确性、良好的运算属性及其代数背景，在数与形有明确对应关系的基础上，将问题有效转换，以解决问题的思想方法。其实质就是将抽象的数量关系与直观的图形结构结合起来进行考虑，使数量的精确刻画与空间形式的直观形象巧妙地结合在一起，寻求解

① 董磊．初中数学主要思想方法的内涵及层次结构[J]．中学数学教学参考，2018(26)：67－70.

② 蒋孝国，乐培正．从特殊到一般[J]．中学数学研究(华南师范大版)，2015(19)：4－6.

题思路的一种思想方法，体现了数学的和谐统一。数形结合思想方法的上位思想是集合与对应思想方法和转化与化归思想，它可以分为三种类型：以形助数、以数解形、数形相助。[①]

例3 已知$0<a<1$，求函数$y=a^{|x|}-|\log_a x|$的零点的个数。

分析： 构造函数$f(x)=a^{|x|}(0<a<1)$与$g(x)=|\log_a x|(0<a<1)$→画出$f(x)$与$g(x)$的图象→观察图象的零点个数，利用数形结合易求。

解： 函数$y=a^{|x|}-|\log_a x|(0<a<1)$的零点的个数即方程$a^{|x|}=|\log_a x|(0<a<1)$的根的个数，也就是函数$f(x)=a^{|x|}(0<a<1)$与$g(x)=|\log_a x|(0<a<1)$的图象的交点的个数。画出函数$f(x)=a^{|x|}(0<a<1)$与$g(x)=|\log_a x|(0<a<1)$的图象，如图5-3所示，观察可得函数$f(x)=a^{|x|}(0<a<1)$与$g(x)=|\log_a x|(0<a<1)$的图象的交点的个数为2，从而函数$y=a^{|x|}-|\log_a x|$的零点的个数为2。

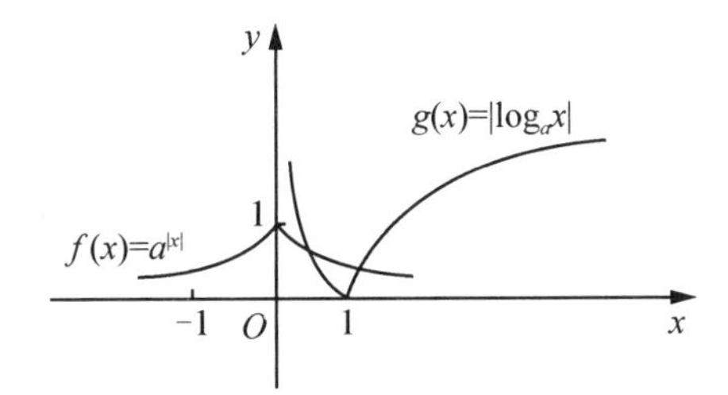

图5-3 $f(x)$和$g(x)$的图象

评注： 本题函数$y=a^{|x|}-|\log_a x|(0<a<1)$的零点的个数与方程$a^{|x|}=|\log_a x|(0<a<1)$的根的个数有着密切的联系，在解决同类型的问题时，有些方程问题可以转化为函数问题求解，同样，函数问题有时也可以转化为方程问题，这正是函数与方程思想的基础，这一思路仍然依赖数形结合思想。

例4 求函数$f(\theta)=\dfrac{\sin\theta-1}{\cos\theta-2}$的最大值和最小值。[人教版必修2(上)第82页，第11题]

分析： $\odot C$：$(x+2)^2+(y+1)^2=1$的参数方程为$\begin{cases}x=-2+\cos\theta,\\y=-1+\sin\theta,\end{cases}$因此点$(\cos\theta-2,\sin\theta-1)$可看作$\odot C$：$(x+2)^2+(y+1)^2=1$上的点，函数的值$f(\theta)=\dfrac{\sin\theta-1}{\cos\theta-2}$是过$\odot C$：$(x+2)^2+(y+1)^2=1$上的点$(\cos\theta-2,\sin\theta-1)$与原点的直线的斜率，结合图形易求。

解： 如图5-4所示，作$\odot C$：$(x+2)^2+(y+1)^2=1$，$f(\theta)=\dfrac{\sin\theta-1}{\cos\theta-2}$表示$\odot C$上的点$(\cos\theta-2,\sin\theta-1)$与原点的连线的斜率，作$\odot C$的切线$OA$及$OB$，$k_{OA}=0$，$k_{OB}=\dfrac{4}{3}$，因此，$f(\theta)$的最大值为$\dfrac{4}{3}$，最小值为0。

---

① 董磊．初中数学主要思想方法的内涵及层次结构[J]．中学数学教学参考，2018(26)：67—70．

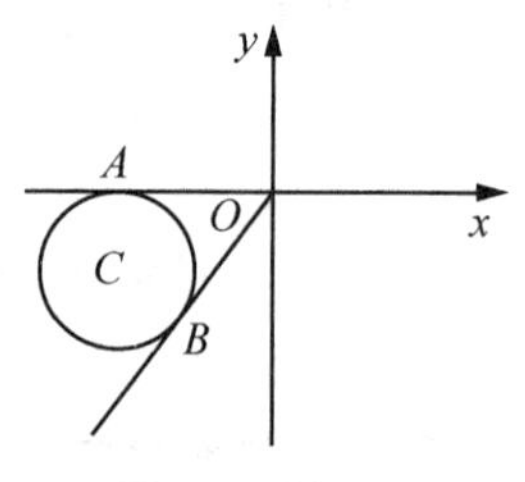

图 5-4 例 4 图

评注：本题若令 $t=f(\theta)$，$y=\sin\theta$，$x=\cos\theta$ 利用方程 $t=\dfrac{y-1}{x-2}$ 和 $x^2+y^2=1$，消去 y，由 $\Delta\geqslant 0$，$|y|\leqslant 1$，$|x|\leqslant 1$，可求得 $0\leqslant t\leqslant\dfrac{4}{3}$，因此 $f(\theta)$ 的最大值为 $\dfrac{4}{3}$，最小值为 0。使用数形结合的思想方法去解题会更简明。

在中学数学中，运用数形结合法可以把代数与几何问题相互转化，也就是说，代数语言可以用作描述几何概念，代数方法又可以实现几何目标。相反，几何又给代数概念作解释，使抽象的概念变得直观形象。在分析表层知识、解决数学问题时应该善于运用数形结合的思想方法。如“一元二次不等式及其解法”的教学步骤可以设计为：

首先，师生一起运用数形结合法，建立一次函数、一次方程、一次不等式、一次代数式各概念之间的联系框架，如图 5-5 所示。

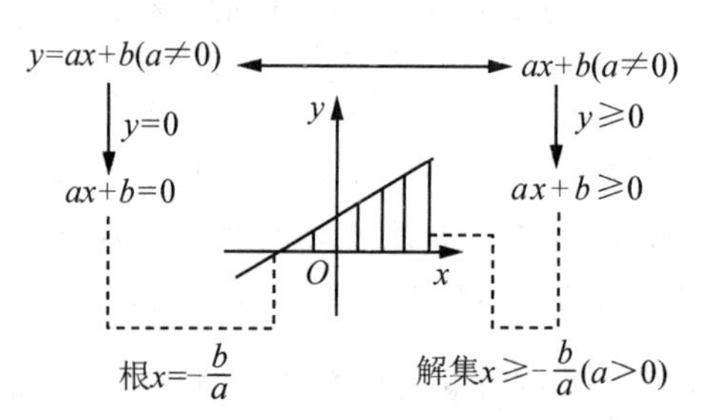

图 5-5 一次式联系框架

然后提出：“我们能否用研究一次式的方法来研究一元二次不等式的解集呢?”接着师生共同建立起二次函数、二次方程、二次不等式、二次代数式的联系框架，如图 5-6 所示。

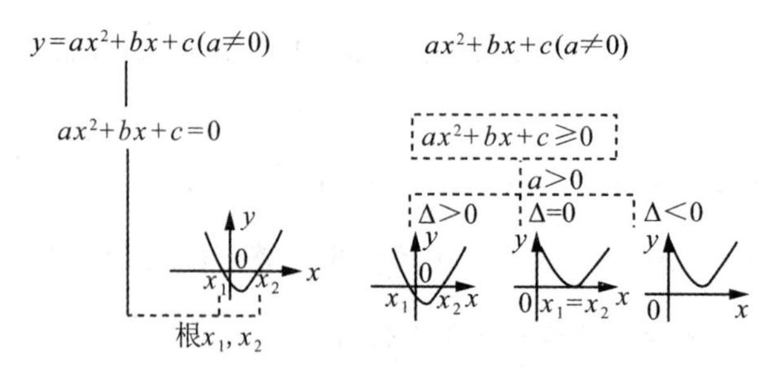

图 5-6 二次式联系框架

数形结合思想方法的巧妙运用就在此教学过程中得到充分体现，这不仅避免学生机械记忆二次函数的公式，还有助于学生培养数形结合意识。因此数形结合的思想方法有助于学生把孤立的数学知识联系起来去处理和解决数学问题。

5.2.5 方程与函数思想方法

方程与函数思想方法包括方程思想和函数思想。

方程思想是指一种源于解决应用问题的思想：一是可以用字母表示未知数，未知数就可以看作“已知数”，直接进行运算或构建数量关系；二是可以用等式表示问题的数量关系，从而形成方程；三是通过方程的解法理论解方程，求解得到未知数的值。其中等式的依据主要来源于两种：①寻求两件事情的等量关系；②同一件事情用两种不同的表达方式。

函数在中学数学中是以表层知识出现的。在中学数学中，函数的知识出现了三次，螺旋上升编排：第一次是在八年级上册数学的《一次函数》和九年级上册数学的《二次函数》这两章中介绍了函数的变量说，并对一次函数和二次函数定义、图象和性质进行了具体研究；第二次是在高一数学必修一《函数及其表示》这一节中介绍了函数的对应(映射)说，在引入集合与对应(映射)等概念的基础上，用集合、对应(映射)的观点解释函数定义，得出定义域、值域和函数符号的定义，并对幂函数、指数函数、对数函数、三角函数等基本初等函数进行研究；第三次是在高中选修 2-2《微积分基本定理》中对函数作了进一步的介绍。

函数在数学的发生、发展过程中扮演着至关重要的角色。函数是一个包容性极广的概括性知识，函数法是从运动变化的观点来认识和处理问题的一个重要方法。利用函数法可以分析中学数学的众多内容。例如：“数”“式”“方程”“不等式”“数列”“曲线与方程(隐函数)”，这类知识均能有机地统一在“函数”观点下。同时，上述数、式、方程、不等式等问题在推导过程中遇到困难时可以将其转化为函数问题，利用函数方法来处理和解决。

例5 已知：a，$b\in\mathbf{R}$，求证：$a^2+b^2\geqslant ab+a+b-1$.

分析： 只要证 $a^2+b^2-(ab+a+b-1)\geqslant 0$.

令 $f(a)=a^2+b^2-(ab+a+b-1)$

$=a^2-a(1+b)+(b^2-b+1)$

这样就利用了函数的思想方法来解决不等式问题.

其判别式 $\Delta=-3(b-1)^2\leqslant 0$，所以，$f(a)\geqslant 0$.

函数思想是用运动变化和集合对应的观点，去分析和研究问题中变量之间的关系，建立函数模型，并运用函数的性质求解问题的一种思想，它的价值在于用运动变化的观点去反映客观事物数量间的联系和规律，是数学史上从常量数学到变量数学的一个质的飞跃。

函数和方程思想方法的上位思想是集合与对应思想、符号与变元思想、数学模型思想、转换与化归思想。运用方程思想可以解决大量的应用问题(建模)、求值问题、曲线方程的确定及其位置关系的讨论等问题，函数思想是解决变量问题的有力工具，如方程、不等式、数列及三角学均可纳入函数思想的研究范畴。方程与函数在一定条件下是可以相互转化的。

下面介绍初中数学教学中方程函数思想的具体应用。

(1)利用方程或方程组解决有关数学问题。

例 6 “相遇问题”是一道典型的数学题，甲、乙两人在400米的环形跑道上同一起点同时背向起跑，40秒后相遇，若甲先从起跑点出发，半分钟后，乙也从该点同向出发追赶甲，再过3分钟后乙追上甲，求甲、乙两人的速度。

解析：该道例题是一个典型的“相遇问题”，主要涉及题目中所含有的数量问题。通过对于题目中隐含的数量关系进行分析，我们发现可以通过采用建立方程(组)的方式来达到简化问题的目的，下面就该道例题的具体方法进行详细的阐释。

解法一，建立方程。

解：设甲的速度为 x m/s，则乙的速度为$\frac{210x}{180}=\frac{7}{6}x$，则可建立如下方程：$40x+40\times\frac{7x}{6}=400$，解得 $x=\frac{60}{13}$m/s，所以甲的速度为 $x=\frac{60}{13}$m/s，乙的速度为$\frac{70}{13}$m/s。

解法二，建立方程组。

解：设甲、乙两人的速度分别为 x m/s，y m/s，根据题意列方程为：

$$\begin{cases}40x+40y=400,\\210x=180y,\end{cases}$$

解得：$\begin{cases}x=\frac{60}{13},\\y=\frac{70}{13}。\end{cases}$

答：甲的速度为$\frac{60}{13}$m/s，乙的速度为$\frac{70}{13}$m/s。

(2)利用函数解决有关数学问题。

例 7 鹏鹏童装店销售某款童装，每件售价为60元，每星期可卖100件，为了促销，该店决定降价销售，经市场调查反应：每降价1元，每星期可多卖10件。已知该款童装每件成本30元。设该款童装每件售价 x 元，每星期的销售量为 y 件。

①求 y 与 x 之间的函数关系式(不求自变量的取值范围)；

②当每件售价定为多少元时，每星期的销售利润最大，最大利润是多少？

解析：该道数学题目是一个典型的函数问题，通过对于题目中已知条件的分析、归纳和整理，可以建立一定的函数关系，从而通过求解函数问题来达到解决问题的目的，下面就该道例题的具体方法进行详细的阐释。

解：①$y=100+10(60-x)=-10x+700$。

②设每星期利润为 W 元，

$W=(x-30)(-10x+700)=-10(x-50)^2+4\ 000$。

所以当 $x=50$ 时，$W_{max}=4\ 000$。

所以每件售价定为 50 元时，每星期的销售利润最大，最大利润 4 000 元。

(3)利用函数与方程之间的相互转化来解决有关数学问题。(方程函数思想，不仅包括方程思想和函数思想，还包括函数与方程二者之间相互转化的思想。下面就该方法的具体应用以实例加以阐述。)

例 8　函数 $f(x)=|2^x-2|-b$ 有两个零点，求实数 b 的取值范围。

分析：本题是函数的零点问题，转化为方程 $|2^x-2|-b=0$ 有两个不同根问题，用到分离参数、方程与函数转化以及数形结合的思想。

解：由 $f(x)=|2^x-2|-b=0$，得 $|2^x-2|=b$。在同一平面直角坐标系中分别画出 $y=|2^x-2|$ 与 $y=b$ 的图象，如图 5-7 所示。

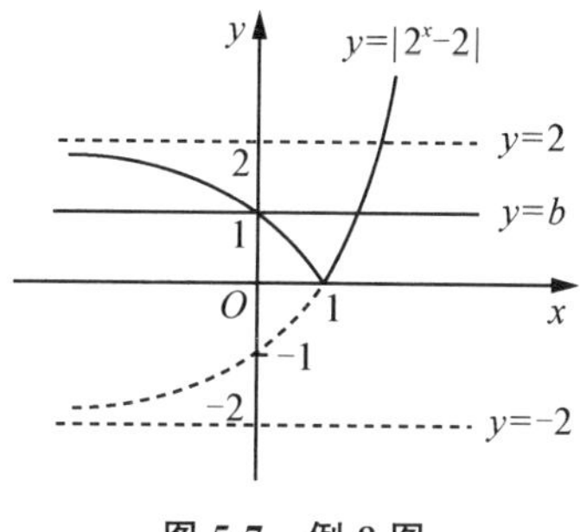

图 5-7　例 8 图

则当 $0<b<2$ 时，两个函数图象有两个交点，从而函数 $f(x)=|2^x-2|-b$ 有两个交点。

5.2.6　分类讨论思想方法

所谓分类讨论思想方法是指从所研究数学对象出发，按照其本质属性的异同给予逻辑上的划分，一般将数学对象划分成若干个不同种类，然后分别对划分的这几类情况进行讨论研究，从而达到解决问题的一种思维方法。

在逻辑学中，可以从集合论的观点来认识分类讨论思想方法。集合的划分，是指把一个非空集合划分成若干个非空子集，这些子集中任意两个的交是空集，它们的并为原集合，由于任何概念的外延都是集合，所以“集合的划分”包含了逻辑意义上的“概念划分”。

在中学数学中，分类讨论思想方法使用十分广泛，在定义、计算题、合情推理与演绎推理、数学证明等方面都有广泛的运用，并运用于中学各年级的所有数学教学之中，下面是中学数学中运用分类讨论思想方法的几种常见情况。

(1)下定义问题。

例如：利用分类讨论思想方法对概念的系统做出分类和小结，可以给一些概念下定义。如定义绝对值

$$|x|=\begin{cases}x, & x\geqslant 0,\\ -x, & x<0。\end{cases}$$

(2)含绝对值问题。

例如：含绝对值的解析式的求解与化简，含绝对值的方程(组)、不等式(组)及函数的求解与运算等。如解不等式$|\tan^2 x+\tan x-2|-|\tan x+1|>0$。

(3)关系式推演引起值域变化的问题。

例如：由乘转入除，由偶次乘方转入偶次开方，由指数运算转入对数运算。根据运算性质进行某些变换。像$\ln x^2=2\ln x$中左右的变化，变元取值范围扩大等。

(4)由量变引起质变的问题。

例如：解析几何中有关二次曲线问题的讨论，有关函数增减性问题的分析等。

(5)变元在不同范围取值时的问题。

例如：余弦定理的证明。

(6)具有多种可能性答案的问题。

例如：某些解方程和不等式问题等。

5.2.7 极限思想方法

极限思想方法是用极限概念分析问题和解决问题的一种数学思想方法。

极限思想方法的一般步骤可概括为：对于被考察的未知量，先设法构思一个与它有关的变量，确认这变量通过无限过程的结果就是所求的未知量；然后用极限来计算得到这结果。从过程上可分为以下三个阶段：根据研究对象构造一个可以无限变化的过程——考察过程中某一特定的、有限的、暂时的结果——通过“取”极限获得“无限”时的状态即研究对象的结果。① 极限包括数列的极限和函数的极限。

数列的极限：一般地，如果当项数n无限增大时，无穷数列$\{a_n\}$的项a_n无限地趋于某个常数a(即$|a_n-a|$无限地接近0)，那么就说数列$\{a_n\}$以a为极限，或者说a是数列$\{a_n\}$的极限。例如：$\frac{1}{10}$，$\frac{1}{10^2}$，$\frac{1}{10^3}$，…，$\frac{1}{10^n}$。数列的项随n的增大而减小，但大于0，并且当n无限增大时，相应的项$\frac{1}{10^n}$可以无限地趋于常数0，我们就说该数列的极限是0。

如果$\lim\limits_{x\to+\infty}f(x)=a$且$\lim\limits_{x\to-\infty}f(x)=a$，那么就说当$x$趋于无穷大时，函数$f(x)$的极限是$a$，记作$\lim\limits_{x\to\infty}f(x)=a$，也可记作当$x\to\infty$时，$f(x)\to a$。

例 9 分别就自变量趋向于$+\infty$和$-\infty$的情况，讨论下列函数的变化趋势：

(1)$y=\left(\frac{1}{2}\right)^x$；(2)$y=2^x$。

解：(1)如图5-8所示，$x\to+\infty$时，$y=\left(\frac{1}{2}\right)^x$无限趋于0。

即$\lim\limits_{x\to+\infty}\left(\frac{1}{2}\right)^x=0$；当$x\to-\infty$时，$y=\left(\frac{1}{2}\right)^x$趋于$+\infty$。

① 钱佩玲，邵光华. 数学思想方法与中学数学[M]. 北京：北京师范大学出版社，1999：6.

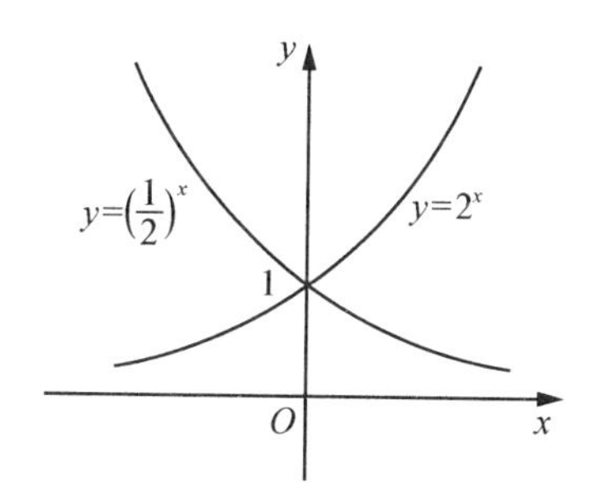

图 5-8　以$\frac{1}{2}$和 2 为底数的指数函数图象

(2)如图 5-8 所示，当 $x\to+\infty$时，$y=2^x$ 趋于$+\infty$；

当 $x\to-\infty$时，$y=2^x$ 无限趋于 0，即$\lim\limits_{n\to-\infty}2^x=0$。

5.2.8　符号化与变元表示思想方法

数学是一个符号化的世界，数学符号就是数学的语言——世界上最通用的一种语言，它是数学抽象物的表现形式，是对现实世界数量关系的反映结果。

使用符号化语言和在其中引进"变元"，是数学科学高度抽象性的要求。例如，公式$(a+b)^2=a^2+2ab+b^2$ 就是采用符号化语言来表述的，当 a，b 代入任意数时都成立，这样的字母就表示"变元"，这个公式就是用变元来表示的一般规律。

"符号化与变元表示"不仅仅限于"用字母表示数"，也可以用字母或其他符号表示任意具有一定通性的"量"(如数量、向量、变换、命题、事件等)及其运算。①

用符号与变元来表示有关对象的关系时，具有简明的优点，增大了信息密度和思维容量，这样抽象的形式有时反而带来"思维的直观"。例如用"⇒"表示"推导"，用"$A\Rightarrow B$"表示"A 是 B 的充分条件"或"B 是 A 的必要条件"，就显得很直观；又由于"⇒"具有传递性，故在一连串的推论中，人们甚至不假思索地从箭头指向中判断出有关的两个命题或词项间的蕴含关系。

综上，所谓符号化与变元表示思想是指将所研究的对象进行抽象，并用数学符号、变元加以表述，用数学符号、变元表示任意具有一定通性的"量"及运算，用数学符号、变元来表示一般规律、规则，通过对"量"的研究或应用规律、规则来解决问题的一种思想。

符号化与变元表示思想有以下重要特征。

(1)抽象化。数学符号都是数学抽象物的表现形式，是事物内在的、共同的本质属性的体现。因此，符号化与变元表示包含着抽象方法，并以此作为思想基础。

(2)层次化。数学符号也反映了数学抽象物的抽象层次(抽象度)。数学符号的差异可以表示同一抽象层次上不同数学对象的差别，如表示物体个数的不同数字符号。但数学符号差异更主要的是表示不同抽象层次的差别(即不同的抽象度)，如代数中的字母与数的差别，一般系数的方程与特殊数字系数方程的差别等。

① 周立泰. 数学课程中的数学思想[J]. 山东教育学院学报，2001(4)：77—79.

(3)形式化。数学符号化为数学形式化(各种数学抽象物之间的本质联系即数学符号之间的联系、组合的一般规律或规则)创造了条件，它们所反映的思想内容是密切联系在一起的。如代数中，由于引入了字母表示未知数和一般系数，使代数成为一门研究一般类型的形式和方程的学科，从而与单纯研究数的算术分清了界限。①

在中学数学中，符号化与变元表示思想主要体现在字母表示数、换元思想、方程思想和参数思想等方面。其中，换元思想是指通过变元或式表示、代替或转换为某些确定的数学对象，将数学问题化繁为简、化难为易，从而达到从未知到已知，再到终极目标的一种思维倾向。本质是映射转移，依据是等量，结果是化繁为简、化难为易、化未知为已知。中学数学中的用字母表示数、列代数式、求代数式的值，用字母或符号表示运算关系和性质都贯穿着这种思想方法。②

例 10 解方程 $4^x-2^{x+1}-8=0$。

分析： 直接求解通常较难，但可以适当变形得：$(2^x)^2-2\times2^x-8=0$，

令 $t=2^x(t>0)$，则方程变为 $t^2-2t-8=0$，这不难解出 t，然后再解出 x。

5.2.9 统计与概率思想方法

统计是研究如何合理收集、整理、描述和分析数据的学科，它可以为人们制订决策提供依据，又为人们认识客观世界提供了重要的思维模式和解决问题的方法。事件的概率是用来度量该事件发生可能性大小的一个尺度，一般来说，事件的概率大，该事件发生的可能性就大，事件的概率小，该事件发生的可能性就小。

统计与概率思想是指事物的发展变化具有随机性，一要理解随机现象的偶然性，二要善于通过建立概率模型或运用统计方法，找出隐藏在随机现象背后的统计规律，进而解决随机现象问题。统计与概率思想在中学教材中多蕴含于概率、统计、相关关系中，力图通过偶然性找出规律性、必然性，是解决一类不确定问题的重要思想方法。③

例 11④ 一枚质地均匀的正方体骰子的六个面分别刻有 1 到 6 的点数，将这枚骰子掷两次，其点数之和是 7 的概率是多少？

解： 用表格列举出所有可能出现的结果，如表 5-1 所示。

由表 5-1 可以看出可能出现的结果有 36 种，其点数之和是 7(记为事件 A)的有 6 种，所以 $P(A)=\frac{1}{6}$。注意：本例虽然没有明确指明“从袋子中随机摸出一个小球后，放回并摇匀，再随机摸出一个小球”，但是按照题意，因为“将这枚骰子掷两次”显然与被抽取对象顺序有关且可重复，可归属于曾飞鹏的《例析〈概率统计〉中的数学思想方法》中的“依次有放回摸 2 个球”类型。

① 沈文选. 中学数学思想方法[M]. 长沙：湖南师范大学出版社，1999：30—31.

② 农秀丽. 浅谈中学数学符号化与变元表示思想方法的挖掘[J]. 广西右江民族师专学报，2005(18)：16.

③ 董磊. 初中数学主要思想方法的内涵及层次结构[J]. 中学数学教学参考，2018(9)：67—70.

④ 曾飞鹏. 例析《概率统计》中的数学思想方法[J]. 初中数学教学，2017(12)：38.

表 5-1　例表

	1	2	3	4	5	6
1	2	3	4	5	6	7
2	3	4	5	6	7	8
3	4	5	6	7	8	9
4	5	6	7	8	9	10
5	6	7	8	9	10	11
6	7	8	9	10	11	12

5.2.10　集合思想方法

集合是现代数学中最基本的概念之一，又是数学各科通用的数学语言。人们在认识事物、解决问题的实践中，经常把具有某种共同性质的事物放在一起，视为一个整体，对它们作统一的研究和处理，这种整体的思想，在数学中的具体体现就是集合的思想。集合是构筑数学理论根基，任何一个现代数学分支都是建立在集合基础之上的。

首先，有些数学模型本身就是集合，如数系 **N**，**Z**，**Q**，**R** 等。其次，概念型数学模型都有其自身的内涵和外延。内涵是指这一概念包含某对象的所有基本性质的总和；外延是指这一概念的所有。这样任何一个概念型数学模型都可以视为一个集合 $\{X|P(X)\}$。其中 $P(X)$ 为其内涵，$\{X|P(X)\}$ 为其外延。最后，方法型数学模型都是针对某一类确定的数学对象的集合来进行的，如棣莫弗公式 $[r(\cos\theta+i\sin\theta)]^n=r^n(\cos n\theta+i\sin n\theta)$ 适合于集合 $\{r(\cos\theta+i\sin\theta)|r\geqslant 0\}$ 中的一个元素，即只对复数的三角形才适用。因而，得出类似于 $(\sin 20°+i\cos 20°)^2=\sin 40°+i\cos 40°$ 的结论，是错误的。[①]

数形结合法主要体现了代数与几何两大集合间的对应关系。例如函数 $y=x^2$ 与其图象的对应，实质上就是集合 $\{x|f(x)=x^2\}$（代数中的实数）与集合 $\{(x, y)|y=x^2\}$（几何中的点）的对应。

函数是两个集合间的一种特殊对应，其定义域和值域都是集合。因此，运用函数分析、处理问题时，离不开集合思想的指导。

另外，分类讨论法的实质是集合的分类，变换法实质是将一个集合中的问题转为另一个集合中的问题。

① 汪云霞．提升高中数学思想方法教学的有效性[J]．学苑教育，2013(2)：50.

5.3 中学数学思想方法的教学

5.3.1 数学思想方法教学的目标层次框架

根据《义教数学课标 2011》相关要求以及教材内容和初中生认知发展规律，可以将初中数学思想方法教学的目标分为"渗透 →显化 →运用"这个由低到高的水平层次，并将它与学生学习的主体目标"感受和察觉—领悟和形成—掌握、运用和内化"以及教学内容的认识领域的教学目标"了解—理解—掌握和灵活运用"相对应，由此得到数学思想方法教学目标的层次框架，如表 5-2 所示。

表 5-2 数学思想方法教学的目标层次框架列表①

层次	主体目标(学生)	教学目标(教师)	认知领域的教学目标(课标)
A	感受、觉察	渗透	了解
B	领悟、形成	显化	理解
C	掌握、运用、内化	运用	掌握、灵活运用

5.3.1.1 渗透(A 层次)

"渗透"又设为 A 层次，是数学思想方法教学目标层次中最基础的一个层次，在认知领域的教学目标中对应"了解"这一层次。具体地说，学生初步接触的数学思想方法，或虽然多次接触，但因认识水平有限而暂时不易理解的，或如集合与对应、公理化与结构化更难理解的数学思想方法，让学生感受、觉察，这些情况设定数学思想方法教学目标层次是"渗透"。

此时，"渗透"在实际教学操作中又分为两个层次：对于学生初步接触的、上位难理解的数学思想方法，那么教学侧重在具体知识的学习和问题的解决上，不提某数学思想方法。对于多次接触的，但因学生的认知水平有限而暂时不易理解，在教学中，可通过小结归纳、反思提炼，适时地提出某数学思想方法的某些要素、特征或某些方面，而不明显提出该数学思想方法②。

例 12 求$|x-2|+|x-3|=1$，并求 x 的最小整数解是多少？

分析：学生在初中阶段刚开始学习绝对值时，教师可以通过画出数轴引导学生从数轴看出 x 的最小整数解是多少，如图 5-9 所示，从而体会数形结合的思想。

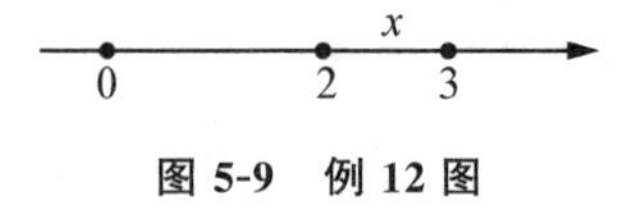

图 5-9 例 12 图

① 董磊. 初中数学主要思想方法的内涵及层次结构[J]. 中学数学教学参考，2018(9)：67—70.

② 董磊. 尝试建构数学思想方法教学的目标层次框架[J]. 中学数学教学参考，2018(32)：63—65.

5.3.1.2　显化(B层次)

“显化”又设为B层次，在认知领域的教学目标中对应“理解”这一层次。具体地说，某数学思想方法经过多次渗透后，符合以下三个要素：一是解决某一类或某几类问题时，常用到该数学思想方法；二是学生的理解能力、抽象思维能力不断提升；三是恰当的时机和方式，力求应运而生、水到渠成，让学生领悟、形成，需要在教学过程中明确提出该数学思想方法的名称、内涵及特征，这种情况设定数学思想方法教学目标层次是“显化”。

此时，“显化”在实际教学操作中可分两个层次：对于多次渗透后，可在小结或复习环节中归纳提炼，明确提出某数学思想方法的要素和特征，进而指出某数学思想方法的名称及要点。对于在上述基础上，多次依据具体问题的解决，不断反复或拓展该数学思想方法的要素和特征，可通过习题课或复习课，归纳概括出该数学思想方法的内涵、特征及作用①。

例13　小明每天早上要在7：50之前赶到距离家1 000米的学校上学，一天，小明以80米/分的速度出发，5分钟后，小明的爸爸发现他忘了带语文书。于是，爸爸立即以180米/分的速度去追小明，并且在途中追上了他。问爸爸追上小明用了多长时间？

分析：前面学生已经体会到数形结合的思想和方程思想，我们依据题目内容可明确该题所用到数形结合思想和方程思想，根据题意画一线段图，设爸爸用x分钟追上小明，得到图5-10。

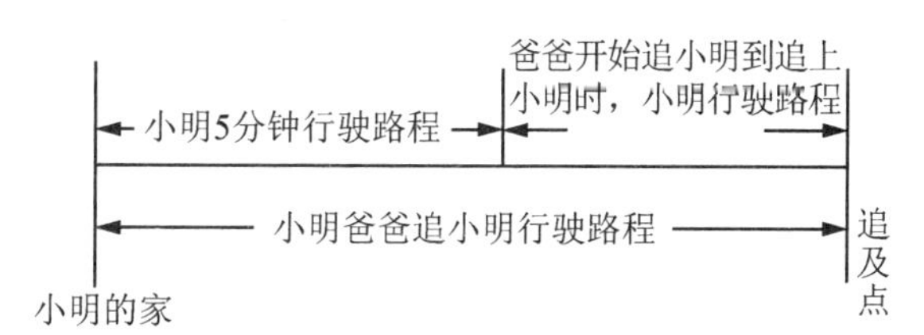

图5-10　线段图

从图5-10中我们可以明显看出本题中的等量关系：爸爸走的路程＝小明走的路程；小明所用时间＝5分钟＋爸爸所用时间。

解：设爸爸追上小明用了x分钟，根据题意得：

$80\times5+80x=180x$，

解得：$x=4$。

答：爸爸追上小明用了4分钟。

5.3.1.3　运用(C层次)

“运用”又设为C层次，在认知领域的教学目标中对应“掌握、灵活运用”这一层次。具体地说，在某些数学思想方法已显化的基础上，面对数学问题解决时(包括数学知识的学习)，首先考虑用某种或几种数学思想方法探索解题方向，形成解题思

①　董磊．尝试建构数学思想方法教学的目标层次框架[J]．中学数学教学参考，2018(32)：63－65．

路，进而解决问题，让学生掌握、运用、内化，这种情况设定数学思想方法教学目标层次是“运用”。

此时，“运用”在实际教学操作中可分为三个层次：一是单一运用，运用某一种数学思想方法解决较简单的数学问题。二是综合运用，运用某几种数学思想方法解决典型的数学问题。三是灵活运用，面对较为复杂的数学问题，灵活选择恰当的数学思想方法，连续转换问题，寻找突破口，再通过元认知策略，不断调整解题方向，直至解决问题[①]。

例 14 a 为何值时，方程 $\sin^8 x+\cos^4 x-a=0$ 有实数解？[②]

分析：该题直接地运用根的判别公式来方法来求 a 会很困难，如果运用转化和函数的思想，题目就能迎刃而解。视方程中的变数 x 为自变量，常数 a 为自变量 x 的函数，原方程变为函数式：$a=\sin^8 x+\cos^4 x=\frac{1}{8}\sin^4 2x-\sin^2 2x+1$，把问题转化为求函数 $f(x)=\frac{1}{8}(\sin^2 2x-4)^2-1$ 的值域。由 $0\leqslant\sin^2 2x\leqslant 1$，易得 $\frac{1}{8}\leqslant a\leqslant 1$。

5.3.2 数学思想方法的教学原则

数学思想方法是人类在长期从事数学活动中逐步发现、总结和积累的。在具体的教学过程中，由于教材版本不同、学生能力存在差异、对数学思想方法主观理解上因人而异，使得落实数学思想方法教学的目标层次也存在差异[③]。为使得学生在学习期间逐步掌握数学思想方法，必须通过有目的、有计划的教学才能完成。因此，数学思想方法教学应遵循一定的原则。

5.3.2.1 反复渗透性原则

反复渗透性原则，即在具体知识的教学中，通过精心设计的学习情境与教学过程，不断引导学生领会蕴含在其中的数学思想和方法。[④] 中学数学的课程内容是由具体的数学知识与数学思想方法组成的有机整体，现行数学教材的编排一般是依据知识的纵向深入展开的。大量的数学思想方法是蕴含在数学知识的体系之中，没有明确的揭示和总结。故数学思想方法的教学总是以具体数学知识为载体，在知识的教学过程中实现。但具体数学知识的教学并不能替代数学思想方法的教学。换句话说，并不能认为，如果学生能正确理解数学知识，就自然而然也掌握了数学思想方法。因此，需要教师努力挖掘寓于数学知识中的数学思想方法的因素，通过精心设计的学习情境与教学活动，使之凸显在教学过程中。数学思想方法是在教学过程中向学生传播的，这是一个潜移默化的过程，必须日积月累、长期渗透、逐步归纳提炼、显化该数学思想方法，学生才能主动运用该数学思想方法探索解题方向，从而解决数学问题。以“用公式法求一元二次方程的根”为例，九年义务制初中教材将直接开平方法、配方法放在公式法的前

---

① 董磊．尝试建构数学思想方法教学的目标层次框架[J]．中学数学教学参考，2018(32)：63－65.

② 朱晓明．加强方程和函数思想的教学[J]．数学教学，1995(4)：20－21.

③ 董磊．初中数学主要思想方法的内涵及层次结构[J]．中学数学教学参考，2018(26)：67－70.

④ 陈杨．关于数学思想方法教学的探讨[J]．数学通报，2000(3)：3－5.

面。这两种方法之后，推导出了求根公式法。[①]

教学设计思路如下。

解一组方程。

①$x^2-4=0$ 根据平方根的性质，解得 $x=\pm 2$。

②$(x+2)^2=1$ 根据平方根的性质，解得 $x+2=\pm 1$，所以 $x=-1$ 或 $x=-3$。

归纳出直接开平方法的形式：方程的一边是完全平方形式，另一边是一个非负数的平方。

③$x^2+4x+2=0$。

分析：此时没有现成的完全平方，如何将方程左边转化成完全平方式进而将未知转化成已知，按直接开平方求解呢？引出讲解配方法。练习一些具体题目，熟悉配方法的步骤。

④$x^2+px+2=0$。

⑤$x^2+px+q=0$。

从具体到一般，用字母代替数。再一次经历配方法的步骤。使学生逐步适应用字母代替数的数学思想方法。

⑥$ax^2+bx+c=0(a\neq 0)$。

省去配方的步骤、过程，得出了一元二次方程解法中规律性的东西——求根公式。

这一段的配方法是数学中的重要方法，学生首次接触，对其中深刻的数学思想很难理解。上述设计多次进行配方法，让学生体会符号化、配方的思想。如果设计不当，对推导过程不加以着重引导，学生对这节课的理解就是：记住求根公式，给一道一元二次方程的题，能准确、迅速地求出一元二次方程的根，配方法没用，记住求根公式就行了。这样，蕴含于这节课的归纳概括、转化、配方、一般化等数学思想就都不见了，代之以程序化、模式化的东西。久而久之，学生会形成机械学习的习惯，对以后的学习不利。因此，同样的知识，讲法不同，反映的数学思想方法也不同，收到的效果就有显著差别。

5.3.2.2 循序渐进原则

循序渐进原则，即在具体知识的教学中，按照从易到难，由简到繁，逐步深化提高的顺序安排教学内容、教学方法，使学生系统地掌握数学基础知识。从具体到抽象，从特殊到一般，从感性到理性，这是人们认识事物的一般规律。因此，数学思想方法的教学，也应随着学生的认知水平，逐步扩充、加深和发展。平时，我们注重技巧方法的教学，到了一定阶段，应上升为较高层次的数学思想，呈现逐步加深的势态，促使学生在反复渗透中，实现对数学思想方法认识的螺旋上升，并能主动应用[②]。值得注意的是，在教学中，应注意给基础较弱的学生更多思考、理解的时间，若逾越了这个过程，或人为地缩短时间，则会导致学生生搬硬套，甚至加剧学生成绩两极分化。以对应、集合和函数的思想为例，说明循序渐进原则在教学上的运用[③]。

---

① 陈杨．关于数学思想方法教学的探讨[J]．数学通报，2000(3)：3－5.

② 同①.

③ 王林全．中学数学思想方法概论[M]．广州：暨南大学出版社，2000：345－346.

初一(七年级)：建立数轴，研究如何利用数轴上的有理点表示有理数，通过一元一次方程和一元一次不等式的研究，为集合与对应，特别是为一次函数的研究做了积极的准备。事实上，数轴上的有理点集与有理数集之间的对应，就是一一对应。一元一次方程的解，就是一次函数的零点，解一元一次不等式，其实就是求当一次函数取正(负)值时，对应的自变量所在的区间。

初二(八年级)：通过学习实数，实数集与数轴上的点集之间的一一对应关系就完成了。学习分式方程为将来学习有理函数做了准备，通过增根的处理，为以后研究函数的定义域提供了感性材料。

初三(九年级)：引入了平面直角坐标系的思想，学生了解平面点集与有序实数对之间一一对应关系，从而为学习函数思想方法做了全面准备。然后以两个变量之间相依维系的思想，系统地提出了变量与函数的定义，对正、反比例函数，一次、二次函数及其图象作了较详细的研究，并利用函数方法，具体处理一些几何问题。这是对函数思想作了第一次较系统的学习。

高中：高中代数是以函数为纲安排的，首先用集合与对应观点，再给出函数的定义，对函数的一般性质，如定义域、值域、单调性、奇偶性，作了较详细研究，进而研究一一对应，逆对应和反函数，以三角函数为例，研究函数的周期性，对基本初等函数，如幂函数、指数函数和对数函数，三角函数与反三角函数，以及上述函数的性质、图象等，都作了较系统的探讨，最后，还以函数的观点研究了数列，并分别把等差数列看作一次函数的特例。把等比数列看作指数函数的特例，在高中阶段，对于用函数思想解决问题的能力提出了较高的要求。

5.3.2.3 系统性原则

数学思想方法有高低层次之别，对于某一种数学思想而言，它所概括的一类数学方法，所串联的具体数学知识，也必须形成自身的体系，才能为学生理解和掌握，这就是数学思想方法教学的系统性原则①。培养学生对数学思想方法的理解和运用能力，是中学教学目的的重要组成部分。与具体的数学知识一样，数学思想方法只有形成具有一定结构的系统，才能更好地发挥其整体功能。因此，数学思想方法的教学应该得到全盘考虑和系统的安排。教师应全面研究中学各年级、各章节教材所蕴含的数学思想方法，探讨各种数学思想方法在不同年级的教学要求。做到全面安排，逐步培养，节节落实。这样，经过中学阶段的学习，学生对数学思想方法的认识和运用能力，将能得到系统、全面的提高。

5.3.2.4 创造性原则

数学思想方法比数学知识更抽象，每个学生在学习数学知识过程中，根据自己的体验，用自己的思维方式构建出数学思想方法的体系，这就是数学思想方法教学的创造性原则②。学生对数学思想方法的认识过程，是一种认知的自我建构过程，不能靠教师的单方面宣讲来完成，更不能靠死记硬背达到真正掌握。在数学思想方法教学中，

---

① 陈顺娘. 数学思想方法的教学实施[D]. 福建师范大学，2005.

② 华守亮，杨凤娥. 论数学思想方法的教学[J]. 安阳工学院学报，2006(2)：151—153.

应鼓励学生勇于尝试，允许产生错误与经历失败，并在实践中改正错误。这样，他们才能在尝试中，在失败与成功的亲身体会中，真正领悟和掌握所学习的数学思想方法，创造、建构出属于自己的数学思想方法体系。

5.3.2.5 实践性原则

数学思想方法相对于数学知识有更强的实践性，在解决问题过程中领悟和掌握方法，才能取得更好的学习效果，这体现数学思想方法教学的实践性原则。理论来源于实践，又反过来指导实践。在教学中要有计划、有步骤地强化学生对数学思想方法的建构活动，让学生通过阅读、讨论、作图、解题，乃至用实验、调查、分析等实践活动来学习数学思想方法，充分利用学生的主动性，使学生最大限度地参与实践活动。通过多样化、有意义的学习活动，如数学问题解决、数学模型建构、数学应用实践等办法，在教师的启发引导下学生才能逐步领悟、形成、掌握数学思想方法。

5.3.3 在数学思想方法教学中应注意的问题

在高科技的信息时代，数学已渗透到生活的方方面面，掌握数学思想方法是实现中学数学教学目的的一个重要方面。数学思想方法与数学基础知识紧密联系，但在教学中不能相互代替，故在数学思想方法教学中应注意以下问题。

5.3.3.1 数学思想方法的形成规律

数学思想方法的教学难度比数学知识更大，尽管如此，数学思想方法教学还是有规律可循的，注重数学思想方法的形成规律，其教学可以逐步从无序到有序。下面以化归思想为例，谈谈数学思想方法的形成规律。[①]

学生学了一元二次方程，已经掌握了求根公式和韦达定理等。因此，一元二次方程就是一个数学模式，而将双二次方程 $ax^4+bx^2+c=0(a\neq 0)$ 通过换元化归为一元二次方程的过程，就是将该问题模式化。化归思想包含三个基本要素：化归对象、化归目标和化归方法。此例中，双二次方程是化归对象，一元二次方程是化归目标，换元是实施化归方法。实施化归的关键是实现问题的规范化，化归的方向是化未知为已知。教学中显然不可能将有关化归方法的这一套方法一下子全部灌输给学生，只能采取逐步孕育的方法，结合数学知识的教学，让学生逐步体会到化归的基本思想，了解化归方法的基本步骤，直至掌握这一方法。

5.3.3.2 把数学思想方法的教学落实到教学的始终

教师应该从思想上不断提高对数学思想方法教学重要性的认识，把掌握数学知识和掌握数学思想方法同时纳入教学目标中，并在教案中设计好数学思想方法的教学过程。此外，教师还应该有计划地组织好数学思想方法训练课，注意同一方法在不同教学内容中的作用，对不同类型的数学思想方法应有不同的教学要求，并注意不同数学思想方法的综合运用[②]。这样，我们可以把数学思想方法的教学落实到学生认知活动的各个环节中。

---

① 朱成杰. 数学思想方法教学研究的几项新成果[J]. 数学通报，1996，11：1－3＋50.

② 同①.

下面以数形结合思想为例，谈谈如何把数学思想方法的教学落实到教学的始终。

数形结合思想实质是将问题抽象的数量关系与直观的图形结构结合起来进行考虑，使数量的精确刻画与空间形式的直观形象巧妙地结合在一起，寻求解题思路的一种思想方法。例如，学习了一元一次方程及其应用后，在学习“应用一元一次方程——追赶小明”时，教师在教学设计的学习目标中要包含：让学生掌握方程思想和数形结合思想去解决数学问题。在这一节的教学中可进行专题训练，学生对于方程思想已经有一定的了解，但在学习这一节容易忽略数形结合的思想，而数形结合思想正是这一节教学的难点，也是解决“追赶小明”问题的关键。在“追赶小明”的专题教学中，教师有目的地引导学生形成画线段图解决追赶问题的习惯，通过线段图能使学生一目了然地找到这一问题隐含的等量关系，从而根据等量关系列出方程。

5.3.3.3　教学中亟待加强的若干数学思想方法

近年来，数学思想方法的重要性逐步为广大数学教育工作者所重视。然而，由于多种原因，当前数学思想方法的教学发展并不平衡，存在一些误区，具体表现为：重记忆轻思想、重结论轻过程、重解题轻应用。

具体地说，有些教师偏重于概念、定理和公式的死记硬背，忽视对知识形成或背景的理解，重视知识的记忆而忽视了数学思想方法的指导。又如，在定理和公式的教学中，不少师生只注重定理和公式的证明过程，而忽视定理和公式的探索、发现过程。重视结论获取，轻视过程探索。再者，一些师生把注意力集中在题型套路及一招一式的总结，忙于套题型，按规定步骤训练求解。看重个别、特殊的技巧，而忽视思想方法的总结提高。这必然阻碍学生创新精神的形成和发展，也不利于数学教学质量的提高。

5.3.4　中学数学思想方法教学案例

5.3.4.1　类比思想方法教学示例

1. 应用类比思想引入数学新概念

例如，不在同一直线上的三条线段首尾顺次相接所组成的图形叫作三角形。在此基础上，运用类比思想引出四边形的概念：不在同一直线上的四条线段首尾顺次相接所组成的图形叫作四边形。由此可以类比五边形、六边形、多边形等概念。再如讲分式的概念，由分数类比引入。分数表现形式为一个整数 a 和一个整数 b 的比，其中 $b\neq 0$。分式为一个整式 A 和一个整式 B 的比，其中 $B\neq 0$，即形如$\frac{A}{B}(B\neq 0)$的叫分式。讲一元二次方程时，在一元一次方程已有知识中，只含有一个未知数，并且未知数的次数是一次的方程叫一元一次方程。以此类推，只含有一个未知数，并且未知数的次数是二次的方程叫一元二次方程，运用类比思想方法使学生更易接受，对概念的理解更透彻。

2. 运用类比思想方法解决问题

在解决复杂问题时，运用类比思想方法使学生的解题思路更清晰，让学生学会怎样思考，如何“化难为易”，解决难题。

例 15[①]　已知：如图 5-11，在$\triangle ABC$中，边 BC 的长与 BC 的边上的高的和为 20。

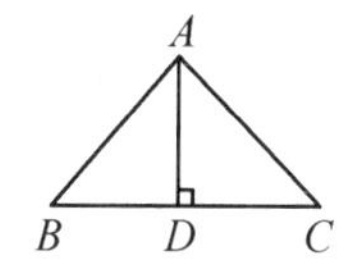

图 5-11　例 15 图(1)

①写出$\triangle ABC$的面积 y 与 BC 的长 x 之间的函数关系式，并求出面积为 48 时 BC 的长。

②当 BC 多长时，$\triangle ABC$的面积最大？最大的面积是多少？

③当$\triangle ABC$的面积最大时，是否存在其周长最小的情形？并求出其最小周长。

分析：

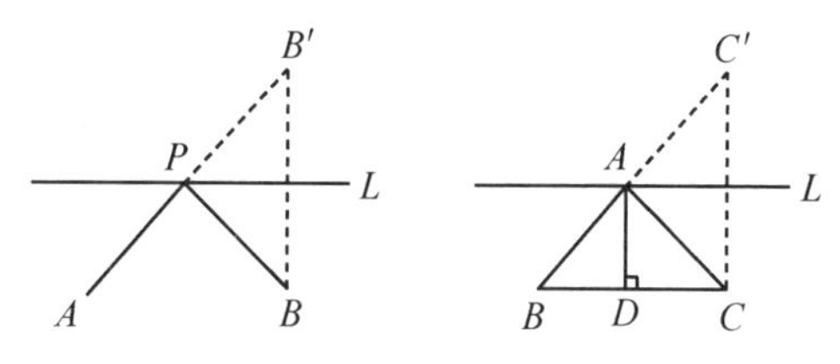

图 5-12　例 15 图(2)　　**图 5-13　例 15 图(3)**

在最后一个问题，面积最大时，边 BC 的长为 10，使$\triangle ABC$的周长最小。即 $AC+AB+10$ 最小，须 $AB+AC$ 最小，因此，我们学习在直线 L 上取一点 P，使 $PA+PB$ 最小，点 B 关于 L 的对称点为 B'，连接 AB'，交 L 于点 P，则 $PA+PB$ 最小(图 5-12)。以此类推，作 BC 的平行线 L，作点 C 关于 L 的对称点 C'，连接 BC'，交 L 于点 A，则 $AB+AC$ 最小(图 5-13)。因此，可以用类比思想，使学生在原有的知识结构上，进行解题，把复杂问题化为简单问题，符合学生在数学学习过程中的心理活动，重现知识的形成过程，培养学生的抽象与概括的能力。

5.3.4.2　方程与函数思想方法教学示例

方程与函数思想方法是在初中用字母表示数的思想与高中集合与对应的思想基础上衍生出来的。方程与函数是中学数学教学中的重要组成部分。函数从初中就开始研究，学生是从变量间依赖关系的角度学习函数概念；到了高中阶段，通过集合的语言刻画基本初等函数。方程是初中数学的一项重要内容，并在高中数学中得到深入学习。函数的很多性质可以通过方程来研究。

1. 创设情境，渗透方程思想，激发学生学习兴趣

例 16　某种商品因换季准备打折出售，如果按定价的七五折出售，则赔 25 元，而按定价的九折出售将赚 20 元。问这种商品的定价是多少元？

分析：该题中要充分把握“进价一定”这个条件，根据未知量和已知量之间的数量

① 林再文. 谈谈在数学教学中如何运用类比思想[J]. 中学数学研究(华南师范大学版)，2015(2)：47.

关系建立方程。

解： 设定价为 x 元，七五折售价为 $75\%x$，利润为 -25 元，进价则为 $75\%x-(-25)=75\%x+25$；九折售价为 $90\%x$，利润为 20 元，进价为$(90\%x-20)$。

由题意得：

$$75\%x+25=90\%x-20,$$

解得

$$x=300。$$

答：这种商品的定价是 300 元。

2. 启发诱导，体会方程与函数思想的优越性

例 17 设 a，$b\in\mathbf{R}$，且 $(a-2)^3+2020(a-2)=-1$，$(b-2)^3+2020(b-2)=1$，求 $a+b$ 的值。

分析： 构建函数 $f(x)=x^3+2020x$，则 $f(a-2)=-f(b-2)$。那么教师可以启发诱导学生，观察函数 $f(x)$所具有的性质：① $f(x)$是奇函数；② $f(x)$是增函数。故由 $f(a-2)=-f(b-2)$得到 $a-2=-b+2$，最终求得 $a+b=4$。

例 16 渗透了方程思想，结合实际生活的例子，激发学生的学习兴趣，初步应用方程思想解答题目。例 17 充分渗透了方程与函数的思想，体现方程思想与函数思想结合的优越性。教师在教学过程中，应该循循善诱，让学生更好地理解并掌握方程与函数的思想，从而学好中学数学。

5.3.4.3 “符号化”思想的教学示例

“符号化”思想是中学数学中基本的思想方法之一，也是代数的基本特征。它可以把数或数量关系简明而普遍地表现出来，也可以使一些复杂的运算变得简单化。这是发展符号意识，进行量化刻画的基础。

例 18 如图 5-14，$\triangle ABC$，$\angle A=40°$，BD 平分 $\angle ABC$，CD 平分 $\angle ACE$，求 $\angle D$ 的度数。

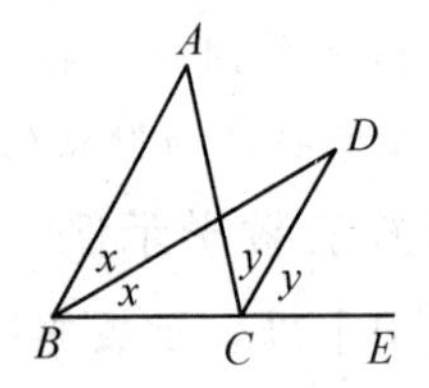

图 5-14 例 18 图

解： 设 $\angle ABC=2x$，$\angle ACE=2y$，则由三角形内角和定理的推论得：

$$\begin{cases}x+40°=y+\angle D,\\2x+40°=2y,\end{cases}$$

所以得到：$\angle D=20°$。

很多同学在做这道题目时，并没有主动设未知数表示未知量的意识，导致没办法列方程解题。没有产生使用“符号化”的思想，也就不会有列方程组解题的“念头”。其实，在具体解题中，引进辅助元、待定系数、换元等方法都体现了“符号化”的思想。总的来说，为更好地发展学生的符号意识，“符号化”数学思想的教学亟待加强。

思考与练习

1. 什么是数学思想？什么是数学方法？二者之间有何关系？
2. 什么是符号化与变元表示思想方法？
3. 结合教学实际阐述数学方法在中学数学教学中的意义和作用。
4. 分析中学数学中常用的数学思想方法。如何在数学教学中渗透这些思想方法？

第6章 数学史及其教学

学习提要

数学科学的进步并不是一蹴而就的，而是经历了一个漫长的发展流变过程。通过对数学史的梳理和研究，广大学子将会对数学科学发展的脉络有更清晰的认识，有助于更好地把握和运用数学发展的客观规律。近年来，数学史融入数学教学这个议题方兴未艾，引起了学界和广大一线数学教师的广泛关注，并积极地应用于教学实践中。本章对数学史融入数学教学的国内外理论进行概述，提供相关的中学教学实例以供广大数学教育工作者学习和参考。

6.1 数学史与数学科学

6.1.1 数学科学的历史性

数学由生活实践抽象而来，经过千百年的积累与发展，已经成了一门理论完备、分支众多、应用广泛的重要基础性科学。但是数学的发展过程是艰难而又曲折的，数学科学发展的历史充满了传奇色彩，值得广大学子学习和研究。

数学史主要研究数学概念、数学方法和数学思想的起源，以及与社会、经济、文化的联系。法国著名数学家庞加莱曾经说过：要想预见数学的未来，最好先研究一下它的历史。历史上新的数学理论和方法的确是在发展和扬弃原有的理论上建立起来的，比如非欧几何是对经典欧氏几何的批判继承；微积分思想包含了古希腊数学家的无穷思想；数系的扩张也是在肯定和保留原有数系基础上发展起来的。

6.1.2 数学科学的特征

数学科学主要具有三个特征：抽象性、严密性和广泛性，三者相互联系，相互影响，共同推动了数学科学的发展。

6.1.2.1 抽象性

数学来源于生活，高于生活，是对现实生活的精准提炼和刻画。所谓数学的抽象性，是指数学脱离于事物的具体内容，抽取事物主要的、本质的特征，以高度抽象的形式来描述和研究客观问题。数学抽象最早出现在一些基本概念的形成过程中，主要体现在数和形两个方面。在原始社会的狩猎活动和农业生产中，古人为了统计的方便，将收获物的具体属性剥离掉，抽象成简单的数字进行加减运算。与数的产生类似，形的概念同样来源于现实生活，比如长方形、菱形、圆、椭圆以及球都可以在现实的事物中找到它们的影子。基于此，19世纪恩格斯对数学的抽象性做出了极其精辟地论述："数和形的概念不是从其他任何地方而是从现实世界中得来的。"

在数的抽象方面，原始社会时期，人们结绳记数，或是以贝壳、石头作为工具计算捕获猎物的数量；古希腊时期，先哲们对数的认识进一步提高，从正整数到有理数，再到第一次数学危机时，无理数概念逐渐被人们接纳。在形的抽象方面，进入封建社会后，铁器逐渐取代石器成为生产的主要劳动工具，生产力水平得到提高，农耕文明肇始。以古代中国为例，在以井田制为基础的土地所有权制度下，统治者需要对耕地进行准确测量和分配，从而要求人们将耕地抽象为几何图形，再对其面积进行计算；欧洲文艺复兴之后，科学研究方兴未艾，日新月异，成果丰硕。物理学、力学、天文学等学科飞速发展，数学需要为其提供理论基础，为解决负数无法开平方问题，伟大的数学家欧拉定义 i^2 等于-1，从而虚数诞生了，数系由此从实数系扩张到复数系。高斯和罗巴切夫斯基也打破了传统欧氏几何的束缚，将图形推广到非欧几何的新高度。现代数学更加抽象，现实世界的三维空间已经推广到 n 维空间，极大地丰富和提高了人类的想象能力。

随着生产力水平的逐渐提高，需要利用数学解决的问题日益复杂，数学的抽象程度也越来越高。数学科学的抽象性，决定数学教育应该优先发展学生的数学抽象核心素养，即通过对数量关系与空间形式的抽象，得到数学研究对象的素养。例如，对于线段的概念，须从学生常见的具体事物出发抽象出线段的含义，如高大笔直的椰子树、铅笔和电线杆等，剥离具体事物的其他属性，抽象出共同属性。

6.1.2.2 严密性

数学科学具有逻辑上的严密性，根据公理化原则，数学结论须经过严密的逻辑推理得到，这就排除了主观臆断的可能，保证了结论的客观准确性。数学的严密性与数学的抽象性有紧密联系，数学的抽象性要求所有结论必须依靠严格的推理来证明和支撑，若推理证明了结论，这个结论即为正确的。

数学科学逻辑的严密性特点，在数学发展史上有充分体现。古希腊杰出的数学著作《几何原本》为后世奠定了数学推理的模板与范式。《几何原本》从少数的定义和定理出发，利用严密的逻辑推理方法，推导出完整的几何体系，每一个命题都经过严格的推导，使得结论具有极大的可靠性和准确性。

文艺复兴之后，17 世纪时期英国伟大的数学家、物理学家牛顿出版了《自然哲学的数学原理》，该书仿效《几何原本》的逻辑推理过程，详细地阐述了他的“流数术”思想，为天文学家解决天体运行轨迹问题提供了强有力的数学方法。“流数术”体现了早期微积分的思想萌芽，也使得牛顿与莱布尼茨共同成为微积分的创始人。近代以来，数学科学逻辑的严密性更是成了数学家们普遍重视和关心的问题，德国数学家康托尔提出的集合论观点，成为近现代数学的基础。然而，对于集合论严密性的讨论一直没有终止，“罗素悖论”引发了历史上第三次数学危机，由此可见，数学家在数学科学逻辑的严密性问题上不容许有半点马虎。

数学科学逻辑的严密性也有历史局限性。例如，《几何原本》“平行公设”问题，即“如果一条线段与两条直线相交，在某一侧的内角和小于两直角和，那么这两条直线在不断延伸后，会在内角和小于两直角和的一侧相交。”历史上对该公设争议颇多，德国数学家高斯通过实际观察和计算，与匈牙利数学家鲍耶、俄国数学家罗巴切夫斯基各自提出了非欧几何的设想。进入 20 世纪，德国数学家希尔伯特有感于数学逻辑性的不稳定，建立了更加完整严密的公理化体系。

根据数学科学逻辑严密性的特征，数学教育应该侧重于培养学生逻辑的严密性，教师根据学生的认知水平和教学实际，安排适度的数学逻辑训练，侧重培养逻辑思维能力。同时，培养学生逻辑的严密性，要考虑将“应试教育”向“素质教育”过渡，争取在非受迫性环境中对学生进行有效的逻辑训练。受“应试教育”影响，部分教师过分热衷于习题的训练，而忽视了学生逻辑思维培养的科学性，这也是需要反思的。

6.1.2.3 广泛性

数学是一门基础性学科，在自然科学中有着极为广泛的应用，同时也为人文社会科学提供了强有力的研究工具，数学科学在与其他科学相互交流的过程中得到了促进和发展。数学的抽象性和逻辑的严谨性与数学应用的广泛性紧密相关，比如高度抽象的傅里叶函数为电路设计提供了一个准确的描述工具，海洋和气象的研究也深深地依赖于偏微分方程等数学工具。数学科学的严密性极大地提高了其他科学的可靠性，比如天文观测与计算中应用数学物理方法，将观测结果精确到了很高的水平。

下面举几个应用数学科学的实例。

1. 数学科学在计算机科学中的应用

进入 20 世纪 50 年代，计算机科学得到了快速发展。计算机的算法和结构设计需要依赖于数学方法的理论支持，数学在计算机的应用实践中，也诞生了许多新的分支学科，如分析几何、小波分析、数值计算方法等。数学科学与计算机科学相互融合、相互促进，将人类的智能化水平带入到了一个新的高度。高等院校开设的计算机科学与技术专业的课程设置中，安排了大量基础数学的课程，侧面体现了计算机技术与数学科学的高度融合。

2. 数学科学在金融证券投资上的应用

市场经济时代，政府、公司或自然人参与理财和风险投资是非常普遍的经济行为。以证券投资为例，数学模型在证券投资领域获得普遍应用，证券成本控制、证券风险管理和投资收益计算这几部分都依赖于数学模型的支持。投资者进行证券投资管理时，将合理分析金融管理领域中各部分之间的联系，从而降低金融投资的风险性，保障投资者的金融收益。此外，概率知识为证券投资提供理论支持，应用概率论的手段可以确保证券投资的合理进行。一方面，概率论可以为投资者提供投资收益平衡模型参考；另一方面，概率论为证券行业监管部门提供相关的数理分析依据，对市场投资运行情况进行精准把握，从而有效把控风险，引导证券业良性发展。

3. 数学科学在气象预报上的应用

天气情况与人类的生活息息相关，对人们的劳动生产活动产生极大的影响，所以提供准确的天气预报就成了气象部门工作的重中之重。气象活动中，经常要遇到观测降雨量、预报台风、沙暴等自然现象，这些具体的气象问题都可以转化成数学问题予以解决。其中，数值气象预测中需要用到偏微分方程的方法，首先将大气的运行轨迹用数学方程来进行描述，结合物理定义计算大气的场或者量，气象的数值预测以计算机为工具，以数学物理方法为理论支撑，通过流体力学、热力学等多学科构成的预报方程组来进行天气预报活动。同时，对全球气候变化产生重大影响的厄尔尼诺现象和拉尼娜现象，也可以通过数学方法进行描述和分析，从而判断导致极端气候产生的原因和分布地域，以便人类进行预防和控制。

4. 数学科学在理论物理上的应用

数学和物理是一对孪生兄弟，早在 17 世纪英国著名科学家牛顿就成功用数学方法描述了万有引力定律。到了 19 世纪，英国物理学家麦克斯韦通过数学的方法将电磁波描绘成了二阶微分方程的形式，将电学引入了一个更高的层次。德国数学家黎曼提出的、以他名字命名的黎曼几何为爱因斯坦的广义相对论提供了数学理论支撑。第二次世界大战之后，数学和物理两个学科都得到了快速发展，但是二者之间的联系却越来越少，甚至有的数学家提出物理与数学是独立的学科，不应该再把二者扯上关系。然而在 20 世纪 70 年代，著名的华裔物理学家杨振宁教授发现广义相对论中的黎曼张量公式和数学里的纤维丛理论极其相似，在认真研究后，他发现二者在本质上是一回事。1975 年，他与哈佛大学的吴大峻教授合写了一篇关于规范场的论文，用物理学的语言来解释电磁学与数学纤维丛理论的关系。该项研究在全世界的物理学界和数学界产生了重要影响，使科学家重新认识到数学和物理联系的重要性。

数学的应用广泛性启发教育工作者在进行数学教育的时候，要积极引导学生将数学知识应用于现实生活中，从实际生活出发分析和研究问题的本质属性，然后抽象成数学问题，构建合理的模型并加以解决。同时，需要让学生认识到数学科学的重要基础性地位，努力学好数学、用好数学，不断积累数学知识和数学思想，培养数学建模、数据分析等数学核心素养。

6.1.3　数学史的分期

数学科学的发展呈现阶段性，每个阶段都是对前一个阶段的突破与创新，当前国际上通常将数学史分为四个时期，即常量数学时期、变量数学时期、近代数学时期和现代数学时期。

6.1.3.1　常量数学时期(公元前 600 年至 17 世纪中叶)

常量数学时期经历了一个漫长的发展过程。虽然古埃及、古巴比伦和古代中国都有应用数学知识解决实际问题的例子，但是只有古希腊使数学抽象化，系统地发展和壮大了数学科学。正如恩格斯所言："没有希腊的文化就没有现代的欧洲。"古希腊科学家泰勒斯(约前 625—前 547)开创了数学命题逻辑证明的先河。泰勒斯早年游历埃及、巴比伦等地，吸收各地数学先进成果，回到希腊后创立了爱奥尼亚学派。他首先提出并证明了"等腰三角形两底角相等""两条相交的直线对顶角相等"等命题。随后的毕达哥拉斯学派以证明直角三条边的数量关系而名扬天下，该学派崇尚"万物皆数"，并成功解决了正多面体的作图问题。以芝诺为代表的伊利亚学派给出了芝诺悖论，把动静相互结合，体现了有限与无限的思想萌芽。古希腊的三大作图问题困扰了后世多年，这三大问题是"化圆为方""三等分角"和"倍立方体"，通过这些问题可以看出古希腊先哲们对数学科学的积极思考和体会。古希腊最伟大的数学家当属欧几里得，欧几里得在《几何原本》中使用公理化的方法研究几何问题，所有定理都是通过演绎得出，每个证明都是以公理为前提，充分保证了结论的可靠性和准确性。《几何原本》这本著作震古烁今，对西方人的思维方法和近代科学都产生了极大的影响。然而因为战争、宗教等原因，在6世纪左右希腊数学逐渐走向衰落，再也没有恢复昔日的辉煌。

在希腊数学衰落的同时，以中国和印度为代表的东方数学走上了历史的舞台。中国是农耕文明的代表性国家，早期的数学著作《周髀算经》详细记载了勾股三角形问题，领先古希腊毕达哥拉斯学派数百年。成书于西汉时期的《九章算术》集中体现了中国古人在解决农业生产中数学问题的智慧。《九章算术》全书总共记载了246个问题，共分为九章，即“方田”“粟米”“衰分”“少广”“商功”“均输”“盈不足”“方程”和“勾股”，涵盖了当时社会生产、分配、征税等多方面问题的解决方案①。该书的体例也为后世数学家所借鉴，并远播韩国、日本等国家，在东亚地区产生深刻影响。魏晋南北朝时期的数学家刘徽创造性地发明了割圆术，将圆周率的计算结果精确到小数点后七位。刘徽为了准确得到多面体体积公式，设计了“牟合方盖”几何模型。中国古代数学最高成就出现在宋元时期，南宋数学家秦九韶推广了贾宪“增乘开方法”，总结出高次方程的数值解法。元代数学家朱世杰的《四元玉鉴》是古代中国数学成就的顶峰，书中给出了求解四个未知数的方法②。明代时期，虽然有徐光启和利玛窦合译《几何原本》的数学学术交流与传播，但中国数学已经走向下坡路。

古印度的数学成就同样辉煌。阿拉伯数字最早由印度人发明，通过阿拉伯商人传播到欧洲地区，并逐渐演化成世界通用的数学符号。生活在7世纪的婆罗摩笈多认识到了负数的存在，并提出了正负数的乘法法则。此外他还给出了特殊二次方程的求根公式，并利用二次插值法构造了特殊值的正弦函数表。中世纪的印度数学家婆什迦罗同样取得了伟大的数学成就，他在《算法本源》里探讨了二次不定方程的求解问题，领先西方数学家几百年之久。

中世纪的欧洲笼罩在宗教的黑云之下，科学文化发展基本处于停滞状态。14世纪马丁路德在欧洲掀起了宗教改革的序幕，宗教强加给人们的精神枷锁逐渐被打破，之后欧洲各国兴起了文艺复兴运动，射影几何融入了美术创作中。同时，以绘画、美术为代表的艺术改良逐渐扩大到了科学研究方面。这个时期，数学家在代数学方面实现了进步，意大利数学家塔塔利亚(1499—1557)在《论数字与度量》给出了二项展开式系数，并在之后给出了特殊的三次方程代数解法。纳皮尔在《奇妙对数规则的说明》中首先提出了“对数”概念，极大地减少了天文学家计算的工作量。

6.1.3.2 变量数学时期(17世纪中叶至19世纪中叶)

变量数学时期的主要标志是符号系统的建立，数学家韦达功不可没。韦达是16世纪法国杰出的数学家，他第一个系统地引进代数学符号，并对一元二次方程的一般式求解做出重要贡献。在韦达之前，数学家们从未尝试过用字母代替未知量。韦达创造性地用元音字母 A 表示未知量，使变量数学成为可能。同时期的数学家维德曼给出“+”号作为加法的运算符号，“−”号作为减法的运算符号，提高了数学运算的效率。

---

① 贾金平，张晓灵．中国古代数学成就的文献佐证——《算数书》[J]．吉林省教育学院学报(学科版)，2011，27(2)：145－146．

② 李文林．中国古代数学的发展及其影响[J]．中国科学院院刊，2005(1)：31－36．

16世纪时期自然科学的研究主要集中在运动变化的问题上。解析几何的发明为研究变量数学和运动问题提供了强有力的数学方法。法国数学家笛卡儿是解析几何的主要发明者，他主张用数对表示坐标里的点，使平面上的点与实数对一一对应。横、纵坐标分别用X和Y表示，X与Y是变量，根据点的变动而相应发生变化，从而用代数的方法表达和描述几何曲线。笛卡儿的伟大贡献在于将看似风马牛不相及的几何与代数联系在了一起，优化了数学科学的计算和表达方法，为后世数学家的工作奠定了基础。

17世纪中叶英国数学家、物理学家牛顿和德国哲学家、数学家莱布尼茨共同创立了微积分，具有划时代的伟大意义。微积分是由微分学和积分学构成的，微分学研究的是无限细分的问题，积分学研究的是无限求和的问题。在古希腊时期虽然也出现了关于无穷小与无限相关的思想萌芽，但是直到微积分的出现，才为描述和解决这些问题提供正确的方法。牛顿将其微积分方法称为“流数术”，使用了无穷小增量的概念，在具体计算中将无穷小量视为零并舍弃。虽然牛顿的方法并不成熟，甚至存在矛盾之处，但是仍然具有重要意义和价值。德国数学家莱布尼茨涉猎广泛，其微积分思想的灵感来源与牛顿有所不同，莱布尼茨极富想象力，他侧重将积分看成微分的无穷和，将这种算法称作“求和运算”，同时莱布尼茨发明的公式与符号更具有合理性，得到了数学家们的广泛认可。

后世的数学家在牛顿和莱布尼茨基础上对微积分的理论基础做了大量的改良和发展工作，使得微积分成为一门严谨科学的数学学科分支。追随牛顿思想的主要代表性人物有泰勒、麦克劳林和棣莫弗。泰勒将微积分学中的函数展开成无穷级数的形式，开创了有限差分理论；麦克劳林把级数作为求积分的方法，以几何的形式给出了无穷级数收敛的积分判别方法；棣莫弗则以“棣莫弗—拉普拉斯定理”闻名于世。欧洲大陆的数学家普遍拥护莱布尼茨的思想和符号体系，代表性的数学家有“伯努利家族三杰”、达朗贝尔和拉格朗日。其中拉格朗日的成就对后世影响极其深远，他的“变分法”“方程论”和“数论”对丰富微积分方法起到了重要作用，“拉格朗日中值定理”更是微积分教学中必须要学习的内容。

轰轰烈烈的17世纪和18世纪，诞生和发展了微积分方法，为近现代数学打下了坚实的理论基础。

6.1.3.3 近代数学时期(19世纪中叶至20世纪40年代末)

历史的车轮来到了19世纪，随着数学科学的进一步发展，数学家们将注意力集中到困扰多年的几个数学关键性问题上。代数学方面，高于四次的代数方程求根公式一直未能获得；几何学方面，《几何原本》里第五条平行公设可靠性问题的讨论一直在进行中。而这两大问题在19世纪中叶得到了解决，标志着数学进入到近代数学时期，数学科学进一步发展壮大。

19世纪初，代数学的研究方向仍然是求解代数方程问题。四次以下的方程都获得了求根公式，但数学家对五次以上方程的求根公式一筹莫展。转机出现在19世纪上半叶，挪威年轻的数学家阿贝尔发表了《论代数方程：证明一般五次方程的不可能性》，论文中证明了这一结论，即若代数方程的次数是5次或5次以上，则任何以其系数符号组成的根都不可能表示方程的一般解[①]。他指出了一类特殊的可以求根的方程，被称为"阿贝尔方程"。阿贝尔的工作具有开创性意义，可惜在生前并未获得认可。真正解决这一问题的数学家是法国人伽罗瓦，伽罗瓦的基本思想是将高次方程的根作为一个整体进行考察，并研究根之间的排列规律或者称之为"置换"。他定义了一种乘积运算，使置换的全体构成一个集合，而任意两个置换的乘积依然属于这个集合中，伽罗瓦将其称之为"群"。伽罗瓦生前曾将相关研究成果寄送给法国科学研究院，但是未获得回应，不久之后便死于一场决斗之中，时年 21 岁。在其去世多年后，论文才得以发表，数学家惊讶地发现伽罗瓦建立的"群论"思想正是解决高次方程求根问题的有效方法，因此"群论"得到了推广和发展，代数方程求根问题得到圆满解决。伽罗瓦的"群论"是 19 世纪最为重要的数学成就，近世代数由此诞生。

几何方面的成就以"非欧几何"的诞生为代表。数学家虽然相信欧几里得几何学是完美而又正确的，但还是对《几何原本》中第五条公设即"平行公设"持怀疑态度。19 世纪初期，高斯首先认识到非欧几何是一种逻辑上相容并可以描述空间形态的新几何学。真正公开发表非欧几何结论的是俄国数学家罗巴切夫斯基，1826 年 2 月 23 日他在喀山大学学术会议上宣读了一篇关于非欧几何成果的论文，标志着"非欧几何学"的诞生。[②]

除了代数学和几何学方面取得的成就之外，19 世纪数学科学最重要的突破应为集合论的诞生。这一有关数学科学根基的理论由德国数学家康托尔提出，1874 年，康托尔发表了关于集合理论的第一篇论文，把两个能一一对应的集合称为同势，并利用势将无限集合进行分类。康托尔富有创造性的工作遭到了一些保守的数学家们的反对，甚至他的老师亦不能理解他的思想，并与其断绝了关系。但是金子总会发光，真理终将从黑暗中摆脱出来，1901 年康托尔被选为伦敦数学学会会员，并参加了第三次国际数学家大会。集合论已经成为现代数学的重要基础，康托尔的伟大贡献将永载史册。

6.1.3.4 现代数学时期(20 世纪 40 年代末至今)

受战争影响，数学科学在 20 世纪上半叶的发展进展缓慢。第二次世界大战结束之后，数学科学迎来了蓬勃发展时期，尤其是电子计算机的诞生为数学和计算机科学建立了相互交流的桥梁。同时，数学科学也与金融、经济、工程等其他学科相互交融，共同发展。

第二次世界大战以后，美国成为数学科学的研究中心，以哈佛大学、耶鲁大学、麻省理工学院和芝加哥大学为代表的一大批院校里聚集着一批来自世界各国的优秀数学家。1946 年，匈牙利裔美国数学家、物理学家冯诺依曼参与发明了世界上第一台电子计算机，他同时也是"博弈论"的创始人之一。在冯诺依曼之后，美国数学家约翰纳什批判继承了他的博弈论思想，并将其推广到更复杂的领域。随着博弈论被更多的数学家接受和发展，目前其已经成为数学的一个重要分支学科，且被广泛应用于国际合作、市场竞争和环境保护等领域，为社会经济的发展起到了重要作用，纳什本人也因此与其他两位博弈论的研究者共同分享了 1994 年的诺贝尔经济学奖。

---

① 王晓斐. 阿贝尔关于一般五次方程不可解证明思想的演变[J]. 西北大学学报(自然科学版)，2011,41(3)：553－556.

② 扶展鹏. 非欧几何的诞生[J]. 人民教育，1979(10)：61－63.

20世纪下半叶的数学科学成就还体现在一些跨世纪难题的解决。例如，费马大定理困扰了数学家们几百年，终于在20世纪90年代由英国数学家怀尔斯给出了圆满的证明。17世纪的法国数学家费马在阅读丢番图的著作《算术》时，曾经提出过这样一个命题："将一个立方数分成两个立方数之和，或一个四次幂分成两个四次幂之和，或者一般地将一个高于二次的幂分成两个同次幂之和，这是不可能的。"这个问题困扰了数学家们三百多年之久，期间不乏大数学家欧拉、狄利克雷等人对其进行研究，但是都没有获得完美的解决。20世纪50年代初期，日本数学家谷山丰、志村五郎共同提出一个关于椭圆曲线的猜想，即"谷山—志村猜想"，这个猜想之后成为怀尔斯解决费马定理的关键之匙。1994年，怀尔斯借助电子计算机的帮助在证明"谷山—志村猜想"的基础上进一步解决了费马大定理，困扰数学界多个世纪的难题终获解决。

新中国成立之后，我国数学科学得到了蓬勃发展。数学天才陈景润在极端困难的条件下，一直没有放弃对数论和哥德巴赫猜想的研究，1973年他在《中国科学》发表了"1+2"的证明，引起巨大轰动，被认为是筛法理论的顶峰之作，国际数学界称之为"陈氏定理"，至今仍在"哥德巴赫猜想"研究中保持领先水平。进入21世纪，中国的数学科学依旧保持着良好发展势头。2006年，在美国、俄罗斯等国数学家的工作基础上，中山大学朱熹平教授和旅美数学家曹怀东共同合作证明了庞加莱猜想，这表明新时期我国数学工作者在一些领域的研究成果已经达到了世界领先水平。

6.1.4 数学观的演化

数学观是人类对数学科学内涵的观点和看法，从古希腊时期到21世纪，在时间跨度超越数千年的时间里，涌现出了数百种数学观，但是毫无疑问，每一种数学观点都是人们基于所处社会经济环境而做出的论断，受到生产力和生产关系的影响，带有鲜明的时代特征和局限性。研究数学观的演化，可以对数学的发展史梳理出一个清晰的脉络，从而更好地预见数学的未来。

6.1.4.1 古希腊绝对主义数学观

公元前6世纪，古希腊先贤毕达哥拉斯学派认为数学主要就是对"数"的研究，其中"数"是一个狭义的概念，仅仅指的整数。公元前4世纪左右，著名的哲学家亚里士多德认为"数学是量的科学"，表现出他对数学哲学上的理解。与中国古代实用主义数学观不同，古希腊数学经过爱奥尼亚学派、毕达哥拉斯学派以及后世学派的发展，最后由欧几里得公理化体系奠定了绝对主义数学观，这种绝对主义数学观把数学视为可以脱离现实而依靠公理和逻辑演绎即可发展起来的科学①。古希腊数学观使得数学研究更加依赖逻辑思维和演绎，进入到精神领域，理性思维获得高度发扬。

6.1.4.2 欧洲近代的数学观

经过漫长的中世纪时期，人文精神终于在欧洲大陆获得传播，16世纪英国著名的哲学家弗朗西斯·培根(1561—1626)将数学看成"纯粹数学"和"应用数学"两部分，他

① 柳成行. 古代中国与古希腊的数学观之比较研究[J]. 哈尔滨学院学报，2005(8)：20—23.

认为纯粹数学是与具体事物相脱离的哲学层面研究，而应用数学是用来解决劳动生产中数学问题的具体方法[①]。可以看出培根的数学观具有“二元论”的性质，他将数学的抽象性和应用性区分开来，分别做了解释，这与当时所处文艺复兴时期的经济环境有很大关系。同一时期的教育家夸美纽斯将数学纳入学校教育必修的课程之一，这在宗教思想占主体地位的欧洲是十分进步的做法，从侧面可以看出那个时代的先哲们已经意识到数学是一门尤为重要的科学。

17 世纪时期，笛卡儿建立了解析几何，将代数、几何与算术联系在一起，随后牛顿与莱布尼茨分别独立地创立了微积分理论，加深了人们对数学的进一步认识。莱布尼茨认为数学是智者的事业，即使一个人掌握的数学基础知识很少，只要有研究的决心和足够的聪明才智，也可以在数学领域取得成就。莱布尼茨的数学观无疑具有平民主义，他没有把数学科学视为高深莫测的学问，而是调动人们研究数学的积极性，鼓励更多有志青年参与数学研究。

6.1.4.3 马克思主义数学观——数学唯物主义

19 世纪中叶，马克思和恩格斯创造性地提出了辩证唯物主义和历史唯物主义观。通过辩证唯物主义和历史唯物主义的立场、观点和方法，对空间、时间、连续、无穷、自然数、有理数等基础数学概念进行分析并重新审核、定义，得到一系列新结论，这些结论组合形成了一套完整的数学理论体系，称为数学唯物主义。恩格斯给出了关于数学最为经典的定义：“数学是研究空间形式和数量关系的科学。”[②]恩格斯所处的时期，数学科学得到突破性发展，非欧几何学得到认可，伽罗瓦的“群论”解决了高次方程求根公式问题，所以恩格斯将数学的主要内容归结于空间形式和数量关系两方面，充分概括了 19 世纪数学领域的主要成就，在当时来看是很精辟的论断。

6.1.4.4 我国科学家的数学观

中国自古就是数学大国，近现代时期涌现出了一批优秀的科学家，他们的数学观具有较高的研究价值。著名的数学家陈省身认为数学将“奥妙变为常识，复杂变为简单，数学最显著的特征就是多方面发展”。他的数学观来源于他的学术经历，其本人是微分几何学派的创始人，对纤维丛数学和拓扑学有深刻的研究，他将复杂的数学理论简易化，让更多科学爱好者了解到了数学规律的美妙之处。“两弹一星”元勋钱学森认为，数学是自然科学和社会科学的基础，一个国家数学研究水平的高低直接决定了其国际上的竞争力。钱学森从数学广泛的应用性出发，揭示了数学在现代社会生活中的重要应用价值。

6.2 数学史融入数学教学的理论研究概况

《高中数学课标 2017》在“实施与建议”中明确提出：数学文化应融入数学教学活动，

---

① 丁立群．技术实践论：另一种实践哲学传统——弗兰西斯·培根的实践哲学[J]．江海学刊，2006(4)：26—30．

② 吕学礼．用辩证唯物主义观点看数学教学过程[J]．课程·教材·教法，1990(6)：32—34．

教师应有意识地结合教学内容，将数学文化渗透在日常教学中，引导学生了解数学的发展历程。数学史作为数学文化的重要组成部分，在中学数学教学中扮演着越来越重要的角色。下面对于数学史融入数学教育的理论研究情况分国外和国内两部分进行论述。

6.2.1　国外理论研究概况

早在19世纪，数学史与数学教育之间的关系就已经受到欧美数学家和数学教育家们的关注，但仅零散地见诸部分数学家的专著中，没有形成完整的研究群体。进入20世纪下半叶，数学史融入数学教学被提到了一个更高的层次进行研究。1972年于英国埃克塞特(Exeter)召开的第二届国际数学教育大会上，与会人士发起并成立了数学史与数学教学关系国际研究小组(International Study Group on the Relations between History and Pedagogy of Mathematics，HPM)，该小组自1976年开始隶属于国际数学教育委员会(ICMI)。HPM的成立加速了数学史融入数学教育的进程。

6.2.1.1　数学史与数学教学关系国际研究小组成立之前研究概况

19世纪，西方数学家开始认识到数学史对数学教育的意义。法国数学家泰尔凯(Terquem)、英国数学家德摩根(De Morgan)、丹麦数学家和数学史家邹腾(H. G. Zeuthen，1839—1920)等都在各自著作中提及数学史的教育价值。美国数学史专家卡约黎(F. Cajori)指出，数学史知识是“使面包和黄油更加可口的蜂蜜”“有助于使该学科更具吸引力”。他在其代表作《数学史》前言里写道：“通过数学史的介绍，教师可以让学生了解到数学并不是一门枯燥乏味的学科，而是一门不断进步的生动有趣的学科。”[①]另一位美国数学史家和数学教育家史密斯(Smith)认为，数学史展现了数学发展史上不同方法的成败得失，令人可从中汲取经验教训，少走弯路，从而获取最佳学习途径[②]。

《古今数学思想》的作者莫里斯·克莱因(Morris Kline)认为，通过讲授历史上数学家遭遇困难、挫折和失败的经历，将会使学生更好地理解数学概念和数学理论的起源，同时提高他们的人文素养，对学生有着重大的教育意义。学生一旦领悟到先贤们的非凡的经历，他们将不仅掌握数学知识，还将从先辈的奋斗精神中寻获勇气，激发他们的斗志。

美国数学史家琼斯(Jones)指出：“阿基米德、伽罗瓦、高斯等人的故事以及费马大定理都是精彩有趣的历史话题。即使在课堂上简略提及一个问题的研究者，研究的原因，最早的解法是什么，最后的解法是什么，最大的或最好的解法又如何等，都能激发学生的兴趣，因为学生对于人物、原因和最佳结果等有着天生的好奇心。”[③]

---

① Cajori F. The Pedagogic Value of the History of Physics[J]. The School Review，1899，7(5)：278－285.

② Smith D. E. Teaching of Elementary Mathematics[M]. New York：The Macmillan Company，1900：42－43.

③ Jones P. S. The history of mathematics as a teaching tool[J]. Mathematics Teacher，1957，50(1)：59－64.

6.2.1.2 数学史与数学教学关系国际研究小组成立之后研究概况

HPM(International Study Group on the Relations between History and Pedagogy of Mathematics，数学史与数学教学关系国际研究小组)成立之后，西方学者对数学史融入数学教学进行了更为广泛的探讨。英国数学家福韦尔(Fauvel)总结了数学史融入数学教育的 15 个理由[①]。

(1)激发学生的学习动机；

(2)提供数学的人文属性；

(3)历史发展有助于安排课程内容顺序；

(4)向学生展示概念的发展过程，有助于他们对概念的理解；

(5)改变学生的数学观；

(6)通过古今方法的对比，确立现代方法的价值；

(7)有助于发展多元文化进程；

(8)为学生提供探究的机会；

(9)历史发展中出现的障碍有助于解释今天学生的学习困难；

(10)学生知道并非只有他们自己有困难，因而会感到欣慰；

(11)培养优秀学生的远见卓识；

(12)有助于解释数学在社会中的作用；

(13)使数学不那么可怕；

(14)探究历史有助于保持对数学的兴趣和热忱；

(15)提供跨学科合作的机会。

英国学者托马斯(Thomas)在《数学史学习的重要性》中指出："数学史不仅仅局限于学生学习数学，对于教师教学也是非常重要的。因为数学史不仅可以让学生了解数学知识的产生与发展，而且能够促进学生积极主动的学习。通过数学史的学习，可以锻炼学生严谨的数学思维，他们只有经过深思熟虑、反复论证，才能得出结论。因为在数学发展过程中，很多发现都是经过数学家历经千辛万苦，不断进行推理论证，进行完善，最终得到的数学真理。"[②]

数学史融入数学教学的首要问题是材料的选择和运用。塔纳克斯和阿克维将教学中使用的数学史材料分为三类：直接取自于原始文献的原始材料；叙述、解释和重构历史的二手材料；从原始材料和二手材料提炼而来的教学材料。其中教学材料是最为缺乏的，也是教师在教学中最迫切需要的[③]。

杰恩克(Jahnke)认为，有三个普通的思想最适合描述运用原始材料产生的特殊效果：一是替换。数学史融入数学教学与常规做法有所不同，它可以把数学看成一种智

---

① Furinghetti F.，Paola D. History as a Crossroads of Mathematical Culture and Educational Needs in the Class-room[J]. Mathematics in School，2003，32(1)：37—41.

② Thomas. The importance about learning history of mathematics [J]. Popular science，2005.

③ Fauvel J.，Van Maanen J. History in Mathe-matics Education-the ICMI Study[M]. Dordrecht：Kluwer Aca-demic Publishers，2000：203—207.

力活动，而不是知识和技巧的汇聚；二是重新定向。数学史的融入使得原本熟悉的内容变得陌生了，这就需要重新调整我们的思维方式；三是文化理解。研究原始材料需要在一个特殊的历史时期，把数学的发展置身于当时的科学、技术和社会背景之中来考虑①。

福瑞蒂(Furinghetti)提出，为课堂教学准备历史材料的路径：首先，浏览数学史的文本资料；其次，挑选出历史片段或相关作者；再次，研究原始文献；最后，准备教学材料。② 诚然，这个路径表明教师仅依靠数学教材中的数学史资料进行教学是很片面的，还应该阅读相关的原始文献，因为原始文献能帮助人们理解和扩展二手材料中的内容，还能对相关内容作出解释以及价值判断，这样得到的教学材料是可靠的，这样的数学史融入数学课堂教学也是成功的。

国外学者构建了一些数学史融入数学教学的模式。比较有代表性的有格拉宾纳(Grabiner)提出的"历史发生顺序"模式③。格拉宾纳认为新概念的导入为数学史融入数学教学提供了重要舞台，他从历史角度考察了导数概念的四个发展阶段：首先，导数以例子的形式出现，用于解决一些特殊的问题；其次，在运用过程中促进了微积分的发明；再次，在数学和物理的应用中，导数的许多性质得到解释和发展；最后，在一个严密的理论基础之上，给出了导数概念的严格定义。这种数学概念的教学模式为运用—发现—探索/发展—定义，简称为 UDED(Use-Discover-Explore/Develop-Define)模式，该模式是根据数学思想的历史发生顺序而建立的，特别适合数学概念的导入。达维特(Davitt)极力推荐使用 UDED 模式，认为这种模式对于建构数学概念是极其有用的，教师不仅可以把 UDED 模式作为一种工具，以获得数学知识演化的历史素材，而且还可以把它作为一种教学策略运用到课堂教学中。

部分西方发达国家甚至将数学史写入了本国的数学课程标准中。例如，2010 年美国的新课标《学校数学的原则和标准》中强调数学教学与数学史的联系，它指出："数学史在某种程度上能够让学生的潜力得到发挥。在数学教学过程中要求学生学习各种解题技巧，与数学史的一些发明过程相结合，端正学生的学习态度，提升学生的科学素养和人文素养，从而使得数学教学越来越有魅力。"

综上所述，不难发现：国外学者就"为何在数学教学中融入数学史"和"如何在数学教学中融入数学史"进行了深入的研究，且具有较为成熟的理论，同时也正是因为理论的成熟，国家吸纳了行而有效的意见。在数学史与数学关系领域，数学史融入数学教学的研究不仅为教师的课堂教学提供了大量可以参考和借鉴的资料，而且有力地促进了 HPM 的发展。

---

① Fauvel J., Van Maanen J. History in Mathe-matics Education-the ICMI Study[M]. Dordrecht: Kluwer Aca-demic Publishers, 2000: 212.

② Furinghetti F., Paola D. History as a Crossroads of Mathematical Culture and Educational Needs in the Class-room[J]. Mathematics in School, 2003, 32(1): 37—41.

③ Grabiner J. V. The Changing Concept of Change: The Derivative from Fermat to Weierstrass[J]. Mathematics Magazine, 1983, 56(4): 195—206.

6.2.2 国内理论研究概况

我国关于数学史融入数学教育的研究起步较晚，虽然在20世纪30年代老一辈的数学家曾经谈及数学史的教育价值，但大多是基于个人兴趣，未能形成一定的学术规模。改革开放之后，我国数学教育界与国外数学教育界开始进行学术交流，以著名的荷兰数学教育家弗赖登塔尔访华为契机，华东师范大学张奠宙为代表的一批学者与之建立了紧密的合作关系，吸取了对方先进的教育理念，并提出了自己的见解与主张。

张奠宙是我国数学史与数学教育研究的先行者，他认为，数学考试成绩固然重要，但是对一个人的人生真正产生影响的，贯穿于日常行为活动的是数学文化，而数学文化恰恰蕴含在数学史之中。如果数学课堂能够具有广博的文化知识滋养，充满高雅文化氛围，弥漫着优秀的文化传统，数学教学可以说达到了最高境界。不要让数学史淹没在机械的形式主义海洋里，教师不能机械地复述数学故事，学生不能机械地记忆历史事件。数学史的学习，是能够让学生感受到这个知识背后所传达的信息和人文精神，价值观以及世界观。

进入21世纪，在2005年全国数学史学会与西北大学联合主办的"第一届全国数学史与数学教育会议"上，与会者的普遍观点是我国数学史融入数学教育研究需要继续借鉴国际上所取得的研究成果，并展开相关的经验交流。数学史家也应该协助数学教育家、一线数学教师，共同走到中国数学教育改革的前线，整合出一套行之有效的数学史融入数学教学的研究方案。本次会议后，我国数学史与数学教育的研究进入快速发展期。

数学史融入数学教育理论层面最基本的问题是辨析数学史的功能与价值。数学史传授的不仅仅是历史知识，更是科学的学习方法，数学史的教育功能与价值正体现于此。下面重点介绍国内学者对该问题的研究成果与具体观点，至于数学史融入数学教育的原则与方法，将在下一节进行具体论述。

在《古为今用：美国学者眼中的数学史的教育价值》一文中，汪晓勤将数学史的功能概括为：引发学生的学习热情、使数学更具有人性化、改善学生传统的数学观、让学生从原始材料中吸取数学家的奇思妙想、帮助学生深入理解数学知识、加强自信心。这些功能让数学教育工作者树立坚定的信念——数学史并不是无用的学问。①

我国著名数学史专家李文林认为数学史对数学教育的功能在于：有助于学生对数学公式、数学思维方法的深入理解；有助于学生感悟数学创造的艰辛历程；有助于学生明确数学的科学价值和人文价值，增强学生自主学习的动力；端正学生的学习态度，培养学生良好的科学素养。②

对于数学史在教育教学中的功能，罗增儒等通过分析研究从三个方面进行论述。首先，通过对数学史的学习，学生可以更好地了解数学的发展史以及发展中的重大事件和挫折，建构那些看似无关紧要的数学片段形成完整的认识。与此同时，通过了解

① 汪晓勤，林永伟．古为今用：美国学者眼中的数学史的教育价值[J]．自然辩证法研究，2004(6)：73—77.

② 李文林．数学史概论[M]．北京：高等教育出版社，2011.

数学家的故事，学生们可以从中领悟到数学发展道路上的重重困难，从而在数学研究中坚持不懈，发愤图强。然后，数学史的教学中涵盖了数学研究的思想方法，通过数学史的学习，学生可以更好地体会这些重要的思想方法。最后，数学史的教育教学可以培养学生的创新思维，比如数学家找到数学规律的形象过程的讲解有利于学生掌握数学要领、数学技巧，加强他们的创造力。[①]

杨渭清在《数学史在高师数学教学中的应用策略》一文从良好数学观形成的阶梯、学习热情激发的养料、数学思想方法培养的载体、人文思想教育的参考、教师数学素养的精神源泉这五方面对数学史的教育教学价值进行了论述[②]。

目前国内有大量学者对数学史的教育功能与价值进行阐述，通过对各类文献进行整理研究发现，对数学史的教育功能与价值进行论述主要集中在五个方面，即激发学生兴趣、提高学生人文和科学素养、提高学生探究意识和创新能力以及爱国主义教育。

综上所述，近年我国数学史与数学教育的研究已经取得了丰硕的成果，大多数的国内研究者意识到数学史在数学教育中不可替代的作用，辨明和阐释了数学史融入数学教育的功能和价值。未来，对于数学史融入数学教育理论研究还有许多工作要做，课堂实践教学方面还有待一线教师进一步实践和探索。

6.3 数学史渗透数学课堂的教学实践

6.3.1 中学数学教材中的数学史

《义教数学课标 2011》实施建议第三点教材编写建议中明确指出教材可以适时地介绍有关背景知识，其中包括数学发展史的有关材料。《高中数学课标 2017》中提到“通过数学概念和思想方法的历史发生、发展过程，一方面可以使学生感受丰富多彩的数学文化，激发数学学习的兴趣；另一方面有助于学生对数学概念和思想方法的理解。”教科书是教师教与学生学的重要载体，其编写要基于课程标准和不同年龄学生的特点。数学史融入数学教材可帮助学生了解数学史的发展过程，激发学习数学的兴趣，明白该知识点的由来，感受数学家治学严谨的作风，欣赏数学的优美。

6.3.1.1 数学史内容在中学数学教材中的分布情况

1. 数学史内容在初中教材中的分布情况

初中数学教材的编写是根据课程标准要求按年级划分进行编制的，这里以人教版初中数学教材为例，其数学史内容在初中数学教材中的分布情况如表 6-1 所示。[③]

---

① 罗新兵，罗增儒. 数学史与数学教育的研究进展[J]. 中学数学教学参考，2005(10)：22—25.

② 杨渭清. 数学史在高师数学教学中的应用策略[J]. 内蒙古师范大学学报(教育科学版)，2013(5)：143—146.

③ 赵倩，谢颖. 初中数学教科书中数学史内容设置的比较研究——以人教版与北师大版为例[J]. 长春师范大学学报，2016，35(2)：139—143.

表 6-1　数学史内容在初中数学教材中的分布情况

	年级册数	数学史内容	小计	总数
人教版	七年级上册	中国古代用算筹进行计算、中国人最先使用负数、数字 1 与字母 x 的对话、“方程”史话、阿尔—花拉子米《对消与还原》、古代埃及纸草书中一道著名的求未知数的问题、古代买衣服问题、希腊数学家丢番图墓碑上的数学问题、《算学启蒙》中“良马与驽马之行”问题、几何学的起源、角度制的起源	11	38
	七年级下册	为什么说$\sqrt{2}$不是有理数、华罗庚是怎样迅速准确地计算出 59 319 的立方根、笛卡儿最早引入坐标系用代数方法研究几何图形、《孙子算经》中“鸡兔同笼”问题、一次方程组的古今表示及解法、我国古代“斛”的计算问题、菲尔兹奖—美籍华人丘成桐	7	
	八年级上册	杨辉三角	1	
	八年级下册	海伦一秦九韶公式、《周髀算经》、毕达哥拉斯、“赵爽弦图”、《九章算术》中的“水深与葭长”问题、勾股定理的证明、古埃及人直角画法与我国古代大禹治水测量法、费马大定理、科学家如何测算岩石的年龄	9	
	九年级上册	黄金分割数、圆周率 π、抛掷硬币的试验——用频率估计概率、雅各布·伯努利——概率论的先驱之一	4	
	九年级下册	古希腊科学家阿基米德、天文学家泰勒斯、奇妙的分形图形——谢尔宾斯基地毯与雪花曲线、一张古老的“三角函数表”、比萨斜塔倾斜程度的问题、视图的产生与应用	6	

2. 数学史内容在高中教材中的分布情况

高中数学课程分为必修课程、选择性必修课程和选修课程。其中必修课程为学生发展提供共同基础，是每个学生都必须学习的数学内容，是高中毕业数学学业水平考试的内容要求，也是高考的内容要求。选择性必修课程是供学生选择的必修课程，其内容是对必修部分的进一步拓展与延伸，也是高考的内容要求。选修课程是学生根据自己的兴趣和未来发展的愿望进行选择学习的内容，目的是为学生确定发展方向提供引导，为学生展示数学才能提供平台，为学生发展数学兴趣提供选择，为大学自主招生提供参考。在高中必修课程的相关数学教材中，根据数学知识的安排有相对应的数学史内容渗透其中。下面以 2019 年秋人教版高中数学必修为例，谈谈在高中必修课程的数学教材中融入的数学史(表6-2)[①]。

表6-2　数学史内容在高中数学教材中的分布情况

<table>
<tr><td rowspan="3">人教版</td><td>模块</td><td>数学史内容</td><td>小计</td><td>总数</td></tr>
<tr><td>必修第一册</td><td>集合论创立；24届国际数学家大会的会标；函数概念的发展历程；对数的发明；中外历史上的方程求解；马尔萨斯人口；古代人制作正弦表；三角学与天文学</td><td>8</td><td rowspan="2">22</td></tr>
<tr><td>必修第二册</td><td>向量及向量符号的由来；测量距离；海伦和秦九韶；代数基本理论；画法几何与蒙日；祖暅原理与柱体、锥体、球体的体积；欧几里得《原本》与公理化方法；统计学在军事中的应用——“二战”时德国坦克总量的估计问题；大数据；样本空间的概念；古典定义；伯努利介绍；蒙特卡洛方法；孟德尔遗传规律</td><td>14</td></tr>
</table>

从表6-1、表6-2可以看出，无论是初中还是高中的人教版数学教材，都根据课程标准中规定的学习内容安排了相对应的数学史料作为数学学习的辅助性材料。教材中安排关于数学的故事以及数学的发展历程作为辅助，通过数学史追溯数学知识的历史渊源、揭示数学知识产生的历程、明确数学知识在实际应用中的意义，帮助学生认识数学的本质。学习数学史对于学生学习数学是有重要意义的，只有清楚数学发展的历程，才能深刻理解数学的本质，更有助于数学学习。

1876年，丹麦著名数学家、数学史学家邹腾，在一篇数学史论文中就强调数学专业的学生学习数学史的必要性。他指出：“学生不仅获得了一种历史感，而且从新的角度看数学学科，他们将对数学产生更加敏锐的理解力和鉴赏力。”

因此，作为数学教师不应仅仅局限于中学教材中出现的数学史，还应通过其他渠道挖掘其他数学史，以便更好地为教学相关知识点服务，为营造一个活跃的数学课堂氛围做铺垫。数学史对于数学教师而言，既是教学的内容，也是培养学生形成数学思想方法、激发专业精神和科学探索精神的载体。

6.3.1.2　数学史内容在中学数学教材中呈现形式的情况

按数学史内容表达方式的不同，可以划分为图表呈现、文字呈现、图文并茂呈现。在教科书中，以图片、表格或边框图呈现知识点，称为图表呈现。以例题、习题、文字阅读的形式呈现知识点，称为文字呈现。通过文字的叙述以及图形的搭配来呈现知识点，称为图文并茂呈现。据统计，人教版初中数学教材的38处教学史料中，有4处是以图表呈现的，有6处是以文字呈现的，有28处是以图文并茂呈现的(图6-1)。而在人教版高中数学教材的22处数学史料中，以文字呈现的有12处，以图文并茂呈现的有10处，其中包括头像、图片、图形的方式配合文字呈现。

① 史红燕. 高中数学教材中数学史料呈现与融入模式——以人教版高中数学必修教材为例[J]. 陇东学院学报，2017(1)：112－116.

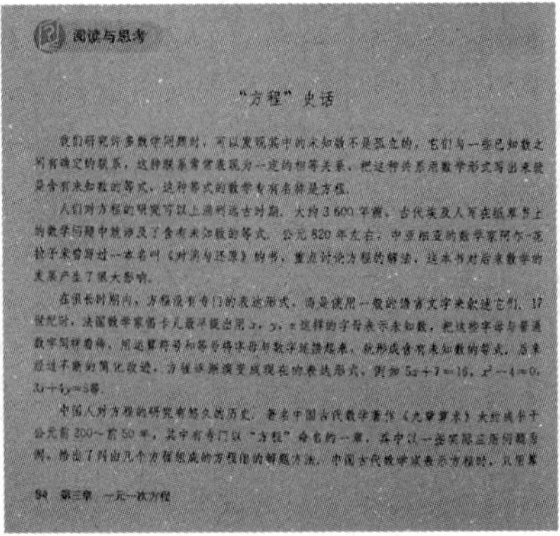

阅读与思考

"方程"史话

94 第三章 一元一次方程

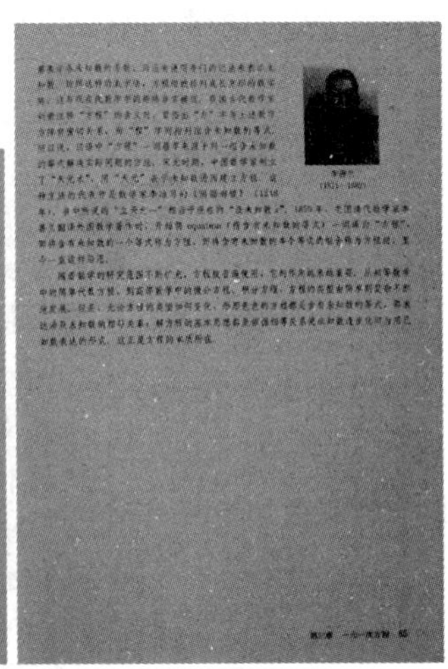

图 6-1 数学史内容在中学数学教材中呈现形式的情况

按数学史内容影响学生的方式不同，可以划分为显性呈现和隐性呈现。初中数学教材中内容的显性呈现是指数学史内容在教科书中以"阅读与思考(读一读)""数学活动""观察与猜想""实验与探究"等栏目的形式呈现，突出数学史内容的教学作用；高中数学教材中内容的显性呈现则是指数学史内容在教科书中以"阅读与思考""探究与发现""实习作业""信息技术与应用"等栏目的形式呈现。隐性呈现是指教师在课堂中以"章节前言""边框图"等栏目呈现的一些以数学史料作为问题情境引导学生。经统计发现，在人教版初中数学教材 38 处数学史料中，以显性形式呈现的有 17 处，以隐性形式呈现的有 21 处；而高中数学教材的显性融入的设计模式贯穿于教材中的所有数学史料内容，然而隐性融入的设计模式在所有教材中只出现了 6 处①。

由此可见，人教版的初中教材中数学史内容在呈现形式上以图文并茂与隐性呈现为主，符合初中阶段学生的思维发展特点。初中学生正处于培养抽象思维的关键期，在学习数学知识的过程中合理地渗透数学史，有利于理解知识点以及激发学生的学习兴趣。高中数学教材的数学史融入以显性形式为主，这就需要数学教师在教学中对数学史料融入教学进行适当的调整。

6.3.1.3 数学史内容题材在教材中的分类情况

人教版初中数学教材根据数学知识安排了相应的数学史料(图 6-2)，其中这些数学史料按内容题材可分为数学家的生平及其成就、数学概念的形成史、中外数学结合史、数学应用史以及数学课外阅读，具体分类情况如表 6-3 所示。②

① 史红燕. 高中数学教材中数学史料呈现与融入模式——以人教版高中数学必修教材为例[J]. 陇东学院学报，2017(1)：112－116.

② 赵倩，谢颖. 初中数学教科书中数学史内容设置的比较研究——以人教版与北师大版为例[J]. 长春师范大学学报，2016，35(2)：139－143.

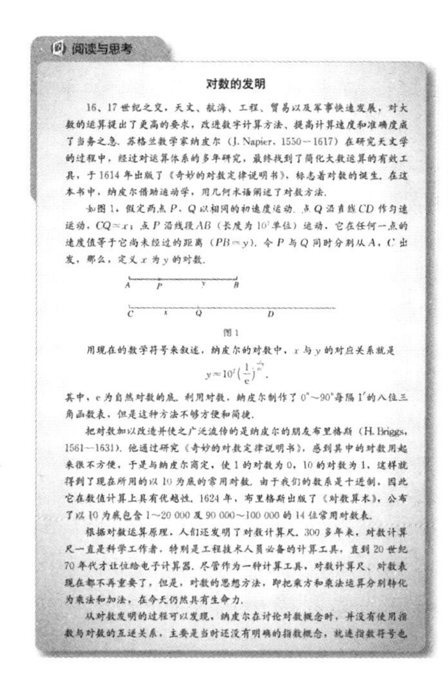

阅读与思考

对数的发明

16、17 世纪之交，天文、航海、工程、贸易以及军事快速发展，对大数的运算提出了更高的要求，改进数字计算方法、提高计算速度和准确度成了当务之急．苏格兰数学家纳皮尔（J. Napier，1550—1617）在研究天文学的过程中，经过对运算体系的多年研究，最终找到了简化大数运算的有效工具，于 1614 年出版了《奇妙的对数定律说明书》，标志着对数的诞生．在这本书中，纳皮尔借助运动学，用几何术语阐述了对数方法．

如图 1，假定两点 P，Q 以相同的初速度运动．点 Q 沿直线 CD 作匀速运动，$CQ=x$；点 P 沿线段 AB（长度为 10^7 单位）运动，它在任何一点的速度值等于它尚未经过的距离（$PB=y$）．令 P 与 Q 同时分别从 A，C 出发，那么，定义 x 为 y 的对数．

图 1

用现在的数学符号来叙述，纳皮尔的对数中，x 与 y 的对应关系就是

$$y=10^7\left(\frac{1}{e}\right)^{\frac{x}{10^7}}.$$

其中，e 为自然对数的底．利用对数，纳皮尔制作了 0°～90°每隔 1′的八位三角函数表，但是这种方法不够方便和简捷．

把对数加以改造并使之广泛流传的是纳皮尔的朋友布里格斯（H. Briggs，1561—1631）．他通过研究《奇妙的对数定律说明书》，感到其中的对数用起来很不方便，于是与纳皮尔商定，使 1 的对数为 0，10 的对数为 1，这样就得到了现在所用的以 10 为底的常用对数．由于我们的数系是十进制，因此它在数值计算上具有优越性．1624 年，布里格斯出版了《对数算术》，公布了以 10 为底包含 1～20 000 及 90 000～100 000 的 14 位常用对数表．

根据对数运算原理，人们还发明了对数计算尺．300 多年来，对数计算尺一直是科学工作者，特别是工程技术人员必备的计算工具，直到 20 世纪 70 年代才让位给电子计算器．尽管作为一种计算工具，对数计算尺、对数表现在都不再重要了，但是，对数的思想方法，即把乘方和乘法运算分别转化为乘法和加法，在今天仍然具有生命力．

从对数发明的过程可以发现，纳皮尔在讨论对数概念时，并没有使用指数与对数的互逆关系，主要是当时还没有明确的指数概念，就连指数符号也是在 20 多年后的 1637 年由法国数学家笛卡儿开始使用．直到 18 世纪，瑞士数学家欧拉才发现指数与对数的互逆关系，并在 1770 年出版的一部著作中，首先使用 $y=a^x$ 来定义 $x=\log_a y$．他指出，“对数源出于指数”．然而对数的发明先于指数，这成为数学史上的珍闻．

从对数的发明过程可以看到，社会生产、科学技术的需要是数学发展的主要动力．建立对数与指数之间联系的过程表明，使用较好的符号体系和运算规则不仅对数学的发展至关重要，而且可以大大减轻人们的思维负担．

图 6-2　数学史内容题材在教材中的情况

表 6-3　人教版初中数学教材数学史料分类

教材版本	数学家的生平及其成就	数学概念的形成史	中外数学结合史	数学应用史	数学课外阅读
人教版	11	7	3	9	8

高中数学教材中的数学史料按内容题材则主要分为数学家的生平及其成就、数学概念和符号的引入、数学命题和思想方法的发展、数学课外阅读，具体分类情况如表 6-4 所示。①

表 6-4　人教版高中数学教材数学史料分类

教材版本	数学家的生平及其成就	数学概念和符号的引入	数学命题和思想方法的发展	数学课外阅读
人教版	8	4	2	8

对于数学家的生平和成就的数学史引入，可以让学生更多地了解在数学发展过程中作出贡献的伟大人物，学习他们的研究过程，开阔学生的视野、扩展学生的知识面。使学生意识到数学家们取得的丰功伟绩，都是辛勤付出的结果。这不仅能激励学生努力学习，还能培养学生坚持不懈的精神。对于数学教材中加入数学概念形成的历史，有助于加深学生对数学概念的理解，了解数学的形成过程以及数学概念的起源和发展。对于数学命题和思想方法发展的历史引入，则可以通过阅读国内外不同数学家解决定

① 赵倩，谢颖．初中数学教科书中数学史内容设置的比较研究——以人教版与北师大版为例[J]．长春师范大学学报，2016：139－143.

理、命题等历史故事，从而学习到不同数学家的解题方法，进而丰富自己的解题技巧，感受数学的价值。对于数学课外阅读则可通过短篇故事的形式激发学生的数学热情，在学习数学知识的同时感受其带来的乐趣。

6.3.2 数学史融入数学教学的原则

国际上极负盛名的荷兰数学家、数学教育家弗赖登塔尔曾提出，将数学史融入数学教学不是简单地讲故事、说材料，而是要通过灵活运用数学史的知识，培养学生的思维能力、帮助学生更有效地学习数学知识。因此，数学史融入数学教学的原则就显得格外重要。数学史融入数学教学应遵循以下五个原则：科学性、实用性、趣味性、广泛性、可操作性。

1. 科学性原则

教师传授给学生的数学史相关知识必须是正确的，必须尊重历史、以事实为依据。我们既不能随意编造，也不能无端炒作，更不能凭空捏造。特别是在中国数学史教学中，实事求是地展示中国数学发展历程更能唤起学生的民族自尊心和爱国主义精神。

2. 实用性原则

教师讲授的数学史必须对学生今后的学习或工作有直接的帮助。在有限的课堂时间里和教学计划内应该有所侧重。例如，初等数学中负数的起源与记法、无理数的出现、勾股定理、笛卡儿对直角坐标系的贡献等；高等数学中的微积分的概念、函数的概念、非欧几何的创立等，这些数学知识的相关史料丰富，且对于今后的学习以及从事相关工作都有很大帮助。在教学中融入数学史，不但有利于调动课堂教学气氛，还有助于学生理解数学知识。

3. 趣味性原则

数学课堂应该是有趣的、好玩的，而在数学课堂中融入数学史内容可增添趣味。数学史知识题材的典型性、数学史故事情节的生动性、数学史发展的曲折性，都是提高学生学习数学兴趣的关键。因此，教师应认真分析数学教材，选择合适的数学史内容，使数学的课堂能够娓娓动听。教学中要合理运用语言，注重表达，语调要与情节相协调，知识要与学生的兴趣相结合，避免照本宣科或哗众取宠的表达，要寓教于乐，以教为本。

4. 广泛性原则

教师在授课时所选择的数学历史知识不应该被划分为年代和国家。数学是人类几千年来积累的共同财富。在数学学科发展的历史长河中，在社会变革的推动下，数学是由各国数学家进行交流和共同探索的产物。因此，在数学史教学中，选择数学史教学题材不仅要关注中国的数学史，更要关注不同时期、不同国家的史料。做到全面、真实、客观地呈现数学史。

5. 可操作性原则

所设计的教学案例要考虑到教学情况，分析该案例是否真正能在教学中做到因材施教、切实可行，这就是可操作性原则[①]。这要求教师既要有一定的历史知识水平又要熟悉学生的情况，既要有自己独特的教学风格又要了解教学的环境等因素。切忌为了数学史而数学史、堆砌数学史料的现象。

6.3.3 数学史融入数学教学的途径

数学史在数学课堂中的融入方式可以是多种多样的，教师应该根据教学的需要选择合适的资料和教学方式。这里将介绍以下三种数学史融入数学教学的途径。

1. 在课堂中穿插数学故事

在数学教学中很多时候会采用较为单一的知识传授方式，而数学知识本身也涵盖很多公式定理，这难免使学生在学习数学知识时觉得枯燥无味，注意力也随着诸多的公式、定理渐渐降低。在课堂上，将数学家的生平、趣闻逸事以及一些关于数学方面的小故事，以视频播放、图片展示或者讲故事的形式展示出来，引起学生对于数学家或者数学故事的兴趣，在这个基础上再引入数学知识，学生的注意力往往更容易被吸引住，课堂的学习效率也就提高了。另外，许多数学家既通晓艺术又通晓算理，融艺术与科学于一体，引导学生发展正确的世界观、人生观、价值观。将数学史融入中学数学教学，以人文教育和审美教育陶冶学生，是当今数学课程改革过程中十分值得关注的课题。

2. 课堂中结合历史材料讲授数学知识

数学的形成具有历史性。只有了解历史，才能对数学有深刻的理解。教师把数学史融入课堂教学，使学生加深对数学概念和原理的理解，体会到数学价值，从而喜欢数学，热爱数学。例如，在计算圆的面积时习以为常的“π”，其数值也是数学家历经艰辛探索的结果。因此，我们应该研究数学的发展历程，以了解处于当时背景下的数学家为什么要研究此方面的数学内容以及如何开展的研究？一个数学原理、一个具体的数学概念、一个有效的数学方法究竟是怎样产生的？一个数学符号是怎样演变形成的？为什么古希腊人要用公理化方法展开数学，从而形成演绎几何体系？在课堂授课时弄清这些问题，厘清知识点的来龙去脉，对于学生理解数学知识是很有益处的。

3. 将数学的发展历程作为课程一部分

在讲授数学知识时，将数学的发展历程作为课程一部分来讲授，以历史作为数学知识的依托。如在讲授一元一次方程的概念时，先从中西方的方程发展历程开始介绍，引用中世纪意大利的数学家斐波那契的著作《计算之书》的行程问题作为课堂的学习材料。这种方式就像是在探寻古人探索过的道路一样，能引起学生对一元一次方程概念的兴趣，在做练习时也带着一种对一元一次方程的好奇心，有利于激发学生的学习热情。另外，为了提高学生对数学的宏观理解，数学教师的任务不仅仅是教授课本内容，而且要结合史料，介绍该数学知识的发展历史。一名优秀的教师，不仅要“授人以鱼”，

---

① 刘威. 初中数学教材中数学史融入内容分析——以北师大版为例[D]. 沈阳师范大学，2016：23.

还要“授人以渔”。教师要掌握这些“鱼”和“渔”，自身必须能厘清数学发展的脉络，宏观把握数学史的发展，深入理解数学的本质。而对于数学创新来说，研究数学的发展历程具有指引作用。数学史再现了数学家发明发现的生动过程，有助于学生理解和掌握数学创新的方法和技巧，培养学生坚韧不拔的探究精神。

6.3.4 数学史融入数学教学需要注意的问题

国际数学教育委员会于1998年在法国马赛举行了一场以“数学史与数学教育”为专题的研讨会。此次研讨会以数学文化为主题，要求数学教学的过程中从数学课程的内容、数学概念的形成、证明方法以及数学的习题配置等方面充分反映数学的文化底蕴，全方位地、系统地融入数学史，促进数学教学。

数学文化观下的数学史教学应把握各民族文化发展的历史进程，了解各国科学技术如何独立发展，如何相互融合、相互促进。数学是人类共同追求真理道路上的文化结晶。我们需要从数学的历史发展历程中汲取有价值的文化内涵。

1. 将数学史融入数学教育中的关键在教师

(1)数学史不能机械地应用于数学教育。教师要把数学史从史学形态转化为教育形态，有机融合到课堂教学中。

(2)数学史知识应该是穿插在数学课堂教学内容间的，不应喧宾夺主，要以数学课堂的教学目标为主，不能脱离教学内容。在数学教学过程中应自然地过渡数学史知识，合理地安排好数学史内容和数学课堂教学内容的比例，把握好教学的重难点。

(3)除了正常的数学课堂教学之外，应该为学生提供适当的数学课外书，引导学生合理阅读，例如，阅读各种专题论述、人物介绍、学科进展等。有助于学生拓宽眼界，培养自身的自主学习的能力，学会学习。

(4)通过进行数学史的渗透，立德树人，培养学生的爱国主义精神和国际意识。

2. 努力改变“高评价，低应用”的矛盾现象

应该怎样将数学史融入数学教学是近些年来国际数学史与数学教学关系研究小组十分重视的课题。一些国际上著名的学者相继深入探讨了数学史融入数学教学的层次、过程、形式以及途径。然而，由于数学教育的复杂性及其现实条件的因素，具有普遍推广价值的研究成果却寥寥无几。在中国，虽然许多学者呼吁“应该讲点数学史”，但关于如何做到这一点的实验研究明显较少。因此，“高评价、低应用”这种相悖现象在世界各国的教学情况中有着不同程度地出现。究其原因，就数学教师的角度而言，教师手头无资料，胸中无知识，课程无设计，课堂无时间等情况使得数学史无法在课堂上落实；从考试的“指挥棒”作用上来看，由于考试不要求，平时不检查，学生不愿意花时间，更让数学史无法深入学生的内心；从教学资源方面来看，主要存在研究投入少，教学案例少的情况。因而导致教学资源(包括显性资源和隐性资源)不足，进而影响学生综合素质的提升。

所以，应加强教学资源开发的意识，加大数学史融入数学教学实验研究的力度，努力改变这种矛盾现象。此外，国家数学课程标准的颁布和考试制度的改革，一定程度上促进数学史融入数学教学，有助于充分发挥数学史的教育价值。

（有关数学史融入数学教学的具体案例请参看电子资料：案例四、案例五、案例六）

思考与练习

1. 数学科学的特点有哪些？有哪些应用的领域？
2. 谈谈你对数学史的了解与认识。
3. 数学史与数学教育学的关系如何？
4. 国内外对数学史融入数学教育理论层面的研究有哪些？
5. 数学史融入数学教学需要遵循哪些原则？
6. 可通过哪些途径将数学史融入数学教学？
7. 数学史融入数学教学需要注意哪些问题？

第7章　数学建模及其教学

学习提要

数学模型是数学伸向外部世界的触角。《义教数学课标2011》指出：数学教学就是让学生亲身经历将实际问题抽象成数学模型并进行解释与应用的过程，使学生获得对数学理解的同时，在思维能力、情感态度与价值观等多方面得到进步和发展。[1]《高中数学课标2017》明确提出高中数学教学"要发展学生的数学应用意识""开展'数学建模'的学习活动""促进学生逐步形成和发展数学应用意识，提高实践能力"。[2] 近几年，中学数学建模教学的重要性已得到充分关注。本章将讨论中学数学建模及其教学的相关问题。

7.1　数学建模

7.1.1　数学建模走进课程体系

7.1.1.1　数学建模走进课程体系的背景

歌德说："理论是灰色的，而生命之树长青。"数学对很多学生来说是枯燥无味的，"几何几何，想破脑壳；代数代数，走投无路"是其真实写照。解决之道是把灰色的数学理论应用到鲜活的实际中。通过数学建模，可以让学生亲身体验到：数学起源于生活中的应用，其每个发展阶段都与应用分不开，且早已渗透到自然科学和社会科学的各个领域，与现代社会的联系日益紧密。受国际数学教育发展趋势和社会需求的影响，我国针对中学数学教学进行了一系列的改革，数学建模进入数学课堂正是我国数学教育改革下的产物[3]。

7.1.1.2　数学建模走进课程体系的意义

数学建模走进课程体系，符合新课程倡导的要实现教师和学生共同发展的目标。首先，数学建模可以培养学生的数学应用意识。在解决实际问题的过程中，它能培养学生从实际中抽象出数学问题、建构数学模型、对模型进行化归整理、最后对计算结果进行评价和应用的能力。其次，通过数学建模课程能改变学生传统学习方式，促使他们通过自主合作探究解决实际问题。在数学建模教学过程中，学生通过动手操作和小组讨论等活动，从数学的角度发现问题、提出问题、分析问题和解决问题。最后，学生普遍觉得传统数学教学无趣且难懂，惧怕抽象、严谨的数学知识。而数学建模克服了传统教学中内容繁难、又让学生感觉不实用等缺点，把数学教学内容放入一个个

---

① 中华人民共和国教育部．义务教育数学课程标准(2011年版)[S]．北京：北京师范大学出版社，2012.

② 中华人民共和国教育部．普通高中数学课程标准(2017年版)[S]．北京：人民教育出版社，2018.

③ 张思明．理解数学[M]．福州：福建教育出版社，2012.

生活背景中。它能让学生学会用数学的眼光去看待并解决生活中的实际问题，在提高学生数学学习兴趣的同时，培养学生优良的数学素养和精神品质。学生通过数学建模认识到数学不仅是人类认识世界的一把钥匙，而且还是一门具有文化价值的艺术，从而形成正确的数学观。

不仅如此，数学建模教与学的资源是动态的，需要老师有动态资源开发和课程研发的意识和能力。这可帮助教师建立新的学习资源观，促使其在日常教学和学习中，不断深挖教与学的素材，扩充自己的资源库。在这个过程中，不仅提高了教师的素质，还带动了学校教研室和学校本身的发展。可以说，数学建模在发展学生数学素养的同时，开拓了教师、教研室、学校发展的新途径和视野。①

7.1.2 相关概念概述

7.1.2.1 数学模型与数学建模的概念

数学建模是建立数学模型并用它解决问题这一过程的简称。② 简单地说，数学建模就是根据实际问题建立数学模型，进而对模型进行求解、验证、修改及应用的过程。对于数学模型的解释，从广义来讲，一切数学概念、数学公式、数学理论体系和算法系统都可以称为数学模型；狭义来讲，数学模型是从生活中的实际问题入手，针对或参照事物的特征或事物间数量依存关系，采用数学语言概括地或近似地表达成一种数学结构。它重视探究，需要经历观察、思考、归类、抽象与总结的过程，并且许多思想、方法、技能与技巧在这个过程中相伴而生。

例如：本章7.3.2高中数学建模案例分析中的例2，数学模型就是如其中的模型Ⅰ、模型Ⅱ、模型Ⅲ等这些数学结构。而在该例中我们由所给人口数据绘出散点图，寻找一条直线或曲线，使它们尽可能与这些散点吻合，从而近似地认为这个图象描述了人口增长的规律。即：把预测1980年人口的问题转化为数学模型，即运用数学知识来求解模型，最后利用1980年的实测人口数来检验出哪个模型更为接近，对四个数学模型进行评价。

7.1.2.2 数学模型、建模与数学应用的关系

上述提到，数学模型包括数学的公式、图表、理论和算法等数学结构。数学建模是把待解决的实际问题转化为数学问题，建立数学模型，是数学应用的关键环节。数学应用是运用一系列数学建模的方法，将实际问题转化为数学模型，然后用数学的知识和方法对数学模型进行求解，最后返回到生活实践中去检验或解决实际问题的过程。③ 简言之，建模是连接数学模型和数学应用的纽带。即：只有建立具体模型，运用相关知识求解模型，检验结果后，才能达到数学应用。通常情况下，我们是先学习前人从生活中抽象概括出来的数学模型，再创造性地应用这些模型解决纯数学问题或实际生活问题，在提高自身数学素养的同时，去完善和改进这些数学模型，使其更好地服务于我们的生活，即数学学习是来源于生活并服务于生活的一种螺旋式上升过程。

---

① 张思明. 理解数学[M]. 福州：福建教育出版社，2012：217-222.

② 张思明. 理解数学[M]. 福州：福建教育出版社，2012：12.

③ 张茹静. 数学模型思想与中学数学应用教学之研究[D]. 陕西师范大学，2002.

7.1.2.3 解应用题与解决实际问题的数学建模的关系

应用题与现实生活息息相关，是现实问题的一个缩影，又是一个虚拟的、文字化的生活问题。解应用题建模着力于模型结构的组成过程和模型的求解过程，重点在于将文字、图表信息转化为数学语言，不需要模型分析和模型检验。而实际问题的数学建模是指在解决实际问题时，全面客观地分析现实问题的各个方面，包括其所涉及的数量和空间信息的关系等，然后将其抽象概括为数学模型。数学建模将实际问题数学化，用数学思维去考虑生活中产品设计、最优化和预测数据等实际问题。

7.1.3 中学阶段数学建模的特点

中学阶段数学建模的特点如表 7-1 所示。

表 7-1 基础教育阶段数学建模的特点①

问题的范围较小	一般数学建模所解决的问题具有广泛性和复杂性。中学生所学数学知识较浅显，而且他们的数学视野是基于他们的实际生活体验与兴趣，所以中学数学建模问题所涉及的范围相对较小②
注重学生的个性发展	一般来说，由于每个人的数学素养有所差异，对于同一个实际问题，数学建模结果会因人而异。在中学数学建模教学过程中教师要注重因材施教，在培养学生能力的同时，引导学生发展优秀的思维个性
以初等数学的方法为主	在中学阶段，由于学生的知识储备有限，无法使用一般数学建模所涉及的各种高等数学的方法，应以初等数学的方法为主，鼓励学生将各学科所学知识充分运用到建模中，感受数学的价值
评价的多面性	由于中学阶段学生的知识面狭窄，建模手段很局限，对中学生建模进行评价时，可降低标准，但应从多角度进行客观地评价。评价的方面包括学生对问题的理解程度、模型表述逻辑的严密和清晰程度、所建立模型的创新性、实用性和开放性等
需要教师介入指导	一般的数学建模需要建模者同时具备良好的问题分析能力、抽象能力、逻辑推理能力等。这些都是中学生有待发展和提高的能力。因此教师在组织中学数学建模时应适时地给予学生帮助，鼓励他们多从教师或同伴间的交流和学习中提升自己
课程本身的开放性和活动性	数学建模可以让学生根据兴趣选择建模题目，采用自己擅长的方式建模，在建模过程中查找所需学习资源，在不断完善数学模型中提升自身数学素养，这也正是数学建模课程的开放性所在。此外，数学建模侧重点在于将理论应用于解决实际问题和建模等活动中，这体现了数学建模的活动性

7.1.4 数学建模的过程

建模是一种十分复杂且具有创造性的劳动，这里所说的建模步骤只是一种大体上

① 官婷婷. 新课程下高中数学建模教学设计研究[D]. 东北师范大学，2009.

② 栾卉凡. 新课标下初中数学建模教学设计与实践[D]. 山东师范大学，2011.

的规范。其主要包含以下几个步骤(表7-2)。[①]

表7-2　数学建模基本步骤

步　骤	内　容
模型准备	弄清实际问题的背景，明确建模的目的，掌握研究对象的各种信息(如数据、资料收集、整理、分析等)，弄清对象的特征，分析原型的结构
模型假设	分析并处理数据、资料，确定影响现实原型的主要因素，抛弃次要因素，对问题进行必要的简化，用精确的语言找出必要的假设，这是至关重要的一步
模型建立	根据上一步的假设，利用适当的数学工具刻画有关量和元素的关系，建立相应的数学结构(如方程、不等式、表格、图形、函数、逻辑运算式、数值计算式等)。根据问题的特征、建模的目的要求及自己的数学特长，思考究竟采取什么数学工具来建模。不同数学方法可能得到不同模型，有繁有简，应以简单为取向，以便更多地人了解和使用模型
模型求解	根据采用的数学工具求解模型，包括解方程、图解、逻辑推理、定理证明、性质讨论等，从而找出数学上的结果
模型分析	对模型求解的结果从数学角度进行分析，根据问题的性质分析各变量之间的相依关系，或根据所得结果给出数学上的产品设计建议、最优化或预测数据等内容
模型检验	把模型分析的结果返回到实际对象中去，用实际现象、数据和效果等检验模型的合理性和实用性，即验证模型的正确性。一个成功的模型能解释已知现象，预测未知现象，并能被实践所证明
模型应用	若检验结果与实际不符或部分不符，而建模和求解过程无误，则模型假设出错，此时应该修改或补充假设，重新建模。如果检验结果正确，满足问题所要求的精度，认为模型可用，可进行最后一步“模型应用”了

在实际建模过程中，具体的步骤并不都以上述简单的线性方式来展开，学生需要学会运用这些步骤要素组合出一个完整的建模过程来解决实际问题。构建数学模型的基本思路见图7-1。

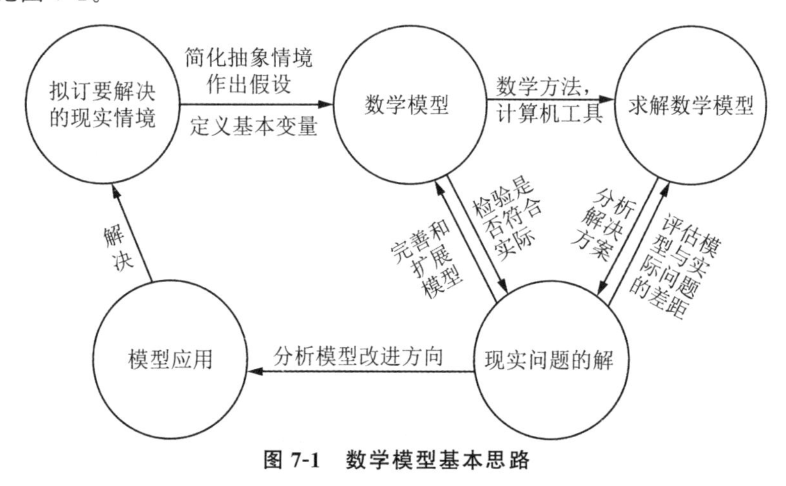

图7-1　数学模型基本思路

① 李林．中学数学建模教与学[D]．福建师范大学，2003：9－10．

7.2 数学建模的教学

数学建模是中学数学内容的一部分，由于其课程内容、教学目的和形式与传统数学教学存在较大区别，为顺应基础教育阶段学生的学情，数学建模教学应有其独特的要求。

7.2.1 基础教育阶段数学建模的课程性质

数学建模教学是一种经验性课程。作为一种课程形态，数学建模打破数学内在的知识体系和技能体系的界限，强调以学生的经验、学习的实际和社会需要等为核心，以求解问题为导向，对学生学过的数学学科内部和跨学科的知识工具、方法、资源等进行整合应用，以有效地培养和发展学生解决问题的能力、综合实践能力及探究精神。①

数学建模教学是一种实践性课程。作为一种课程形态，数学建模尤其注重学生学习方式的转变，试图改变学生通过老师讲授习得知识的这种单一学习方式和以知识的获得为直接目的的学习活动。② 提倡多样化、个性化、有时代特征的学习和实践，如网络搜索、问卷调查、计算机仿真实验、现场观察、合作探究等，强调"做数学、学数学、用数学"。因而，数学建模更注重学生经历和体验实际活动的过程。

数学建模教学是一种"问题引领"、向学生生活领域延伸的课程。③ 其作为一种课程形态，突出的特征是能够围绕一个学生提出、发现、解决、理解、拓展问题的过程。因而，数学建模比其他任何数学课程都更强调"问题引领"、问题意识和问题解决，强调数学的应用价值、数学与生活的联系。④ 同时，数学建模不应受到教材、课堂等因素的限制，而应该超越界限，向更广阔的领域发展，例如向周围环境、生活领域延伸，通过数学建模，使数学知识融入我们生活的环境和活动之中。

7.2.2 基础教育阶段数学建模的教学目标

《高中数学课标 2017》中明确指出，学生要通过高中数学建模课程的学习，有意识地用数学语言表达现实世界，发现和提出问题，感悟数学与现实之间的关联；学会用数学模型解决实际问题，积累数学实践的经验；认识数学模型在科学、社会、工程技术诸多领域的作用，提升实践能力，增强创新意识和科学精神。⑤ 因此，本书中将基础教育阶段数学建模的教学目标定为：首先，学生在初步掌握数学建模的概念，了解和体会数学建模过程的基础上，能尝试用数学建模的方法解决简单且具有一定实际背景的问题。其次，掌握常见的数学建模典型案例，对于类似的问题可按照典型案例的方

① 张雁芳. 基于微课的应用技术型高校数学建模教学资源的开发研究[J]. 智库时代，2019(3)：264+266.

② 张雁芳，刘洋洋. 独立学院工科类本科数学教学浅谈[J]. 教育教学论坛，2016(21)：118-119.

③ 王颖. 深圳市小学综合实践活动课程实施问题研究[D]. 华中师范大学，2006：2.

④ 龙婷婷. 基于数学实践能力培养的高中数学问题情境的创设研究[D]. 重庆师范大学，2019.

⑤ 中华人民共和国教育部. 普通高中数学课程标准(2017 年版)[S]. 北京：人民教育出版社，2018.

法来解决，对于非典型问题能够尝试运用数学建模法去概括问题并解决问题。而通过典型案例建模过程的学习，让学生更进一步地理解数学建模的过程和方法，培养学生通过数学建模解决实际问题的能力和意识，以及数学建模思想。此外，让学生在独立思考的基础上，与同学和教师交流合作，培养学生的合作探究精神。①

7.2.3 基础教育阶段数学建模的教学原则

基础教育阶段数学建模的教学原则，如表 7-3 所示。

表 7-3 基础教育阶段数学建模的教学原则②

原则		具体内容
目的性原则		中学数学建模教学有明确的目的，不仅要促进学生的全面发展；还要培养学生的社会实践能力，使学生能将实际问题转化为数学问题，并通过对数学模型的分析和应用提高数学意识
因材施教原则	因地施教	生活地区的不同，学生各自熟悉的实际问题千差万别，数学建模教学应根据学生所处的不同实际问题而采取不同的教学方式。比如，面对乡镇地区的中学生，可以让他们建立有关人口预测、植树造林等数学模型；对于城区的中学生可以练习公交站配置、房价预测等数学模型。这样做一是使学生建立比较符合实际的数学模型；二是使学生真正体会到数学的应用价值
	因时施教	学生的数学基础知识、能力是随着时间的推移而累积起来的。数学建模教学要遵循学生认知水平的发展规律，其内容和方法应经历一个循序渐进、逐步提高的过程。比如，在初一、初二阶段的数学方程建模中主要以一元一次方程为主，而初三阶段的数学方程建模就可以以一元二次方程为研究重点
	因人施教	因人施教是指根据每个人固有的认知结构，采用不同的方法进行教学的原则。教师要了解不同学生的认知特点，针对学生间的差异施以不同的教学，这样每个学生都有收获。比如，有的学生善于建立函数模型，有的善于建立几何模型，教师应找到两种模型的契合点，让学生体会到函数关系和函数图象是同一个事物的两种不同表达方式
可接受性原则		数学建模教学要符合学生的年龄特征、智力水平和心理特征，既要让学生理解内容和方法，又要使他们的认知水平有一定的提高和飞跃。数学模型要贴近生活实际，密切联系课本内容，使学生有兴趣、有能力去尝试解决问题
活动性原则		数学建模教学能突破课堂传统的讲授方式，为学生创造一个轻松愉快的课堂氛围，使学生在动手、动口、动脑中学会创新。在建模活动中提倡学生“自主探索”“合作交流”“动手操作”

① 栾卉凡．新课标下初中数学建模教学设计与实践[D]．山东师范大学，2011：17.

② 于虹．初中数学建模教学研究[D]．内蒙古师范大学，2010：16—18.

续表

原则	具体内容
创造性原则	中学数学建模教学以培养学生的创新能力为重要目的。一方面要促进学生的创造性思维，提高学生的创新意识；另一方面教师应创造性地编写教学设计

7.2.4 基础教育阶段数学建模教学应注意的问题

张思明在《理解数学》一书中提到，数学建模问题应具有现实性、综合性。首先，问题是数学建模的关键，数学建模问题应来源于学生的实际生活、来源于现实世界。而解决问题所涉及的知识、思想和方法既要与中学数学课程内容相联系，又要与其他学科相联系，体现问题的综合性。其次，要让学生体验建模的过程，学生通过数学建模的学习可以得到以下收获：了解和经历解决实际问题的全过程、体验数学与日常生活及其他学科的密切联系、感受数学的应用价值、增强数学应用意识、提高实践能力。同时，倡导学生个性发展。不同学生有不同的思维方式与观察角度，教师应该尊重学生个体差异，在建模过程中，应该鼓励学生从自己的生活经验出发，对同样的问题发挥自己的个性特长，从不同角度、层次去探求解决问题的方法，从而真正获得综合运用知识和方法解决实际问题的经验。再者，要提高学生获取信息的能力。在信息大爆炸的时代，学生应学会通过查阅资料来获取对自己有用的信息。最后，数学建模的学习要为学生这一能力的发展提供良好机会，并且要注重培养学生的合作意识、交流能力。学生在数学建模过程中可以采取各种合作方式来寻求解决问题的途径，养成与人交流的习惯，获得良好的情感体验。教师在进行建模教学的过程中，要控制好中学数学建模教学难度。[①] 根据学生情况，分析具体问题中涉及的知识深度、建模环节中学生操作的开放度和难度，由浅及深地安排教学，适当调整教学难度。

除此之外，教师还应该多关注自身知识储备和资源问题。数学建模教学要求教师自身应掌握足够的计算机技术并学习“数学建模”及其相关课程，改变传统教学观念，积极寻找适用于基础教育数学建模教学的案例和资源。教师应将数学建模活动与课内外活动有机结合起来。最后，教师应重视对学生建模学习的过程性评价。《义教数学课标 2011》指出：“在评价学习过程时，要关注学生的参与程度、合作交流的意识与情感、态度的发展。同时，也要重视考察学生的数学思维过程。”[②]因此在教学中，教师应注重让学生在实际背景中理解基本的数量关系和变化规律，使学生经历从实际问题中建立数学模型、估计、求解、验证解的正确性与合理性的过程，评价应多从学生参与程度、合作交流意识、情感与态度等多方面来进行。[③]

---

① 张思明．理解数学[M]．福州：福建教育出版社，2012：185.

② 中华人民共和国教育部．义务教育数学课程标准(2011 年版)[S]．北京：北京师范大学出版社，2012.

③ 栾卉凡．新课标下初中数学建模教学设计与实践[D]．山东师范大学，2011：15.

7.3　数学建模的中学教学案例分析

对于中学数学教学的应用和建模的部分内容，总结如表7-4所示[1]。

表7-4　中学数学教学的应用和建模的内容

集合与映射	计数问题、编码问题、体育比赛的场次设计	
函数	一次函数	校车设站问题、线性拟合、工程、浓度问题
	二次函数	栓牛问题、投篮问题
	幂函数	同样商品按包装大小的定价问题
	指、对数函数	存款、借贷问题，非线性拟合和预测、衰变、裂变
	单调性	怎样存款获得利息多
	函数的极值	容器的设计
不等式	解法	简单线性规划问题
	证明和运用	行程、洗衣机问题、打包问题、加工顺序问题、罐头问题
数列	等差、等比数列	人口增长、资产的折旧
	递推关系	生物种群的变化、铺砖问题、雪花(Koch)曲线
	求和	存款、还贷、分期付款等问题，堆垛问题
排列组合	扑克牌中的问题、权力问题、计数问题	
概率统计	市场统计、评估预测、风险决策、彩票与摸奖、有奖促销、字典的字词首字母的分布、水库的余量、自选市场问题、掷币问题、怎样估计自己的单词量、怎样评价考试成绩、歌手大赛的成绩处理——歌手及裁判的水平的评价	
直线与平面	桌脚着地问题、测高与测长	
柱、锥、台的表面与展开	电视塔与卫星问题、电缆求长、蒙特卡洛方法求体积、发电站冷却塔的体积、西瓜售价问题	
解三角形	测高与测距、停车场停车最多的设计、加工精度的间接测量	
三角函数	残料的利用、抽水站的设立位置问题	
反三角函数	足球射门问题	
直线方程	长料短截、运输问题、分工问题	
圆的方程	追及问题	
圆锥曲线	拱桥、炮弹发射、声差定位、彗星等天体的轨道	
极坐标与参数方程	凸轮设计、繁花规、投篮问题、铅球问题、曲杆联动	
关于经济统计图表的识别、分析、绘制等问题的社会经济模型		

① 李林. 中学数学建模教与学[D]. 福建师范大学，2003：19.

7.3.1 初中数学建模案例分析

由于小学生与初中生的数学知识储备较少，对生活的实际应用层面了解甚微。数学建模教学中，应让学生体会学习数学建模的意义，了解数学来源于生活并运用于生活，进行数学建模初步的教学。例如：在九年级学习了二次函数的最值问题后，通过下面的应用题让学生懂得如何用数学建模的方法来解决实际问题。

例 1 某高校餐厅将成本为 8 元的煲仔饭按每份 10 元出售，则每天的外卖订单有 100 份，现采用提高售价、减少销量的办法增加利润，经调查发现当煲仔饭每涨价 1 元，则每天的外卖订单数会减少 10 个，请问餐厅将煲仔饭售价定为多少时可获得最大利润，请解答并说明理由。

解：①将实际问题转化为数学模型。

设每份煲仔饭提价 $x(x>0)$元，利润为 y 元，则每天销售额为$(10+x)(100-10x)$，成本总价为 $8(100-10x)$，故 $0<x<10$，$x\in\mathbf{N}^*$。

利润＝销售总价－成本总价，有

$$y=(2+x)(100-10x)=-10(x-4)^2+360,\ 0<x<10,\ x\in\mathbf{N}^*。$$

即原问题转化为数学模型：二次函数的最值问题

②对数学模型求解。

$$y=(2+x)(100-10x)=-10(x-4)^2+360,\ 0<x<10,\ x\in\mathbf{N}^*。$$

当 $x=4$ 时，$y_{\max}=360$。

③回归实际问题。故当售出价每份 14 元时，每天所赚利润最大为 360 元。

在这个例子中，教师把数学课本上的知识和实际应用很好地结合起来。与此同时，教师应特别注意向学生介绍知识的产生和发展，引导学生了解知识的本质及在实际生活中的有用性，抓住数学建模与所学知识的切入点，体会在学中用、在用中学的过程。落实到具体层面，教师应选择一些仅运用基本方法就能解决的实际问题作为例题，将重点放在如何运用数学形式刻画和构造模型，同时引导学生主动参与建模过程，并注重学生在社会交流层次(包括生活知识、语言知识、相关学科知识)上的综合能力的培养。

7.3.2 高中数学建模案例分析

7.3.2.1 函数模型

用初等函数的性质和应用等来解决问题。

例 2 根据表 7-5 的数据资料，预测某国 1980 年的人口数。

表 7-5 某国 1790—1950 年人口数据资料

时间/年份	1790	1800	1810	1820	1830	1840	1850	1860	1870
人口数/百万	3.929	5.308	7.240	9.638	12.866	17.069	23.182	31.443	38.558
时间/年份	1880	1890	1900	1910	1920	1930	1940	1950	
人口数/百万	50.156	62.948	75.995	91.972	105.711	122.775	131.669	150.697	

解：(1)数学化的抽象分析。

国家人口数量与众多因素有关，为简化问题，作如下的假设：

①某国人口增长数仅与本国人口正常生育和死亡情况有关；

②某国人口数量是时间的连续函数；

③某国的每一个人有相同的生育和死亡能力；

④某国的政治、社会、经济环境稳定。

基于上述假设，即可认为人口数是时间的函数。设时间为 t，则 $p(t)$是 t 的人口数。运用中学函数知识进行解决，由以上所给数据绘散点图，寻找一条直线或曲线，使其尽可能与这些散点吻合，从而近似地认为这个图象描述了人口增长的规律，进而做出预测。

(2)建立模型。

模型Ⅰ 观察散点图(图 7-2)，可以发现从 1890 年开始，散点近似在一条直线上，过(1 900，75.995)、(1 920，105.711)两点作直线

$$\frac{p(t)-105.711}{t-1\ 920}=\frac{105.711-75.995}{1\ 920-1\ 900},$$

$$p(t)=1.485\ 8t-2\ 747.025。$$

由此可得 1980 年的人口预测数为：$p(1\ 980)=194.859\times10^6$。

模型Ⅱ 观测散点图的整体趋势，可以认为散点近似在一条关于 p 轴对称的抛物线上，过(1 790，3.929)、(1 890，62.948)两点的抛物线方程为

$p(t)=3.929+0.005\ 9(t-1\ 790)^2$。

可预测 1980 年的人口数为：$p(1980)=216.919\times10^6$。

类似地，还有以下模型。

模型Ⅲ 过(1 940，131.669)、(1 950，150.697)的指数曲线方程：

$p(t)=131.669\times(1.013\ 6)^{t-1940}$，可预测人口数为：$p(1\ 980)=226.02\times10^6$。

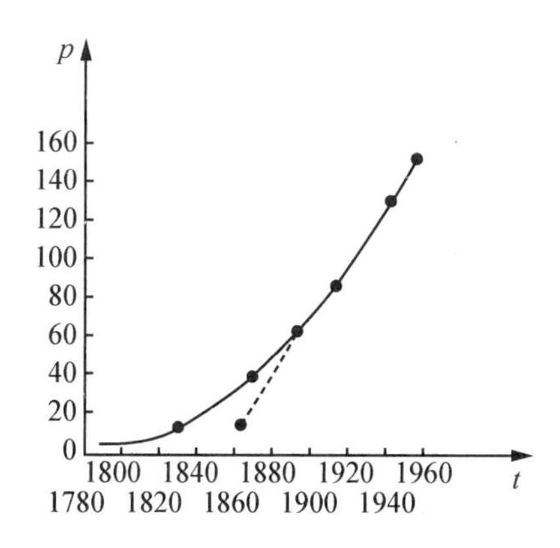

图 7-2　散点图

(3)模型的评价。

上述的三个模型中，由于考虑范围不同，所得的结论也有所不同。与某国 1980 年人口实测数 227×10^6 相比，模型Ⅲ的结果更为接近，从此例我们可知，同一个实际问

题，可建立多个数学模型。①

例 3 据统计，我国的能源生产自 1985 年以来发展迅速，以下是我国能源生产总量(折合亿吨标准煤)的统计数据：8.6 亿吨(1985 年)、10.4 亿吨(1990 年)、12.9 亿吨(1995 年)。有关专家预测：到了 2005 年我国能源生产总量将达到 20 亿吨。试给出一个简单模型，说明专家的预测是否合理。

分析： 以上是能源总量随着年份变化的题，拟考虑用“函数”作模型。

解： 方便起见，把已知的三组数据(1 985，8.6)、(1 990，10.4)、(1 995，12.9)变换为(0，8.6)、(5，10.4)、(10，12.9)，图象或代数方法不适合用一次函数对数据拟合，试选用二次函数拟合，令相应的二次函数为 $y=ax^2+bx+c$，则

$$\begin{cases}c=8.6,\\25a+5b+c=10.4,\\100a+10b+c=12.9,\end{cases}\quad\text{解得}\begin{cases}a=0.014,\\b=0.29,\\c=8.6,\end{cases}$$

则 $y=0.014x^2+0.29x+8.6$，对应 2 005，取 $x=20$，代入此函数关系式得 $y=20$，即有关专家的预测合理。②

7.3.2.2 方程模型

用方程(组)、不等式(组)等来解决问题。③

例 4 小张第一次在文具店买同一种笔 x 支，花了 y 元，第二次再去买该笔时，发现笔已降价，且 120 支正好降 80 元，所以他比第一次多买了 10 支，共花去 20 元，若小张第一次至少花去 10 元，那么他第一次至少买多少支笔？

分析： 通过分析可知，该题可用“方程”模型。

解： 第一次购买的笔的单价是 $\frac{y}{x}$，每支降价 $\frac{80}{120}$ 元，故 $\begin{cases}y\geqslant 10,\\(x+10)\left(\frac{y}{x}-\frac{80}{120}\right)=20,\end{cases}$

解得 $x\geqslant 5$ 或 $x\leqslant -30$(舍去)，所以至少买 5 支笔。

7.3.2.3 离散模型

用计数的方法和工具，以及等差、等比数列等模型解决问题。④

例 5 某地区处于沙漠边缘地带，通过治理，到 2010 年年底，该地区的绿化率已达到 30%，从 2011 年开始，可预计：原有沙漠面积的 16% 栽上树并成为绿洲；同时，原有绿洲面积的 4% 被侵蚀为沙漠。请问至少经过多少年的努力，才能使全地区的绿洲面积超过 60%？(年数取整，$\lg 2\approx 0.301\ 0$)

分析： 此题涉及两个量的“连环关系”，可分别用两个数列的递推公式表示，即用“数列模型”。设经过 n 年后绿洲面积为 a_{n+1}，沙漠面积为 b_{n+1}，根据题意可较为容易找出递推公式。

解： 设 2010 年年底绿洲面积是 a_1，沙漠面积是 b_1；经过 n 年后绿洲面积为 a_{n+1}，

---

① 王奋平．中学数学建模教学研究[D]．西北师范大学，2005：29—30．

② 蔡勇全．例谈高中数学建模的常见类型[J]．高中数学教与学，2016(5)：46．

③ 张思明．理解数学[M]．福州：福建教育出版社，2012：187．

④ 同③．

沙漠面积为 b_{n+1}，并设该地区的总面积为 1，则 $a_1+b_1=1$，$a_n+b_n=1$。

由题意知：$a_{n+1}=96\%\cdot a_n+16\%\cdot b_n=96\%a_n+16\%(1-a_n)=\frac{4}{5}a_n+\frac{4}{25}$，

则 $a_{n+1}-\frac{4}{5}=\frac{4}{5}\left(a_n-\frac{4}{5}\right)$，

所以数列 $\left\{a_n-\frac{4}{5}\right\}$ 是以 $a_1-\frac{4}{5}=-\frac{1}{2}$ 为首项，$\frac{4}{5}$ 为公比的等比数列。

因此 $a_{n+1}-\frac{4}{5}=-\frac{1}{2}\left(\frac{4}{5}\right)^n$，依题意有 $a_{n+1}>60\%$，解得 $n\approx4.1$。

故至少经过 5 年才能使全地区的绿洲面积超过 60%。①

例 6 （分期付款问题）杨先生拟购买一座 120 平方米的公寓，单价为 2 500 元/m^2，开发商对有一定经济收入或有固定收入的购房者提供分期付款的方式：首期付款为应付总额的 $\frac{1}{3}$，其余款项每月付一次，等额付款，签订购房合同、付清首期款项后，每月付款一次，10 年付清，如果按月利率 1.875%，每月复利一次计算，那么购房者每月应付款多少元？

分析：此题是典型的分期付款的例子，可利用建模方法进行解题。

解：(1)应明确分期付款、利息、复利等含义。分期付款要求各期所付款以及各期所付的款项在最后一次付清时所产生的本息合计，应等于个人负担的购房的现价余额以及现价余额到最后一次付清时所产生的利息之和。复利指本次利息计入下次的本金生息。

(2)厘清问题中的量的关系。这里的数量主要是每月应付的款项、所生利息，公寓的现价余额及 10 年后所生的利息。由于按月付款，要计算应付的月数(依题意为 10 年，即 120 个月)。

明确变量、参数：主要是每月应付款(设为 x 元)和月利率(为 1.875%)。

量的关系：每月应付款及其产生利息之和＝应付总款的 $\frac{2}{3}$ 及其产生的利息。

(3)建立数学模型。根据题意，那么到最后一次付款时：

第 1 个月付款及所生利息为 $x(1+1.875\%)^{119}$ 元；

第 2 个月付款及所生利息为 $x(1+1.875\%)^{118}$ 元；

……

第 119 个月付款及所生利息为 $x(1+1.875\%)$ 元；

最后一次付款为 x 元。

而购房现价余额及其利息之和为

$$120\times2\,500\left(1-\frac{1}{3}\right)\times(1+1.875\%)^{120}=200\,000\times1.001\,875^{120},$$

则有

$$x(1+1.001\,875+1.001\,875^2+\cdots+1.001\,875^{119})=200\,000\times1.001\,875^{120},$$

① 蔡勇全. 例谈高中数学建模的常见类型[J]. 高中数学教与学，2016(5)：46-48.

解此数学问题：

$x=1\ 862.74\approx1\ 863$。

因此购房者每月必须付款 1 863 元。

通过与实际比较验证，此建模符合实际，证实方法正确，问题也由此得以解决。[①]

7.3.2.4 三角模型

例 7 如图 7-3，某城市有一条公路从正西方通过市中心 O 后转向东北方 OB，现要修筑一条铁路 L，L 在 OA 上设一站 A，在 OB 上设一站 B，铁路在 AB 部分为直线段，现要求市中心 O 与 AB 的距离为 10 千米，问把 A，B 分别设在公路上离市中心 O 多远处，才能使 AB 最短，并求其最短距离。

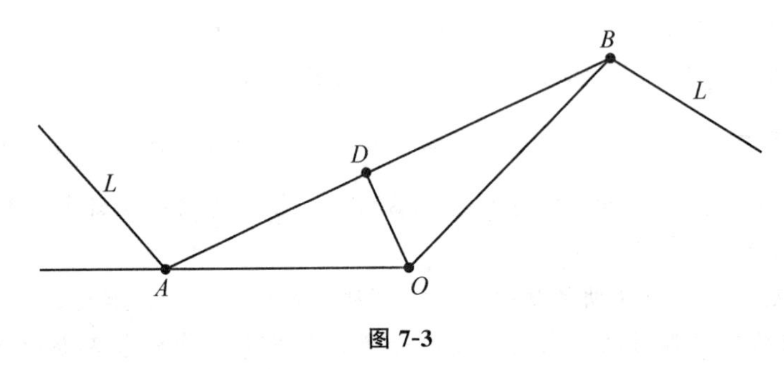

图 7-3

分析：此题涉及最值，并与直角三角形有关，可以建立“三角”模型来解答。

解：过点 O 作 $OD\perp AB$ 于 D，则 $OD=10$，设 $\angle DAO=\alpha$，$AD=10\cot\alpha$，$DB=10\cot(45^\circ-\alpha)$，所以

$$\begin{aligned}AB&=AD+DB\\&=10\left[\cot\alpha+\cot(45^\circ-\alpha)\right]\\&=10\left[\frac{\cos\alpha}{\sin\alpha}+\frac{\cos(45^\circ-\alpha)}{\sin(45^\circ-\alpha)}\right]\\&=\frac{10\sin 45^\circ}{\sin\alpha\sin(45^\circ-\alpha)}\\&=\frac{10\sqrt{2}}{\cos(45^\circ-2\alpha)-\cos 45^\circ}\end{aligned}$$

当 $45^\circ-2\alpha=0^\circ$，即 $\alpha=22.5^\circ$ 时，AB 最短，最短距离为 $20(\sqrt{2}+1)$，此时 A，B 距离市中心 O 均为 $\frac{10\text{ 千米}}{\sin 22.5^\circ}=10\sqrt{4+2\sqrt{2}}$ 千米。

小结：解三角应用题应把握以下几方面：①仔细审题；②引入适当的角度（注意角度的范围）；③解三角形列三角函数式；④求最值。[②]

7.3.2.5 几何模型

通过对几何对象形态的确定、数值特征的计算等来解决问题，如求面积、体积、

---

① 张宝塔．中学数学建模及其教学研究[D]．福建师范大学，2001.

② 蔡勇全．例谈高中数学建模的常见类型[J]．高中数学教与学，2016(5)：46—48.

几何极值等。①

例 8　湖边(可视湖岸为直线)停放着一只小船，由于缆绳突然断开，小船被风刮走，其方向与河岸成 15°，速度为 2.5 km/h。同时岸上有一人，从同一地点开始追赶小船，已知他在岸上跑的速度为 4 km/h，在水中游的速度为 2 km/h。此人能否追上小船？若小船速度改变，则小船能被人追上的最大速度是多少？

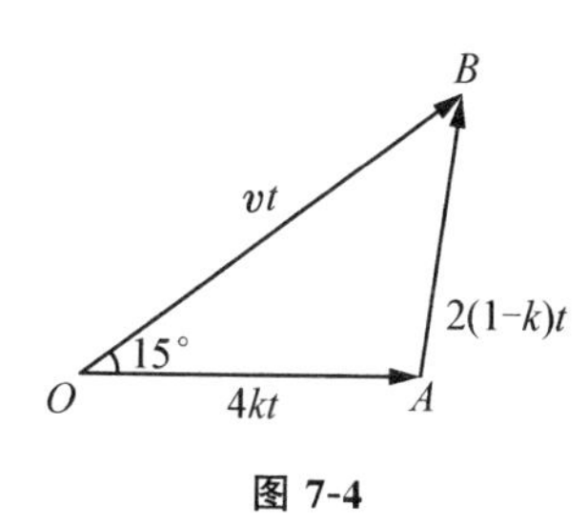

图 7-4

分析：人在水中游的速度小于船的速度，只有先沿岸跑一段路程后再游水追赶船，才有可能追上，则本题讨论的问题不是同一直线上的追及问题，而是只有当人沿岸跑的轨迹、人游水的轨迹、船在水中行驶的轨迹三者组成一个封闭的三角形时，人才能追上小船。那么，我们可以假设船速为 v(未知)，人在岸上跑的速度和水中游的速度仍为题目所给定的常数。因人在岸上跑所用的时间与人在水中游所用的时间之和等于船在水中行驶所用的时间，所以当 $v \geqslant 4$ km/h 时，人是不可能追上小船的。当 $0 \leqslant v \leqslant 2$ km/h 时，人不必在岸上跑，从同一地点直接下水就可追上小船. 因此只有先设法求出它们三者能构成三角形的最大速度 $v_{\max}$，再与现有船速进行比较，即可判断人能否追上小船。

解：简单画出此追及情况的示意图(图 7-4)，设船速为 v，人追上船所用时间为 t，在岸上跑的时间为 t 的 k 倍($0<k<1$)，则人在水中游的时间应为 $(1-k)t$。人要追上船，则人船运动路线满足图 7-4 所示的三角形：

$OA=4kt$，$AB=2(1-k)t$，$OB=vt$，

所以，在$\triangle OAB$ 中，由余弦定理得：

即 $AB^2=OA^2+OB^2-2OAOB\cos 15°$，

$4(1-k)^2t^2=(4kt)^2+(vt)^2-2\times 4kt\cdot vt\cdot\cos 15°$，

整理得：$12k^2-\left[2(\sqrt{6}+\sqrt{2})v-8\right]k+v^2-4=0$，　①

要使①式在(0，1)范围内有实数解(在分析中已讨论了 $0\leqslant v\leqslant 2$ 与 $v\geqslant 4$ 的情况，这里考虑 $2<v<4$)，则有：

$$\begin{cases}0<\dfrac{v^2-4}{12}<1,\\ \Delta=\left[2(\sqrt{6}+\sqrt{2})v-8\right]^2-4\times 12\times(v^2-4)\geqslant 0。\end{cases}$$

解之得：$2<v\leqslant 2\sqrt{2}$ 即 $v_{\max}=2\sqrt{2}$ km/h。

当船速在 $(2，2\sqrt{2})$ 内时，人和船的运动路线可以构成三角形，即人能追上小船。

① 张思明. 理解数学[M]. 福州：福建教育出版社，2012：187.

船能使人追上的最大速度为 $2\sqrt{2}$ km/h，由此可见当船速为 2.5 km/h 时，人可以追上小船。

小结： 在上述解题过程中，首先，建立几何模型，即 $\triangle OAB$；其次，通过几何模型的边角关系建立方程模型，即方程①；最后，根据方程①有解的条件建立不等式模型，并通过解不等式求解得出本问题。以上解题步骤次序明显，环环相扣。[①]

7.3.3 其他建模素材

由于挖掘的深度不同，同样的建模素材的学习难度也不同，所以有些素材在小学、初中和高中都适用。如以"午餐问题"为例，说明教师应如何根据学前班至八年级的不同阶段学生的认知能力，启发他们在成长过程中就同一问题进行越来越深入且全面的思考，扩展其思维，帮助他们不断发展和改进模型[②]。

又如"涂改带"问题：

(1)在八年级进行教学时，可以研究关于一盒涂改带长度或单层厚度等较为粗浅易懂且与课内教学紧密结合的问题。解决问题的方法和数学模型如下：

将涂改带的侧面看作长度为 L(涂改带长)、宽度为 d(涂改带厚)的矩形，将涂改带绕于一侧时，侧面矩形的面积近似等于涂改带环形面积。数学模型为：

$$S_{环}=\pi(R^2-r^2)=L\times d=S_{矩形}。$$

本题涉及"涂改距离＝涂改速度×时间"以及一些简单测量的知识，其中，L 及厚度 d 的测量涉及薄物体厚度的知识，可能会用到游标卡尺。推广问题为：求材质均匀的卷材长度、涂改层厚度等。注意：整体使用的知识应控制在初中所学的范围内。

(2)在高二年级进行教学时，可以延伸至以下问题：

①取一盘涂改带，观察当涂改带全绕在一边(如左轮)时，涂改带的边缘与另一轮边缘之间的最短距离为多少毫米？在使用过程中，这个距离会变化吗？变大还是变小？请试验、观察。(提示：以自己的涂改带为观察对象，在使用初期，受力轮转得快，供带轮转得慢，大盘变"瘦"的速度小于小盘变"胖"的速度。)

②要使得在使用的任何时刻涂改带两轮的外缘互不接触，两轮轴间的最小距离应为多少毫米？

7.4 数学建模的学习评价

中学数学建模课程的学习评价应注重过程也应注重结果，评价的核心为"学生学习的过程评价"和"多主体评价"。可采用"等级评分""生生评价"和"特色评语"等多种评价形式对学生的数学建模活动进行评价。在评价时，要客观且全面，既要对数学建模论文进行评价，也要对学生在建模过程中的表现、特点、建模和应用能力等进行评价。以下将从开题、建模、结题三个阶段探讨各阶段评价的要素。[③]

① 合艳珠. 数学高考中应用题的解题研究[D]. 云南师范大学，2009：60—61.

② 梁贯成，赖明治，乔中华，等. 数学建模教学与评估指南[M]. 上海：上海大学出版社，2017.

③ 张思明. 理解数学[M]. 福州：福建教育出版社，2012：93—94.

7.4.1 开题阶段

数学建模的开题阶段需要学生独立地为自己的建模工作制订计划。其所选问题的价值和可行性、计划的合理性，均将影响整个建模工作的开展。

在建模开题阶段，可从以下几方面着重考查学生：①选题的价值和可行性，问题解决过程是否用到数学知识和计算器等工具；②制订计划时，分工是否明确、是否进行了有效的小组讨论、问题求解步骤是否有新意、建模步骤设计是否清楚；③文献资料是否有针对性，对文献的使用程度和规范程度以及阅读文献后的收获等[①]。

7.4.2 建模阶段

在此阶段，一是充分了解学生建模活动过程，如是否及时且详细地记下建模经历，包括小组的分工情况等；二是了解具体建模活动，如哪位同学就哪个问题何时何地进行了讨论，运用了何种方法(模型)，结果如何，模型存在何种问题，如何改进，自身收获等；三是了解相应建模题目相关资料和成果情况。基于此，才对每个学生的学习积极性、建模过程中的贡献以及建模的成果进行评价。

运用数学知识解决问题时，学生应关注对于数学知识的运用是否合理以及数学知识运用的广度和深度。因为数学建模的学习不仅是学习一种数学方法，更重要的是学习应用数学解决问题的过程。再者，在基础教育阶段，学生的知识量不够充足，应用水平也较低，故在评价学生数学建模学习时要尤为关注“重过程、重参与”，无须对建模过程的严密性和建模结果的准确性做过高的要求。[②] 此外，在具体评价中需注意以下几点：①教师要关注学生学习的主观能动性，即观察学生是否主动参与数学学习活动、是否能与同伴交流学习、是否与他人合作探究数学问题等；②重视学生是否具备从实际情境中抽象数学知识以及能否应用数学知识解决问题的能力；③重视学生是否能科学地使用网络查阅他人的论文或资料，或同伴间能否就别人建立的模型做出自己的评价；④关注学生是否不断反思自己的数学建模过程并改进学习方法和建模方法，以及其建模报告中有无闪光点和创新点等。

7.4.3 结题阶段

数学建模的结题阶段亦指数学建模的结果，应体现问题求解的过程，即包括从实际情境中提出问题、通过合理假设简化问题、抽象数学模型、求解数学结果，结合实际检验结果等一系列流程。结题则是对建模过程进行总结，应包含学生对前期工作、建模过程、收获和不足等方面的总结。教师可通过论文成果和结题报告会等形式对学生建模成果提出评价。对于建模论文成果，主要考察学生的论文格式是否规范，推理是否合乎逻辑，数据图表是否清楚，文献标注是否齐整，有无充分运用数学方法和软件工具进行辅助等诸多方面。在结题报告会上，除了关注学生结题汇报交流的顺畅度，还应观察组内每位学生的参与程度和应变能力，以及是否意识到模型的局限性和今后

---

① 梁贯成，赖明治，乔中华，等. 数学建模教学与评估指南[M]. 上海：上海大学出版社，2017.

② 官婷婷. 新课程下高中数学建模教学设计研究[D]. 东北师范大学，2009：21.

需改进的方向等。

思考与练习

1. 什么是数学建模?
2. 数学建模的一般步骤是什么?
3. 中学数学建模教学中要注意什么问题?

第8章　数学教育的其他专题

学习提要

这一章，我们将探讨一些特殊的研究领域，包括数学文化、数学德育、中学数学逻辑基础等。近年来，人们越来越重视数学课程对学生素养方面的培养，教育界对“数学文化”的关注更是前所未有。《高中数学课标2017》提出要将数学文化融入课程内容，在新课程教材中渗透数学文化，体现数学的文化价值。同时，数学作为学校教育的主要科目，通过数学教学对学生进行德育教育，开发数学学科德育功能，显得尤为重要。另外，数学是一门逻辑性很强的学科，表述数学概念和结论、进行推理和论证都要遵循逻辑思维的基本规律。数学科学是严格按照逻辑顺序编排的。中学教师要分析掌握教材的逻辑体系及使用的逻辑方法，首先自身必须具有足够的逻辑知识。

8.1　数学文化

8.1.1　数学文化概述

8.1.1.1 数学文化的含义

首先，什么是文化？其定义多达300余种。《辞海》从广义的角度对“文化”进行了定义：文化是人类社会历史实践过程中所创造的物质财富和精神财富的总和[①]，具有整体性、社会群体共有性和只能由人类后天习得或创造等特征。

鉴于数学是人类文化的一个重要组成部分，我们可以通过“属＋种差”的方法来界定数学文化的内涵，即“文化性质＋数学特性”的结合。国外学者的视角大致分为两类：从文化角度看，数学本身就是一种文化；从数学角度看，数学是文化的一个组成部分[②]。国内学者对数学文化的理解，具有以下五种代表性观点。

(1)基于数学学科角度，黄秦安认为，在当前的时代背景下，数学文化属于科学文化的范畴。数学文化是以数学学科知识为依据，贯彻数学的思想、精神、知识、方法等。最终形成的一个庞大、拥有精神与物质支持的系统[③]。

(2)基于文化的角度，顾沛认为狭义的数学文化指数学思想、精神、方法和观点，还包括他们的形成与发展；广义的数学文化除了前面所说的内容外，还有数学家、数学史、数学美、数学教育、数学中的文化因素以及数学与人类文化的关系等各方面的内容。[④]

---

① 高明，康纪权．浅析数学的文化价值[J]．四川职业技术学院学报，2003(3)：26－27＋35．

② 张梦沛．高中数学教学中数学文化的渗透研究[D]．洛阳师范学院，2018：7．

③ 黄秦安．数学文化观念下的数学素质教育[J]．数学教育学报，2001(3)：12－17．

④ 顾沛．南开大学的数学文化课程十年来的探索与实践——兼谈科学教育与人文教育的融合[J]．中国高教研究，2011(9)：92－94．

(3)基于数学共同体的角度，郑毓信等人在《数学文化学》中指出“数学共同体”产生的文化影响。他对数学文化的定义为“数学文化是因为职业需求而引发的一个特殊群体(数学共同体)所独有的活动。”[①]

(4)基于数学活动的角度，郑毓信指出，数学活动是由数学知识和数学传统组成的，数学传统指的是数学共同体在数学和从事数学研究上的认识、观念或信念。因此，数学文化可定义为在数学传统指导下的数学活动。

(5)基于系统的角度，邵婷婷从广义和狭义的角度来解释数学文化。广义的数学文化指的是由知识系统和观念系统组成的有机体，狭义的数学文化仅指生长于数学知识上的数学观念系统[②]。

综合以上各位学者对数学文化内涵的定义和认识，即便阐述的角度不同，但都强调三个方面：第一，数学文化是对数学知识、数学能力、传统观念等深层次理解；第二，数学文化对人们的思维养成、精神建设和行为习惯等方面有深远的影响，但这种影响是无形的，需要长时间的积淀才能凸显出来；第三，数学文化里蕴含的人文精神，对人类精神生活有着重大的影响，对提高数学素质和个人品质都有着显著的作用。因此，数学文化至少含有以下几方面的特性：文化性、历史性、长期性、数学共同体与数学活动性以及系统性。

8.1.1.2 数学文化的价值

通过归纳整理相关文献，总结出数学文化主要具有德育、美育和思维训练这三方面的价值。

数学文化的德育价值主要体现在：它能塑造学生勇敢、坚韧、心胸开阔的品质，培养学生的诚信观。第一，数学的抽象性使得数学问题的解决伴随着困难与挑战。这些困难和挑战可以培养学生承受挫折、正视失败、战胜危机的心理品质。如果在数学学习的过程中，学生没有体验到为努力求解问题而产生的喜怒哀乐，那么这样的数学教育是失败的。第二，数学中的“以退为进”“逐步调整”等方法能够潜移默化地培养学生能屈能伸、心胸开阔的心理品质。第三，数学真理对任何人都客观公正，数学的演算和证明不可投机取巧，数学的结论对错分明，不容撒谎狡辩。苏联数学家辛钦认为，数学教学会慢慢地培养青年人树立起一系列具有正直和诚实等特性的道德色彩。数学教育是培养学生诚信观的重要渠道之一，且这种作用是持久的，根深蒂固的[③]。

数学文化的美育价值是非功利的，不仅起到陶冶情操的作用，而且可以引导人积极向上，献身科学，改善思维品质。张奠宙从课堂教学的角度论述了数学文化的美育价值。他认为数学教学中的美育价值有 4 个层次：美观、美好、美妙、完美。美观，主要是数学对象形式上的对称、和谐、简洁给人带来美丽、漂亮的感受。美好，即指数学上的许多东西，只有认识到它的正确性和和谐性，才能感受其“美好”。美妙，是指“众里寻他千百度，蓦然回首，那人却在灯火阑珊处”的豁然开朗，是解决数学难题时“美妙”的心境。完美，是指数学总是尽力做到至善至美、完美无缺，这也许是数学

① 郑毓信，王宪昌，蔡仲. 数学文化学[M]. 成都：四川教育出版社，1999.

② 杨豫晖，吴姣，宋乃庆. 中国数学文化研究述评[J]. 数学教育学报，2015，24(1)：87－90.

③ 同②.

的最高品质和最高的精神。

此外，郑毓信认为，就基础教育而言，数学文化价值主要指数学学习对于人们的思维方式、价值观乃至世界观的影响，尽管这种影响是潜移默化地发生作用。杜威在《民主主义教育》中指出“思维就是明智的学习方法，这种学习要使用心智”“发展中的经验就是所谓的思维”，并且反复强调，培养探究的思维态度是思维训练中的首要任务。美国数学家波利亚的《怎样解题——数学思维的新方法》给出了求解数学问题的一般方法。波利亚认为，学生除必须掌握逻辑分析方法外，还必须掌握探索性思维能力。“怎样解题”表在一定程度上反映出数学解题的思维过程，是数学对于思维训练的重要诠释。日本教育家米山国藏曾说过，学生进入社会后如果没有什么机会应用初中或高中所学的数学知识，通常在出校门一两年内就会忘掉这些数学知识。然而不管他们从事什么工作，那些铭刻在大脑中的数学思想方法和数学精神会长期在他们的生活和工作中发挥作用①。这是对数学文化的一种解释，也是对数学文化价值的一种解释。数学文化最基本的价值在于提高数学素养。爱因斯坦曾说，把学校里所学的东西全忘掉，剩下的便是教育。基于此，可以通俗地说，把所学的数学知识忘掉后，剩下的就是数学素养。数学素养是学生学习、工作、生活所必须的基本素养，通过课堂上数学文化的渗透可以培养数学素养②。

8.1.2　数学课程与教材中的数学文化

8.1.2.1　国外数学课程与教材中的数学文化

1989年，全美数学教师协会（National Council of Teacher of Mathematics，NCTM）公布了美国第一个国家性的《学校数学课程评价标准》（以下简称《评价标准（1989）》）。《评价标准（1989）》指出，数学教育的目标是培养有数学素养的社会成员，“懂得数学的价值和学会数学交流”是数学素养强调内容之一。2000年，该协会又制订了新的数学课程标准《学校数学的原则与标准》，标准指出，在交流和表达方面要培养学生向同伴、教师和他人用数学语言准确表述数学思想并解释物理、社会现象的能力③。美国的一套数学教材《直观信息》是以直观为特点对信息分析、整理和运用。全书共八章，每一章都围绕一个主题进行教学。例如第一章的“世界统计”，里面所用例子全部是立足于现实的统计情况。“都市化”“新生儿”这些敏感的社会文化题材都引用在其中。其中还特别设计了中国的素材，通过呈现中国1949年和1980年人口规模及城市人口比率，让学生详细分析中国的都市化趋势和人口增长率，再与美国的情况作比较，以此作评述，预测出2025年的相应情况④。再者，美国阿拉斯加文化数学项目（Math in a Cultural Context，MCC）是国外数学课程关于数学文化研究的一个成功案例。MCC的主要课程目标有两部分：一是将学校文化与社区文化结合；二是提高阿拉斯加本土学生的数学成就。其课程开发的基本环节如下：首先是发掘民族数学；其次

---

① 米山国藏．数学的精神思想和方法[M]．成都：四川教育出版社，1986．

② 杨豫晖，吴姣，宋乃庆．中国数学文化研究述评[J]．数学教育学报，2015，24(1)：87－90．

③ 张维忠．数学教育中的数学文化[M]．上海：上海教育出版社，2011：72．

④ 孙晓天．数学课程发展的国际视野[M]．北京：高等教育出版社，2003：145－149．

是将数学内容与文化背景相结合；再次是将数学与当地语言及文化故事相结合；最后是 MCC 课程与国家课程标准相结合①。

英国《国家数学课程标准(2000)》在"数学的重要性"中解释了数学应用过程的文化相关性，"世界上不同的文化对数学的发展都作了相应的贡献，数学文化已逾越了民族文化间的障碍"，它潜藏着多元文化数学的思想，反映了一种全球化的视野。在教学目标的陈述上分为三个层次：第一层次是精神、道德、社会和文化方面的目标；第二层次是数学技能的发展；第三层次是其他方面的教学目标，比如思维技能、财经技能等②。该国的数学教材 Practice Book 也充分地联系了国家的社会问题、学生日常生活问题以及其他学科问题。

8.1.2.2　国内数学课程与教材中的数学文化

《高中数学课标 2017》明确指出：数学文化是指数学的思想、精神、语言、方法、观点，以及它们的形成和发展；还包括数学在人类生活、科学技术、社会发展中的贡献和意义，以及与数学相关的人文活动。③《义教数学课标 2011》在第一部分便从整体上指出了"数学是人类文化的重要组成部分，数学素养是现代社会每一个公民应该具备的基本素养。作为促进学生全面发展教育的重要组成部分，数学教育既要使学生掌握现代生活和学习中所需要的数学知识与技能，也要发挥数学在培养人的思维能力和创新能力方面的作用。"④以上均表明我们已经认识到数学对人的深刻影响，数学文化渗透课程内容的重要性以及数学文化对"情感、态度和价值观"的影响与塑造。

国内数学教材中呈现数学文化内容的方式主要来自以下两方面。

第一种以阅读材料或"读一读"的形式呈现，如华东师范大学出版社出版的七年级数学(上册)教材中阅读材料有《华罗庚的故事》《幻方》《从结绳计数到计算器》《用分离系数法进行整式的加减运算》《七巧板》《欧拉公式》《九树成行》等(图 8-1)。这些都是"数学文化"的具体表现，通过对这些内容的教学，让学生体会数学的文化价值。又如北京师范大学出版社出版的七年级数学教材，分别由"做一做""想一想""议一议""试一试"和"读一读"等构成，而其中的"读一读"部分就是"数学文化"的集中体现，它包括《皮克公式》《杨辉三角》《艺术品中的对称》等。这些阅读材料中包含了丰富的"数学文化"知识，给教师的教和学生的学提供了重要材料和线索⑤。

第二种则注重"数学文化"内容与数学知识的融合。在新教材中并不单独设置"数学文化"，而是将其渗透到不同的知识内容中，让学生在学习知识的同时，不知不觉地继承"数学传统"，促进其情感、态度和价值观的发展⑥。例如，人教版教材在学习完全平方公式后，随后就在"阅读与思考"环节引入杨辉三角，把 $(a+b)^2$ 展开式推广到

---

① 常永才，秦楚虞．兼顾教育质量与文化适切性的边远民族地区课程开发机制——基于美国阿拉斯加土著学区文化数学项目的案例分析[J]．当代教育与文化，2011，3(1)：7－12.

② 张维忠．数学教育中的数学文化[M]．上海：上海教育出版社，2011：72－73.

③ 中华人民共和国教育部．普通高中数学课程标准(2017 年版)[S]．北京：人民教育出版社，2018：10

④ 中华人民共和国教育部．义务教育数学课程标准(2011 年版)[S]．北京：北京师范大学出版社，2012.

⑤ 童莉．基于"数学文化"的数学课堂教学文化氛围的构建[J]．重庆师范大学学报(自然科学版)，2006(3)：92－94.

⑥ 张维忠．数学教育中的数学文化[M]．上海：上海教育出版社，2011：91.

人人都能学会数学

数学并不神秘，不是只有天才才能学好数学，只要通过努力，人人都能学会数学.

阅读材料

华罗庚的故事

宇宙之大，粒子之微，火箭之速，化工之巧，地球之变，生物之谜，日用之繁，无处不用数学.

——华罗庚

阅读材料

九 树 成 行

阅读材料

用分离系数法进行整式的加减运算

试一试

图 8-1　阅读材料

$(a+b)^3$，$(a+b)^6$，…，$(a+b)^n$，让学生在数学文化内容中感悟数学知识由特殊到一般的过程。

8.1.3　数学文化的课堂渗透

8.1.3.1　充分利用数学文化素材设计课前引入

在实际教学过程中，教师可选取教科书中章首语、“数学阅读”或“数学万花筒”等栏目中提供的素材背景来设计课前引入。例如人教版在设计勾股定理教学活动时，首先在章首语部分介绍了《周髀算经》(勾股定理的由来)，其次导入了毕达哥拉斯故事情境，引导学生探索猜想直角三角形三边数量关系，最后由“赵爽弦图”给出勾股定理的证明。以时空顺序的不同跨度、不同文化背景展示出勾股定理的发现过程，有利于拓宽学生视野，培养学生全方位的认知能力与思考弹性。又如高中必修 5 第二章《数列》的章首语中利用“树木的分权、花瓣的数量、植物种子的排列……都遵循某种数学规律”这样具有很强“亲和力”的语句，让学生在章首语就感受到数学巨大威力的同时，还深切地感受到数学美(图 8-2)。此外，老师也可以自行收集有趣生动的数学文化素材来创设数学问题情境，让学生了解知识的来源与用处，激发学生的学习兴趣。

图 8-2　高中必修 5 第二章《数列》的章首语

8.1.3.2 概念教学中数学文化的渗透

数学概念教学大多采用定义—例题解析—学生练习的顺序来呈现。容易让学生觉得概念很晦涩、定理很深奥、法则很抽象、习题很难解，觉得概念、定理、法则乃“生而有之”，数学家们不必经过斗争、挫折就理所当然地从定理到定理，觉得这些内容经过锤炼已成定局，毫无创造性可言。因此，要使学生意识到数学和其他学科一样有它的过去和未来，历经数百上千年，数学人前赴后继、日积月累久久为功才建成今天数学宏伟大厦。教师要在教学中加强数学文化渗透，对每节课所蕴含的数学文化精准定位，讲清概念定理的历史背景，激发学生对数学学习的积极情感和对数学美的感悟①。

8.1.3.3 例题、习题教学中数学文化的渗透

在数学课堂教学过程中，解题是不可或缺的教学环节。我们在设置例题时，不仅要考虑题目的知识内涵，还应考虑题目所隐含的数学文化的教育意义。以北师大版七年级上册第五章第四节“应用一元一次方程——打折销售”为例：在对商场商品的利润率进行计算时，借助利润率$=\frac{\text{利润}}{\text{成本}}=\frac{\text{售价}-\text{成本}}{\text{成本}}$数学模型来设置未知数 x 进行等量计算，除了有助于学生巩固一元一次方程的运算外，还可以使学生了解商品打折的操作规程，培养学生的经济意识。此外，应充分利用新课改模式后增加的诸多拓展性栏目来布置数学作业，如“思考与交流”“阅读材料”或“动手与实践”等②。

8.1.3.4 定期开设数学文化课

钱学森提出，现代科学六大部门(自然科学、社会科学、数学科学、系统科学、思维科学、人体科学)应当和文学艺术六大部门(小说杂文、诗词歌赋、建筑园林、书画造型、音乐、综合)紧密携手才能有大的发展③。因此，有必要开展一些数学文化课让学生更好地用数学的眼光去看待世界。教师要善于选取身边有价值的素材，比如：低年级的数学游戏、教科书高中选修 3-1 数学文化或其他课外读物。此外，对于数学文化的渗透，不要局限于数学课堂这个主要阵地，还应该拓展到课外学习活动。在具体的教学过程中，教师们可以提前让学生收集关于本章节的数学文化内容，如数学先驱者们的故事、数学在生活中的应用等，然后在课堂上分享，这样不仅使学生充分吸收数学文化，还能激发学生对数学学习的积极性，锻炼学生们的信息收集和归纳能力，对于他们今后的成长大有帮助④。

8.1.4 基于数学文化的教学案例

一个人的数学考试成绩固然重要，但真正对其终身发挥作用并贯穿到日常行动中的往往是潜移默化的数学文化。一堂优秀的数学课必定蕴含着广博的数学文化，以下

① 刘令，徐文彬．我国小学数学教科书中数学史料的分析与批判[J]．全球教育展望，2008(7)：87－91．
② 淮莎莎．数学文化在高中数学课堂中的渗透现状和实施策略研究[D]．华中师范大学，2017：23．
③ 张维忠．数学教育中的数学文化[M]．上海：上海教育出版社，2011：98．
④ 杨锋．数学文化在高中数学教学中的渗透[J]．数理化解题研究，2018(9)：8－9．

引用两个案例来阐述数学文化教学。

（具体案例请参看电子资料：案例七、案例八）

8.2 数学德育

8.2.1 数学德育概述

8.2.1.1 数学德育的概念

德育有广义和狭义之分。广义的德育指所有有目的、有计划地对社会成员在政治、思想与道德等方面施加影响的活动，包括社会德育、学校德育和家庭德育等方面。狭义的德育专指学校德育，是教育者按照一定的社会或阶级要求，有目的地培养受教育者品德的活动。①

数学德育指的是教师在数学教学的各个环节中，依据学生的身心发展特点和道德发展规律，充分利用数学教学内容中的德育素材，对学生进行思想道德品质、道德意志和道德情感等潜移默化的教育活动。②

8.2.1.2 数学德育总体设计

一个基点：热爱数学；

三个维度：人文精神、科学素养、道德品质；

六个层次：（按数学和数学以外领域联系的紧密程度排列）；

第一层次：数学本身的文化内涵，以优秀的数学文化感染学生；

第二层次：数学内容的美学价值，以特有的数学美陶冶学生；

第三层次：数学课题的历史背景，以丰富的数学发展史激励学生；

第四层次：数学体系的辩证因素，以科学的数学观指导学生；

第五层次：数学周围的社会主义现实，以昂扬的斗志鼓舞学生；

第六层次：数学教学的课堂环境，以优良的课堂文化塑造学生。③

让学生热爱数学是数学德育的基点。一个学生从热爱数学开始，进一步热爱是非分明的数学真理，追求数学的科学精神，接受数学真善美的洗礼，敬仰数学家的卓越贡献，就达到了数学德育的基本要求。在实际教学中，数学德育有三个维度：第一维度是课堂教学中融入数学文化，弘扬数学的"人文"精神。第二维度是培养学生数学理性精神。理性精神可以用三句话来进行概括：不迷信权威，要独立思考；不感情用事，

① 教师资格考试研究中心．教育心理学[M]．上海：华东师范大学出版社，2010：158－159.

② 李芝．小学阶段数学学科德育渗透现状调查研究[D]．赣南师范大学，2017.

③ 张奠宙，马岷兴，陈双双，等．数学学科德育——新视角·新案例[M]．北京：高等教育出版社，2007.

要据理判断；不随波逐流，要坚持真理。第三维度是培养学生良好的数学思维品质，即思维的广阔性、深刻性、灵活性、创造性和批判性五方面。

8.2.1.3 数学德育功能

1. 发扬人文精神

数学同语文、政治、历史等人文学科一样也同样承载着人文精神培育的任务。例如古希腊柏拉图学园的大门上写着“不懂几何者不得入内”，体现了数学在文明中的基础性地位。数学没有尊卑贵贱，数学学科所蕴含的是“平等”“自由”的人文精神。

当今世界，科技日新月异，经济快速发展，数学作为一门可以直接产生经济效应的“技术”，受到社会的极大关注，因此容易让人们认为只有联系学生实际，对学生有用的数学才是好的数学。其实不然，在数学教学中，教师不可过分强调数学的实际应用，贬低和丢弃不能直接产生物质利益的数学人文精神。在实际教学中，教师要引导学生思考数学、发现数学的“真善美”、尊重和热爱古希腊人关于无理数的发现等方式宣扬数学的人文精神①。

2. 培养科学态度

科学态度是一种求实、创新的态度，在思考或处理问题时，服从以事实为根据的真理。巴甫洛夫曾在总结自己的成功秘诀时说道：“养成严谨和忍耐的习惯，学会做科学中的细小工作，研究事实、对比事实、积累事实。但在研究、实验和观察时，要力求不停留在事实表面上，切勿变成历史的保管人，要洞察事实发生的底蕴，要坚持不懈地寻求那些表现事实的规律。”②数学教学中，大量的计算和论证伴随着每一个定理公式，需要教师和学生算必有理，证必有据。久而久之，学生便会在无形中养成严谨的实事求是的处事态度。除此之外还需要有批判精神，批判精神是推动数学发展的动力。例如，对平行公理的怀疑，产生了非欧几何；悖论的提出，勾勒了基础数学的蓝图。③因此，通过数学德育教育，形成严谨、求实态度和批判精神，有利于培养研究者的科学精神。

3. 发展思维品质

数学是基础教育的核心学科，是培养学生思维品质的良好载体。数学是思维的体操，通过数学教学，让学生在思维的广阔性、深刻性、灵活性、创造性和批判性五个方面得到严格训练和拓展。

4. 培养爱国主义精神

我国古代数学研究硕果累累，著名的数学典籍《九章算术》首次提出了正负数的概念及运算法则，使得代数学的产生早于西方；著名的勾股定理由西周数学家商高最早提出，又称商高定理；刘徽首创“割圆术”，科学地得出徽率(圆周率)3.14，祖冲之对圆周率进行运算得出 $3.1415926<\pi<3.1415927$；杨辉的“三角阵”比法国“帕斯卡三

---

① 张奠宙，马岷兴，陈双双，等. 数学学科德育——新视角·新案例[M]. 北京：高等教育出版社，2007：2-4.

② 朱美玉. 浅谈数学的德育功能[J]. 教育与职业，2009(9)：180-181.

③ 齐建华，王春莲. 论数学教育的德育功能[J]. 教育研究，2001(5)：72-74.

角形”的发现早500多年。我国在现代数学发展中也取得了丰硕成果，例如：在数论、微分、几何等领域的研究处在世界领先地位；我国中学生参加国际数学奥林匹克竞赛连连夺魁等。这些内容在数学情境、例题中，在课后知识拓展中都有所体现，可以激发学生的爱国热情，树立民族自豪感与自信心，培养献身科技事业的责任感和科技兴国意识①。

8.2.2　数学德育教学的原则

8.2.2.1　科学性原则

数学有其自身的学科特点，在数学教育中，要科学地结合数学内容进行德育渗透，防止牵强附会地硬凑；要有潜移默化意识，避免口号式说教；要贴切地结合内容渗透，防止贴标签式的空洞说教。“随数潜入脑，润物细无声。”让学生在数学学习中，不知不觉地受到数学德育的洗礼。

8.2.2.2　可接受性原则

数学教育中的德育要充分考虑学生的认知和心理特征，根据他们已有的数学知识和思维发展水平，联系实际生活，将学生作为德育活动的主体，选择学生可接受的内容与方式，有目的、有计划地开展数学德育。

8.2.2.3　情感性原则

数学教学中德育要讲究艺术性，要充分发挥情感效应，寓德育于情感的交融之中。数学教学与学生情感交流有密切的关系，教师不仅是授业解惑者，也是德育工作者，我们的言行举止无不影响着学生。一个肯定的眼神，一句激励性的话语，一个抚慰的动作，都会让学生如沐春风。因此在教学过程中教师要以情动人、情理结合，用自己丰富的情感触及学生的内心需求，在情感交融的过程中建立一种平等、民主、亲切、和谐的师生关系，学生自然在这种轻松、愉快的学习氛围中获得知识，在不知不觉中受到熏陶和感染。

8.2.2.4　持久性原则

“十年树木，百年树人。”学生树立正确的世界观、人生观、价值观，形成良好的品质、意识和态度，并非一朝一夕、一蹴而就，而是一个潜移默化的过程。数学教学过程中，渗透德育，使德育和教学真正地有机结合起来，并遵循持久性原则：守正笃实，久久为功，水到渠成。

8.2.2.5　整体性原则

在数学教学中渗透德育应与语文、政治等其他学科相结合，与学生的实践活动相结合，与学校的文化建设相结合，用整体的教育思想指导学生的德育活动，使学生得到多方面的教育和发展。只有这样，才能形成卓有实效的德育合力，真正提高教育的效果。

---

① 朱美玉．浅谈数学的德育功能[J]．教育与职业，2009(9)：180－181．

8.2.2.6 美学原则

数学美是数学发展的动力，数学王子高斯说：“去寻求一种最美和最简洁的证明，乃是吸引我研究的主要动力。”[①]对学生进行数学美的教育，有利于提高学生的审美能力，使学生热爱数学，主动探索数学的真理。数学美有多种特征，如简单美、对称美、和谐美、奇异美等。

(1)简单美。数学的简单美，主要表现在数学的逻辑结构、数学的方法和表达形式等方面。数学概念、符号、方法、公式和理论体系处处都体现了简单美，例如数学符号$\forall$、$\exists$、∞、$\int$或者数学公式$a^2+b^2=c^2$、$S=\pi r^2$等。

(2)对称美。毕达哥拉斯说：“一切立体图形中最美的是球，一切平面图形中最美的是圆。”对称是最能给人以美感的一种形式，人们对对称的追求是朴素的、自然的、真实的。这种美在数学中也表现得淋漓尽致，如心脏线、玫瑰线、抛物线、双曲抛物面等图形的对称。不仅图形有对称性，数量关系和推理过程也有对称性质，如奇与偶、单调递增与单调递减等。

(3)和谐美。毕达哥拉斯学派认为：数量关系的和谐是造就一切美、一切和谐事物的普遍规律。数学中的和谐美是指数学内容与内容之间，内容与形式之间，部分与整体之间存在着内在的联系或共同规律，从而形成本质上的严谨与统一。数学史上的历次数学危机正是某些数学理论不和谐所致。例如，无理数的诞生结束了第一次数学危机，使数学在新的基础上实现了新的和谐，从而推动了数学的发展[②]。

(4)奇异美。数学中的许多方法、结论让人感到出乎意料，超乎想象或者给人带来新颖、奇妙的感觉。例如，互相垂直且相交的两个圆柱，将其在平面内展开，会惊奇地发现两个圆柱的交线竟是一条完美的正弦曲线。

8.2.3 基于数学德育的教学案例

(具体案例请参看电子资料：案例九、案例十、案例十一)

8.3 中学数学逻辑基础

数学是由概念、命题通过推理组成的逻辑体系。理解数学概念、命题，分析思考数学问题，进行数学计算、推理和证明，都要遵循逻辑思维的基本规律。学习中学数学逻辑基础，使学生掌握概念、命题、推理、证明等的特点，有利于培养学生的逻辑思维能力。

---

① 孔凡茹，熊昌雄. 数学教学中的隐性课程分析[J]. 伊犁师范学院学报(自然科学版)，2007(1)：69－71.
② 同①.

8.3.1 数学概念与命题

8.3.1.1 数学概念

概念是反映事物本质属性的基本思维形式之一，是理性思维的产物。任何一门科学都是由一系列概念构成的理论体系。数学概念是从空间形式与数量关系方面揭示事物本质属性特征的思维形式。数学就是凭借数学概念，从形与数的角度来系统地认识客观现象，深入了解事物内部联系的。因此，概念是数学的“细胞”，离开数学概念便无法进行数学思维，也无法形成数学思想与方法，数学中的每一个判断、每一种推理都是在数学概念的基础上展开的。

数学概念是用数学语言表达的，其主要表达形式是词语或符号。例如，函数、直线、圆、实数、平分线、方程等分别表示一个数学概念；$=$、$<$、$\perp$、$\backsim$等符号，也都分别表达一个数学概念。概念间的关系是指概念外延间的关系，一般有相容与不相容两种关系。归结起来，数学概念之间的关系，如下：

- 概念间的关系
  - 相容关系
    - 同一关系
    - 交叉关系
    - 从属关系
  - 不相容关系
    - 矛盾关系
    - 对立关系

例如，“平行”与“相交”这两个数学概念，在平面内是矛盾关系，在空间中是对立关系。

8.3.1.2 数学命题

数学命题有多种表现形式，除用普通陈述句外，还常用符号组合来表示，如$\triangle ABC\backsim\triangle A'B'C'$，$5<6$ 等。数学命题的标准表示形式是“若 A 则 B”，其中，A 是条件，B 是结论。如果 A，B 都各是一个概念，就称“若 A 则 B”为简单命题。如果 A 或 B 也是命题就称“若 A 则 B”为复合命题。复合命题是由简单命题通过运算构成的，其本身也表示一个判断。命题运算是通过一系列简单命题的符号化、形式化构建新命题的法则。在逻辑学里，通常用小写英语字母 p、q、r 等表示简单命题，用$\neg$、$\wedge$、$\vee$、$\rightarrow$、$\leftrightarrow$表示命题逻辑连接词否定、合取、析取、蕴含、当且仅当等。

8.3.1.3 命题的四种基本形式及其关系

数学命题通常用蕴含式 $p\rightarrow q$ 给出。对于同一对象，可以作出四种形式的命题。

(1)原命题：$p\rightarrow q$。

(2)逆命题：$q\rightarrow p$。

(3)否命题：$\neg p\rightarrow\neg q$。

(4)逆否命题：$\neg q\rightarrow\neg p$。

四种命题的真假，有着一定的逻辑联系。互为逆否的两个命题是逻辑等价的，可以通过真值表或命题运算律加以验证。

从命题之间的关系，可以看出：

(1)当原命题为真时，其逆命题与否命题未必为真，其真实性需另外加以证明。而原命题与逆否命题、逆命题与否命题是等价的，它们必定同真或同假。

(2)由于互为逆否的两个命题等价，因此，在讨论一个命题四种形式的真实性时，就没有必要对四种命题逐个加以讨论，而只需证明原命题与逆否命题中的任一个或逆命题与否命题中的任一个即可。如果能证得原命题与逆命题同真，那就等于证明了四种形式的命题同真。

(3)当证明原命题有困难时，根据等价性，可考虑证明它的逆否命题，这样做有时会给证明带来方便。

8.3.1.4 命题的制作

1. 逆命题的制作

逆命题是相对于原命题的一种形式，按照逻辑学上的规定，将原命题的结论与条件交换位置即成为逆命题。但对有些数学命题，在条件和结论互换位置后，必须适当加些词语修饰，避免表述不当。例如，命题“等腰三角形两底角相等”，它的逆命题的正确表述应是“若一个三角形有两个角相等，则这两个角所对的边也相等”。

在初等数学中，除了研究上述逆命题外，往往还研究另一类“逆命题”，即将一个复合命题中相同个数的条件与结论(并不是全部)交换位置，所得的“逆命题”称之为偏逆命题，例如，命题“若 $a>b$，$c>0$，则 $ac>bc$”有两个条件，一个结论。因此，它有一个逆命题“若 $ac>bc$，则 $a>b$，$c>0$”和两个偏逆命题“若 $a>b$，$ac>bc$，则 $c>0$”“若 $c>0$，$ac>bc$，则 $a>b$”。

当命题的条件、结论中含有多个选言判断，制作逆命题时，选言判断只能当作一个整体，不能再加以分解。例如，命题“若 $a>0$，或 $a<0$，则 $a^2>0$”只有一个条件(选言判断)和一个结论，因而也只有一个逆命题“若 $a^2>0$，则 $a>0$ 或 $a<0$”，而没有偏逆命题。

2. 逆否命题的制作

对于简单的命题，在制作逆否命题时，只需将条件和结论分别否定，再交换位置即可。对复合命题的逆否命题，则需要通过命题的运算才能得到。例如，求命题“若 $a=0$ 或 $b=0$，则 $ab=0$”的逆否命题时，将原命题表示为：$(a=0)\vee(b=0)\rightarrow(ab=0)$，

则其逆否命题为：

$\neg(ab=0)\rightarrow\neg((a=0)\vee(b=0))=(ab\neq0)$

$\rightarrow\neg(a=0)\wedge\neg(b=0)=(ab\neq0)$

$\rightarrow(a\neq0)\wedge(b\neq0)$

即“若 $ab\neq0$，则 $a\neq0\wedge b\neq0$”。

8.3.1.5 同一原理

互逆的两个命题未必等价。但是，当一个命题的条件和结论都唯一存在且它们所指的概念的外延完全相同属于同一概念时，这个命题和它的逆命题等价。这一性质通常称为同一原理。例如，“等腰三角形底边上的中线是其底边上的高线”是个真命题，

命题的条件和结论都唯一存在，条件和结论所指的概念的外延完全相同(即为同一条线段)[①]。其逆命题“等腰三角形底边上的高线是其底边上的中线”也必然为真。

同一原理是间接证法之一的同一法的逻辑根据。对于符合同一原理的两个互逆命题，在判定其真假时，只要判定其中的一个即可。

8.3.1.6　命题的条件

数学命题中的条件可以分为充分条件、必要条件、充要条件和既不充分也非必要条件。

若命题 $p \to q$ 真，则称 p 是 q 成立的充分条件；

若命题 $q \to p$ 真，则称 p 是 q 成立的必要条件；

若命题 $p \to q$ 与 $q \to p$ 同真，则称 p 是 q 成立的充要条件(充分必要条件)；

若命题 $p \to q$ 与 $q \to p$ 同假，则称 p 是 q 成立的既不充分也非必要条件。

如果把充分条件与必要条件结合起来考察，有充分而非必要和必要而非充分条件：

若命题 $p \to q$ 真，且 $q \to p$ 假，则称 p 是 q 成立的充分而非必要条件；

若命题 $p \to q$ 假，且 $q \to p$ 真，则称 p 是 q 成立的必要而非充分条件。

充分条件和必要条件，揭示了命题的条件和结论之间的内在联系，可以用于数学证明。若要证明一个命题成立，只要证明能使这个命题成立的一个充分条件成立就足够了；若要证明一个命题不成立，只需举出一个反例或证明使这个命题成立的一个必要条件不具备就可以了。

8.3.1.7　分断式命题

如果把 n 个命题“$p_i \to q_i$”($i=1,\ 2,\ \cdots,\ n$)合起来叙述为一个命题 p，而这 n 个命题的条件 p_i 和结论 q_i($i=1,\ 2,\ \cdots,\ n$)所含事项双方都面面俱到(包括了所论问题所有的可能性)且互不相容，那么命题 p 叫作分断式命题。例如，命题“一次方程 $ax=b$”，当“$a\neq 0$ 时，有唯一解 $x=\dfrac{b}{a}$；当 $a=0$ 且 $b\neq 0$ 时，没有解；当 $a\neq 0$ 且 $b\neq 0$ 时，有无穷多解。”是一个分断式命题。

一个分断式命题，如果原命题为真，那么其逆命题也必为真。若设原命题“$p_i \to q_i$”($i=1,\ 2,\ \cdots,\ n$)为真，从中取出($n-1$)个，如“$p_i \to q_i$”($i=1,\ 2,\ \cdots,\ n$)。依分断式命题的定义，这($n-1$)个蕴含式联立起来，实质上就是$\neg p_1 \to \neg q_1$ 为真，因此，依逆否律知 $q_1 \to p_1$ 为真。同理得 $q_k \to p_k$($k=1,\ 2,\ \cdots,\ n$)为真，所以逆命题 $q_k \to p_k$($k=1,\ 2,\ \cdots,\ n$)为真。

正确的分断式命题叫作配套定理，组成配套定理的各个命题分别和它们的逆命题等价。

8.3.2　数学推理与证明

推理和证明是数学思维的基本过程。推理在数学发现中有着重要的作用，而数学命题的正确性必须通过逻辑证明来保证。费马通过对勾股定理的研究大胆地提出了费

① 李永新，李劲. 中学数学教育学概论[M]. 北京：科学出版社，2012：151.

马猜想，其本身是用合情推理的方法提出的。其实，许多数学问题、数学猜想，包括世界著名数学难题的解决，往往是在对数、式或图形的直接观察、归纳、类比、猜想中获得方法，而后再进行逻辑验证。同时随着问题的解决，提炼出数学方法，拓展数学研究范围，推进数学不断向前发展。这里主要阐述数学推理与证明的基本知识，并结合中学数学教学内容，阐明推理和证明在数学中的重要作用。

8.3.2.1 数学推理

推理是由一个或几个已知判断得出一个新判断的思维形式①。推理的逻辑基础是充足理由律。每一个推理都由前提和结论两部分组成。依据的已知判断，叫作推理的前提。得出的新判断，叫作推理的结论。在推理的表述中，常用的逻辑关联词有："因为……，所以……"，"由于……，因此……"。推理在数学研究和数学学习中发挥着巨大作用，它可以使我们获得新的知识，也可以帮助我们论证或反驳某个论题。数学逻辑推理被广泛应用于数学思维之中，例如发现数学规律的过程中、数学证明中、在构成数学的假说中等。

推理必须遵守一定的规则，推理规则就是正确的推理形式，遵守这些形式就能保证推理合乎逻辑。中学数学中常用的演绎推理规则有：

规则1 若 $p\to q$ 真，且 p 真，则 q 真。即 $(p\to q)\land p\Rightarrow q$。

规则2 若 $p\to q$ 真，且 $q\to r$ 真，则 $p\to r$ 真。即 $(p\to q)\land(q\to r)\Rightarrow(p\to r)$。

规则3 若 $p\land q$ 真，则 p 真；若 $p\land q$ 真，则 q 真。即 $(p\land q)\Rightarrow p$；$(p\land q)\Rightarrow q$。

规则4 若 $p\lor q$ 真且 $\neg p$ 真，则 q 真。即 $(p\lor q)\land(\neg p)\Rightarrow q$。

同样有：$(p\lor q)\land(\neg q)\Rightarrow p$。

规则5 若 $p\to q$ 真且 $\neg q$ 真，则 $\neg p$ 真。即 $(p\to q)\land(\neg q)\Rightarrow\neg p$。

规则6 若集合 A 中每一元素 x，都具有属性 F，则集合 A 的任一非空子集 B 中的每个元素 y 也具有属性 F。即 $\forall x\in A\,[F(x)]\land(A\supseteq B\neq\varnothing)\Rightarrow\forall y\in B\,[F(y)]$。

数学中的推理分为论证推理和似真推理两大类。论证推理的主要形式包括演绎推理和完全归纳推理，其结论提供了严谨的切实可靠的知识推理。似真推理的主要形式包括类比推理和不完全归纳推理，其结论提供了或然性知识的推理。或然性就是指不明确其真实性的意思。例如抛掷一枚硬币，可能反面朝上，也可能正面朝上，其结果具有或然性。

(1)演绎推理。根据一类事物对象的一般判断(前提)，推出这类事物个别对象的特殊判断(结论)，这种推理方法就称为演绎推理。

(2)关系推理。根据对象间关系的逻辑联系(如对称、传递等)进行推演的推理形式，这种推理方法被称为关系推理。它的前提和结论都是关系判断。

(3)完全归纳推理。根据考察一类事物的每一个对象具有某一属性的前提，作出这类事物的全体都具有这一属性的结论，这种推理方法就称为完全归纳推理，也称为完全归纳法。

(4)不完全归纳推理。根据考察一类事物的部分对象具有某一属性的前提，作出这

① 管国文，胡炳生. 中学数学学习方法论[M]. 芜湖：安徽师范大学出版社，2018：65.

类事物的全体对象都有这一属性的结论，这种推理方法就称为不完全归纳推理，也称为不完全归纳法。

(5)类比推理。根据两个或两类对象的某些相同或相似属性，而推出它们的某种其他属性也相同或相似，这种推理方法就称为类比推理，也称为类比法。

8.3.2.2　数学证明

证明就是根据一些已经确定真实性的命题来断定某一命题真实性的思维过程。从逻辑结构方面分析，任何证明都由论题、论据、论证三部分组成[①]。需要确定其真实性的判断或命题称为论题，用来证明论题真实性而引用的那些真实可靠的命题，即证明的根据和理由称为论据，根据论据进行一系列推理，证明论题真实性的过程称为论证。通俗地讲，论题即"要证明什么"，论据是"用什么来证明"，论证是"怎么证明"。

证明与推理既有密切的联系，又有明显的区别。其联系体现于证明必须运用推理，证明过程其实也就是推理过程。证明的论题相当于推理的结论，证明的论据相当于推理的前提，论证相当于推理的形式。一个论证可以只含有一个推理，也可以含有一系列推理。从本质上说，证明是一种特殊形式的推理。证明与推理的区别首先表现于结构上，推理包含前提和结论两个部分，证明包含论题、论证、论据三个部分。其次，推理是先有前提，即前提是已知的，由前提推出结论。而证明是先有论题，即论题是已知的，再探求论据。因此，证明与推理的思维过程正好是相反的。此外，推理只是断定了前提与结论之间有必然性联系或或然性联系，并不要求前提和结论具有真实性。而证明则是以真实的论据来确定论题的真实性。经过证明后，论题的真实性是确信无疑的。

对于数学的证明方法，人们可以根据不同的标准做出不同的划分，因为解决数学问题的方法随着数学知识、数学分支的增加及人们认识的不断深化，所体现的数学思想和数学方法越来越多，很难作出详细的划分。按论证命题形式的不同可分为直接证明和间接证明；按推理形式的不同可划分为演绎法和归纳法；按探索证题思路的方向不同可分为综合法和分析法；按证明方法的抽象程度不同可分为具体方法、一般方法和数学思想方法。

8.3.3　数学思维品质与培养途径

人们在认识过程中，除感觉、知觉和记忆外，还必须在经验的基础上通过迂回、间接的途径去寻求问题的答案，即根据丰富的感性材料，进行"去粗取精、去伪存真，由此及彼、由表及里"的分析探究活动，以达到问题解决的目的，这一系列复杂的心理活动过程就是思维。在中学数学教学中时刻都需要进行数学思维活动，广泛地应用各种思维活动的方法与规律。

8.3.3.1　数学思维的意义与品质

思维是认识的高级阶段，具有间接性、概括性两大特点。数学思维是人脑和数学对象相互作用并按照一般思维规律认识数学对象本质与规律的过程。概念、判断、推

① 管国文，胡炳生. 中学数学学习方法论[M]. 芜湖：安徽师范大学出版社，2018：68.

理是数学思维的基本形式。常用的数学思维方法有观察、实验、分析、综合、比较、分类、抽象、概括、具体化、特殊化、系统化、想象、直觉等。

数学思维有多种分法。按结构分为平面思维和立体思维；按性质或层次分为具体思维、抽象思维、直觉思维和函数思维；按反映方式分为有声思维和有形思维；按实际需求分为自然思维、理论思维和创造性思维等。

人与人之间的思维发展水平是有差异的，有正常、超常和低常之分。这种差异主要是由思维品质决定的。所谓思维品质，是指思维发生和发展过程中表现出来的个性差异，如思维的深度、广度、速度、灵活度、抽象度、批判度、创造度等方面。

数学思维品质主要由以下几方面构成。

(1)思维的广阔性，即思维的广度，表现为从不同角度、不同层面对问题进行考量。思维的广阔性是对学生进行思维训练的基础与前提，只有想得多、想得深，才能想得细、想得活、想得全、想得精、想得巧、想得妙、想得对。

(2)思维的深刻性，即思维的深度，表现为深入问题的本质，排除非本质因素的干扰。

(3)思维的灵活性，即思维的敏捷性，表现为解题思路的转换。

(4)思维的创造性，即思维创新程度，表现为思维的方法、过程或结果新颖独特，别具一格。

(5)思维的批判性，即思维主体的自我监控、自我反思程度，表现为敢于质疑，不人云亦云。

数学思维品质的培养和提高，是一项长期而艰苦的任务，需要在数学教学中处处留心，时时关注，从一点一滴做起，持之以恒。

8.3.3.2 数学思维能力及其培养途径

数学思维能力是指学生能够在数学学习的过程中运用数学的逻辑思维，展开丰富的空间想象，能够归纳总结、推理出一些数学问题，并且具备发现各种数学问题、解决问题的一种思维能力。这种思维能力的拥有必须要具备良好的观察能力、想象能力、推理能力以及解决问题的能力①。

中学数学思维能力的培养只能存在于数学教育过程之中，培养思维能力是整个数学教学的核心，需要从多方面改进教学，持之以恒地努力。以下就如何加强数学思维能力的培养提几点建议。

(1)加强“双基”教学，为培养学生的能力打下坚实的基础。知识是培养思维能力的基础，只有具备科学的、符合逻辑结构的、有规律的知识，才能有利于学生能力的培养。

(2)重视数学思想方法的教学，是培养学生思维能力的重要方面。数学思想方法的教学是将数学知识转化为数学思维能力的重要方式，教师应该针对这一特点，在传授知识的同时，有意识、有目的地挖掘出隐含在基本知识中的数学思想方法，使学生领悟并逐步学会运用这些思想方法去解决问题。

---

① 朱阳金．试论小学数学教学中学生数学思维能力的培养[J]．教育教学论坛，2012，81(40)：102—103.

(3)指导学生运用知识解决实际问题，为培养学生思维能力开辟多种途径。教师要科学地安排应用、训练，并加强指导，认真组织学生有计划地进行数学创造实践活动，借以培养学生发现问题、分析问题、解决问题的能力及创造能力。

(4)坚持启发式教学，为学生思维能力的培养创造有利条件。思维能力的培养要以知识的学习为基础，但又不能简单地归结为“只要知识掌握了，思维能力也就会自然而然地得到发展”，关键就是学生通过什么方式获得知识的。此时教师采用启发式的教学方法，不断地激发学生的学习兴趣，就能为学生思维能力的发展创造有利的条件。

(5)指导学习方法，为学生思维能力的培养提供积极因素。教师要善于帮助学生总结、交流好的学习方法，并且在平时的教学中为学生作出示范：怎样发现问题、提出问题、分析问题和解决问题等。

思考与练习

1. 数学学科德育与其他学科德育有何异同？
2. 叙述一个你印象深刻的数学德育案例。
3. 什么是数学概念？数学概念是怎样产生的？举例说明。
4. 数学概念的内涵和外延是什么？
5. 命题的四种基本形式是怎样的？它们之间有什么联系？
6. 何为推理？推理有哪些种类？
7. 证明如果一条直线和两条平行线中的一条垂直，那么这条直线也和另一条垂直。

第9章　数学教师的说课、听课与评课

学习提要

说课、听课与评课是教学研究的重要方面和校本教研的基本形式，也是教师专业发展的重要组成部分和教师专业学习的重要途径。本章主要介绍数学教师的说课、听课与评课及其相关内容。

9.1　数学教师的说课

9.1.1　说课的含义及特点

说课是教师面对专家、同行或其他听众，通过具体问题的叙述，深入分析教材和学生情况，并在此基础上介绍教学设计的一种研究形式。

说课的依据主要有三种：一是教育学、心理学等基础理论；二是课程标准和教材要求、学情等方面的特点；三是传授知识、发展智力、培养能力和渗透德育等方面的需要。

说课是教研活动的重要形式和形成教学团队的重要途径。[①] 通过说课，组织教师们聚集在一起互相说、听、评课，共同研究教学内容，探讨教学规律，不仅有利于提高教师的教育理论水平及利用教育理论解决实际问题的能力，还能培养教师的集体主义精神和互帮互助的作风。

说课表现形式主要是说课者在一定场合下针对某一堂课进行讲解，说出自己的课堂设计与分析，包括教材内容分析、学情分析、教学目标确定、教学过程设计、教学方法选择等。从整个说课的流程来看，说课主要具有两个特点：第一，重在分析。说课不仅让说课者述说自己的教学过程，更重要的是讲述设计教学过程的理由，对教案作出详细的分析。首先分析大纲、教材，明确所讲内容及其地位与作用，然后对课堂教学各个环节的设计进行解释。这就要求教师在说课前，对课堂设计的分析做好充分的准备。第二，重在交流。说课是说课者面对其他教师或者教研员分享自己的课堂预设，其他教师或者教研员进行观摩学习并给予一定评价建议。

9.1.1.1　说课与备课的比较

1. 相同点

(1)二者都是为上课服务，目的是提高课堂教学效率。

(2)说课是对备课内容的展示。

(3)二者均需要教师精心研究资料，选择合适的教学方法，设计最优教学方案。

---

① 雷树福. 说课概念辨析[J]. 康定民族师范高等专科学校学报，2007(5)：92—95.

2. 不同点

(1)对象不同。备课，需要老师独立设计，不直接面对学生或教师；而说课则是说课者直接面对其他教师或教研人员来陈述自己备课的情况及理论依据。

(2)目标不同。备课是为了正常开展教学活动，设计合理的教学过程，最终目的是提高课堂教学效果，促进学生发展。而说课是教师对自身教学的反思，最终目的是促进教师的专业发展。

(3)需求不同。备课强调科学、合理、全面地安排教学活动，为学生提供一个切实可行的、清晰的教学过程。因此，备课通常应写出教什么和如何教，而不解释为什么教。说课则要求教师说出要教什么、怎样教，从理论的角度解释这种安排，有何理论依据，对课堂进行更清晰、全面的理解和分析①。

9.1.1.2 说课与上课的比较

说课与上课都属动态过程，但由于目的不同，它们也有很多不同之处。第一，对象不同。上课的对象是学生，而说课的对象则是其他教师或教研员。第二，要求不同。上课主要解决教什么、怎么教的问题，而说课不仅要讲述教什么、怎样教，还要说明为什么这样教。第三，时间不同。上课时间一般为 45 分钟左右，而说课一般为 15 分钟左右，短时间内就可以了解说课者的教学理念和对教材的理解程度，所以说课在教师招聘中被大量运用。

9.1.2 说课的类型

说课是教学研究活动中的重要组成部分，根据目的和要求不同，其分类方法也有所不同。

从说课的时间安排上，可分为课前说课和课后说课。

从说课的范围上，可分为公开说课、全校说课、年级组说课、教研组说课和备课组说课。

从说课的目的上，可分为教研型说课、汇报型说课、示范型说课、观摩型说课和竞赛型说课。

从说课内容的范围上，可分为课时说课和单元说课。

从教学业务评比的角度上，可分为评比型说课和非评比型说课。

从教学研究的角度上，可分为专题研究型说课和示范型说课。

下面简单介绍一下单元说课、课时说课、评比型说课和示范型说课。

1. 单元说课

单元说课的基本内容有四方面。①教学单元和单元主题的划分。②教材分析，教学要求、编者意图、单元内容、单元在全书中的位置、重难点的确定、前置知识、系统结构等都要说明，这是对教材的静态分析。③前提分析，包括学生的认知前提、情感前提和技能前提分析。为此，教师必须了解学生，通常称为“备学生”，这是对单元学习的动态分析。静态分析是基础，动态分析是调节。④单元教学设计，包括建立单

① 何小亚，姚静. 中学数学教学设计[M]. 北京：科学出版社，2020：248.

元学习目标、课的类型、学时分配、教材处理的基本思路和做法、特殊情况的处理和特殊手段的应用、编译单元知识网络图、单元训练和形成性试题的编制、突破关键和难点的主要措施。①

2. 课时说课

说课时间一般为15分钟左右。开始前要作自我介绍，并指明课题内容、所选教材版本、教材第几册、第几单元等。内容一般应包括以下几方面。

(1)说教材内容。

说明本课时内容在单元内容中的地位与作用，明确新旧知识间的衔接点及衔接方式，分析知识间的内在联系。根据课程标准对课时内容的要求和学生的学情确定出本课时内容教学的重点、难点、关键点及其属何种课型。

(2)说教学目标。

教学目标是整个教学活动的指向和要求。一般来说，课程标准中对每一单元内容都提出了比较明确的目标要求。但就每一课时内容来说，教师应在课标及学情基础上，确定更具体、更符合学情实际、有操作性和可检测性的课堂教学目标。说课中必须明确说出通过本课时内容教学，应在知识与技能、过程与方法、情感态度与价值观等方面达成的具体教学目标，用目标统领整个教学设计。

(3)说教学方法。

教学方法的选择是整个教学设计安排的关键。方法正确、合理，整个教学活动才能有效进行，教学目标才能落到实处，教学任务才能圆满完成。说课中，要在教材内容分析、学情分析和教学目标认定的基础上说明选择和使用的主要教学手段与方法，以及需要准备的教具等。

(4)说教学过程。

教学过程安排是说课的重点和主体，纵向包括导入、讲授、练习、小结、作业布置等环节。每一环节横向包括教学内容、师生活动、设计意图及时间分配。

(5)说板书板画设计。

板书板画是数学课堂教学呈现教学内容、传递教学信息、强化教学目标、提高教学效果的基本手段方式。课堂上是先讲课后板书，还是先板书后讲课，边讲课边板书；什么时候需要板书，板书在什么位置，用什么颜色板书，板书需要保留多少时间，整个板书划分几个幅面等，这些都需要在课前精心设计，体现教学目标要求，符合学生的认知特点。说课中，需要对板书板画设计作简单说明，若时间允许，应事先备好，当堂展示。

(6)补充说明。

在说课的最后阶段通常需要对整个教学设计中体现的教学思想、存在的缺憾、可能的其他设计、具体实施中需要注意的方面等作补充说明，这样更能体现出说课者思考的严密性，给听众更多的思考指向。如果本人有教学技能方面的突出才艺，即兴展示，更能增添说课效果。

---

① 刘建杰. 学科教研的好形式——说课[J]. 新余高专学报，2001(1)：66－68.

3. 评比型说课

评比型说课(又称竞赛型说课)是把说课作为教师教学业务评比的内容，一般将教师运用教育教学理论的能力、理解课程标准和教材的实际水平、教学过程设计科学、合理的方法、客观和公正的评价等被作为主要的评价标准。

评比型说课是一种教学研究活动，需要实践主题。教师依照指定的教材，在有限的时间内独立准备和练习，有时还需要教师将说课内容实践于真实课堂教学，通过课堂实际效果来评价说课质量，再由评委决定比赛名次。该说课方式不仅是选拔优秀教师的一种方法，更是推动教师队伍建设、促进教师专业发展的有效途径。

4. 示范型说课

示范型说课是指优秀教师如学科带头人或特级教师等为代表，在向听课教师做示范性说课的基础上，请该教师按照其说课内容上课，其后再组织教师进行评议的教学研究方式。听课教师可以从听说课、看上课、参与评课中增长见识，开阔视野，不断提高自己教学实践的能力，也是自身成长为教学骨干的有效方式和重要途径。

9.1.3　说课的内容及要求

一个完整的说课至少应包括说目标、说教材、说教法、说过程四个方面。

9.1.3.1　说目标

数学课程标准在总体上把教学目标分为“知识与技能”“过程与方法”“情感态度与价值观”三个维度。这三部分相互交融、相互渗透且不可分割。教学目标的设计应以课程标准为指导，即在深入理解和分析数学课程标准的要求、结合教学内容和学生基本情况的基础上，确定教学目标，注重整体目标与具体目标的有机结合。目标越具体，教学活动安排越科学，可操作性越强，其教学水平越高。在详细描述教学目标时，应注意目标的准确性和具体性，使其具有可观察性、可操作性、指向性和可评价性。例如，上述函数单调性(一)说课的教学目标可以这样描述：

教学目标：从实际生活问题出发，引导学生自主探索函数单调性的概念，应用图象和单调性的定义解决函数单调性问题，让学生领会数形结合的数学思想方法，培养学生发现问题、分析问题、解决问题的能力，体验数学的科学功能、符号功能和工具功能，培养学生直觉观察、探索发现、科学论证的良好的数学思维品质。

9.1.3.2　说教材

数学教材是数学课程标准的具体化。说课者应对课程标准和教材深入理解，确定课题的教学内容，明确本节内容在教学单元乃至整个教材中的地位、作用以及与其他单元或课题的联系等。根据课程标准对具体课程内容的要求，确定教学重难点、关键点及课时安排等。

说教材时，说课人应尽可能阐明自己对教材的理解和感悟，以充分显示自己对教材宏观把握能力和对教材配置的整合能力。

1. 说课题

简要介绍本次说课相关内容，一般包括学科、书册、章节及主要知识点内容等。

例如：

我说课的内容是函数的单调性(一)的教学，用的教材是江苏教育出版社出版的全日制普通高中课程标准实验教科书(必修)《数学(1)》第二章《函数概念和基本初等函数Ⅰ》§2.1.3函数简单性质的第一课时"单调性"(34—37页)，该课时主要学习增函数、减函数的定义，以及应用定义解决一些简单问题。

2. 说教材的作用和地位

在深入了解课程标准和教材编写的理念及其特点的基础上，根据课程标准的要求，简要阐述被选内容在本单元、教材、年级及学段中的地位、作用、逻辑关系和意义，以及与其他单元或课程、其他学科的联系等。例如：

函数的性质是研究函数的基石，函数的单调性是首要研究的一个性质。通过对本节课的学习，让学生领会函数单调性的概念、掌握证明函数单调性的步骤，并能运用单调性知识解决一些简单的实际问题。通过上述活动，加深对函数本质的认识。函数的单调性既是函数概念的延续和拓展，又是后续研究指数函数、对数函数、三角函数单调性的基础。此外，在比较数的大小、函数的定性分析以及相关的数学综合问题中也有广泛的应用，它是整个高中数学的核心知识之一。从方法论的角度分析，本节教学过程中还渗透了探索发现、数形结合、归纳转化等数学思想方法。

3. 说教材的重难点、关键点

(1)在教材中贯穿全局、带动全面、起核心作用的即教学重点，是由其在教材中的地位和作用来决定的。通常，教科书中的定义、定理、公式、法则以及它们的推导过程和重要应用、各种技能和技巧的培养和训练、解题的要领和方法、图的制作和描绘等，都可确定为重点。

(2)教材中理解、掌握或运用方面相对困难的点即难点。难点具有相对性，由学生的认识能力和知识需求之间的差距所决定。大多数情况下，教材中相对抽象的知识、相对复杂的结构、相对隐蔽的本质属性，需要应用的新观点、新方法或学生所缺乏的感性知识等均可作为难点。

(3)理解、掌握某一部分知识或解决某一问题的突破口就是所谓的"关键点"。它是突出重点、攻克难点之所在，一般具有承前启后的作用。在数学学习中，只要掌握关键点，其余部分的学习则会轻松很多。①

下面这个案例节选主要是关于说教材的重难点和关键点②。

函数单调性属于概念课，本质是利用解析的方法来研究函数图象的性质。

教学重点：函数单调性的概念、运用函数单调性的定义判断一些函数的单调性。

教学难点：难点部分有函数单调性的知识形成、利用函数图象与单调性的定义判断和证明函数的单调性，一是难在如何使学生从描述性语言过渡到严谨的数学语言，二是难在学生在高中阶段第一次接触代数证明，该如何进行严格的推理论证并完成规范的书面表达。

---

① 何小亚，姚静．中学数学教学设计[M]．北京：科学出版社，2020：251.

② 何小亚，姚静．中学数学教学设计[M]．北京：科学出版社，2020：252.

关键点：深刻理解函数单调性的定义。

围绕以上两个难点，对本节课进行处理，一方面应重视学生的亲身体验：①将新知识与学生已有知识建立联系。如学生对一次函数、二次函数和反比例函数的认识，学生对"y随x的增大而增大"的理解；②运用新知识尝试解决新问题。如对函数$f(x)=\frac{x}{x+1}$在定义域上的单调性的讨论。另一方面重视学生发现的过程，如充分重视学生将函数图象(形)的特征转化为函数值(数)特征的思维过程，充分重视正反两方面探讨活动及学生认知结构升华、发现的过程等。[①]

9.1.3.3　说教法

教学方法一般是教师教法和学生学法的统称。作为说课的关键内容，说教学方法主要说明"怎么教""怎么学"和"为什么这样教""为什么这样学"。

说教法，即据教材内容、教学目标、学生情况和教学时间等具体实际情况，说出所选择的教学方法和教学手段及其理论依据，以达到教学方法的最优化[②]。在现有教育教学理论的指导下，适当整合常用的教学方法，如接受式教学法、合作式教学法等，以充分发挥各种方法的优势，优化教学过程，提升教学效果。

说学法是指教师结合教学目标及实际情况说出适合学生学习的方法，尤其应从学生的年龄特征、认知基础、能力发展、教学方法、教学手段等方面说明教师如何引导学生实现从"接受学习"到"自主学习"的转变，最终达到"教是为了不教"的目的。

说教法和说学法这两种活动相辅相成，教为主导、学为主体，教师的"教"为学生的"学"而服务。下面是一个关于这方面的案例节选。[③]

本节课是一节较为抽象的数学概念课，因此，教法上要注意：

(1)通过学生熟悉的实际生活问题引入课题，为概念学习创设情境，拉近数学与现实的距离，激发学生求知欲，调动学生主体参与的积极性。

(2)在运用定义解题的过程中，紧扣定义中的关键语句，通过学生的主体参与，完成对各个难点的突破，以获得各类问题的解决。

(3)在鼓励学生主体参与的同时，不可忽视教师的主导作用，具体体现在设问、讲评和规范书写等方面，教会学生清晰地思维、严谨地推理，并成功地完成书面表达。

(4)采用投影仪、计算机多媒体等现代教学手段，增大教学容量和直观性。

在学法上：

(1)让学生从问题中质疑、尝试、归纳、总结、运用，培养学生发现问题、研究问题和解决问题的能力。

(2)利用图形直观启迪思维，并通过正反例的构造，使学生完成从感性认识到理性思维的一个飞跃。

9.1.3.4　说过程

教学过程指根据已有的教学设计推进教学活动的时间序列，是教学的关键部分，

---

① 何小亚，姚静．中学数学教学设计[M]．北京：科学出版社，2020：252.

② 同①.

③ 何小亚，姚静．中学数学教学设计[M]．北京：科学出版社，2020：254.

其中蕴含了教师的教学思想、教学设计和教学风格等信息。说教学过程主要包含以下内容。

(1)说设计思路。设计思路是根据教学内容对主要的教学环节进行整体性的统筹规划，其有助于听者了解教学活动的总体安排。这一部分可以单独列出，也可以隐含在教学流程中。

(2)说重点、难点的处理。说明在教学过程中采用何种方法和手段去突出重点和突破难点。

(3)说教学流程的安排。这是指围绕教学思路，具体阐释教学活动的理论依据及其安排。在说具体流程时，应做到详略得当，重点内容重点说，难点突破详细说，理论依据(包括教学法依据、教育学和心理学依据等)简单说。此外，说教学流程应包含教学的各个环节，如导入课题、探究新知、练习巩固、课堂小结、作业布置等。

(4)说板书设计。板书设计视具体说课要求而定，若是教学研究活动中的说课则可省略；若作为业务评比则应在黑板上演示。

(5)说教学设计说明或反思。针对未实施的课程，应说明预设的教学设计。对于已实施的课程，可根据教学实际情况进行总结和反思。

9.1.4 说课稿的撰写

说课是以说课者个人素养为基础，以说课的方法和手段的巧妙运用为核心，以显示说课者的艺术形象和风格为外部表现的综合行为艺术。[①] 说课稿是说课行为活动的大纲。以人教版八年级上册《同底数幂的乘法》[②]的说课设计为例，从教学背景的分析、教学目标的确定、教学手段的使用、教学过程的设计与实施四方面对本节课进行阐述。

(具体案例请参看电子资料：案例十二)

9.2 数学教师的听课

9.2.1 听课的概述

课堂教学活动是学校工作的重心和关键。通过听课研究可以有效改进课堂教学中出现的部分问题。听课是一种兼备教研、科研的教学活动，不论是对促进教学实践还是发展教学理论，都起着无可替代的作用。本节主要从教师的角度阐述听课及相关

① 徐京魁. 高校大学语文说课模式和说课技巧探讨——以《不能让祖国受委屈》说课为例[J]. 教师，2011(29)：31－33.

② 李俊平. 义务教育教科书(人教版)数学八年级上册同底数幂的乘法说课稿[J]. 教育实践与研究(B)，2017(9)：62－64.

问题。

9.2.1.1　听课的含义

听课是教师或研究者带着明确的目的，凭借眼、耳、手等感官及有关辅助工具(记录本、观察表、调查表、录音录像设备等)，直接或间接(主要是直接)从课堂情境中获取相关的信息资料，从感性到理性学习的教育研究方法。[①]

听课是教育行政部门和教学业务部门检查和指导教学活动的重要方式，同时是教师必不可少的技能和工作，也是提高教师专业水平成长的重要途径。听课有助于教师及时了解学校及其他教师的教学现状，促进教师之间取长补短，共同提高。尤其对于青年教师而言，通过听课来学习优秀教师的先进教学经验，促进教师个人的专业成长，有利于转变教学思想，更新教学观念，提高教学质量与水平。

此外，听课是甄别、认定课堂教学优劣的手段和途径，具有目的性、主观性、选择性、指导性、理论性与情境性等基本特点。

9.2.1.2　听课的目的

一般来说，听课是一种手段、途径，其本身不是目的。通过听课甄别、认定课堂教学的优劣，进而提升课堂教学研究水平和质量才是目的[②]。

每一堂课都有不同的主题，听课者在听课时应带着明确的目的和任务，自行选择时间、地点和对象等，有侧重地听一部分课或学习相应内容。如：青年教师的听课主要是为了观摩学习，了解其他教师的教法、对重难点的处理、板书的设计以及教学手段和教学媒体的使用等，以此丰富自身的教学经验和提升教学技能。

9.2.2　听课的内容

课堂教学是每一位教师教育思想的折射，教学观念的渗透，教学方法的实施，教学基本功的运用及课堂的驾驭与应变等。那么，听课听什么？

9.2.2.1　听教学目标

听课的首要任务是“听”教师对本节课堂教学目标的正确制定与实施。教学目标是否覆盖知识技能、过程方法、情感、态度、价值观等内容。教学目标在每一个教学环节中的体现是否明确，教学手段是否紧密围绕目标等。

在听课过程中，可以思考以下问题：

(1)课堂教学目标是否通过教师灌输或压制来实现？教师如何营造良好的课堂氛围？如何引导和激励学生？如何促进学生通过主动选择、大胆质疑、合作交流的过程来掌握知识？

(2)课堂教学目标的实现是否取决于教师优秀的教学设计？教师如何引导学生发现问题、探究问题和解决问题，形成良好的学习习惯，进而促进教学目标的实现？

如果我们在听课过程中能更多地考虑以上问题，就能促使教师真正重视学生是否掌握正确的学习方法，是否有效地吸收知识，以此更好地关注学生的学习与发展。

---

① 何小亚，姚静．中学数学教学设计[M]．北京：科学出版社，2020：252.

② 丁新芝．有效观课：探解课堂现场的真谛[J]．发现，2007(S1)：511－514.

9.2.2.2 听重点、难点及关键点

听课应注意观察教师是否能根据教学目标和学生的实际情况，对教材及相关内容进行合理的加工和创造(如对教材进行相应的调整、删减、补充、延伸和挖掘)，是否能赋予教材全新的内涵，是否能赋予学生创新的灵感，是否突出了重点，突破了难点，抓住了关键。

具体而言，主要听执教教师对重点、难点、关键点的确定是否准确得当、是否具有可操作性。尤其注意不能把需要若干课时才能达成、突破的重点、难点、关键点，放到一个课时内完成。此外，要具体观摩教师教学活动的设计是否有效地突出重点、突破难点、实现教学目标。其中，突出重点的方法很多，如抓住关键字词句或内容结构、运用图表、对比设疑等；突破难点的方法，常见的有化整为零、动手操作、多媒体演示等。

9.2.2.3 听教法

听教法，就是要“听”授课教师对完成教学目标、教学任务、突出重点、突破难点、抓住关键点等所采用的手段和方法。不同的教师会对同一课程内容和目标有不同的处理风格，就会出现不同的教学手段及教学方法，自然也就会达到不同的教学效果。因此，在听课过程中，要注意观察授课者所采用的教学手段及教学方法是否以达到教学目标为目的，这些教学手段与教学方法是否契合本节课的实际情况，是否产生了较好的教学效果。

教法并不单单是指教师的教学活动，也包括在教师的指导下学生“学”的方式，真正意义上的教法是“教”与“学”的统一。听教法主要包括以下几个方面。

(1)教法的选择是否量体裁衣、优选活用。教学是一项复杂多变的系统工程，不可能有一个固定而通用的方法。好的教学方法总是相对的，它会根据课程的特点、学生或教师自身的不同而有所不同①。

(2)教法是否具有多样性和创造性。教学活动的复杂性决定了教学方法的多样性和创新性。一是在听课过程中要重点关注教师是否根据实际情况选择了合适的教学方法。同时，也要观察教师在教学方法的多样化方面是否具有新意，以便成功吸引学生的注意力。二是教学方法的选取是否具有创造性，以便促进学生的创新能力发展的同时形成新型教学模式和教学风格。

(3)现代教学手段的运用是否适宜、适时、适量。适当的现代教育手段可以增大课堂容量，提高教学效率；引发学生兴趣，使其深入理解数学。特别是几何画板、超级画板等数学信息技术，在动态作图中突出数学本质。值得注意的是，并不是所有的内容都适合运用现代教学手段，如数学公式的推导等内容，教师在黑板上演算推导过程会比直接采用现代教学手段的效果好。

9.2.2.4 观教学效果

主要观察教学内容的完成程度、学生对知识的掌握程度(如回答和笔练的正确率高低)、学生能力的实现程度、学生思维的发展程度，以及教学是否联系学生的实际生活，是否探索教学内容中的情感元素，是否坚持因材施教，是否面向全体学生，是否关注学生的和谐发展，是否关注学生的可持续发展，使得全体学生都能学有所获。

---

① 王森．听课与评课中应注意的若干问题[J]．明日风尚，2016(22)：83.

良好的教学效果，主要体现在以下几方面。

(1)教学效率高，学生思维活跃，气氛热烈。

(2)学生受益面大，不同水平的学生都有所进步，实现教学的三维目标。

(3)有效利用课堂时间，当堂问题当堂解决，减少学生负担，使他们学得轻松愉快，学习积极性得以提高。

9.2.3 听课的实施

作为课堂教学研究的重要手段之一，听课前的准备包括明确听课目的，不断学习教育教学理论，熟悉课标、教材，了解学校、师生的基本情况，审视自己的教学观念，做好物质资料准备及心理准备等。在听课过程中，教师应认真观察和记录，并及时进行整理与总结。

9.2.3.1 听课观察与记录

教师听课不仅要听，还要认真观察和记录。一方面，恰当地运用课堂观察技术，有效地“看”(观察)师生的课堂教学行为；另一方面，做好课堂教学活动的必要记录。

1. 掌握课堂观察的基本方法

课堂观察是指观察者(听课者、执教者或其他人)根据一定的目的，凭借自己感官及辅助工具，在课堂情境中采集信息，并根据这些信息进行研究的一种研究方法。[①]

常用的课堂观察记录方法有选择性逐字记录法、座位表法、检核表法、广角镜法等。

(1)选择性逐字记录。其是根据事前确定的重点观察部分发生的口语事件将师生的课堂语言记录下来。通常在上课过程中直接记录，部分内容也可以由录音或录像转录而成。一般来说，当我们关注课堂上的问与答(师问、生答或生问、师答)，了解教师的各种陈述时，可用选择性逐字记录法进行[②]。

(2)座位表法(又称 SCORE 技巧)。观察课堂教师与学生的行为时可采用座位表法，其优点是以班级座位表为基础，可以快速地进行记录和解释，不仅能使观察者将关注点集中在班上的具体学生，而且可以观察到全班学生的活动情况。具体做法是：

①画一张观察时易于记录的班级座位表；

②标上学生基本情况(性别、言语特征、学习水平)符号，特别是重点观察对象；

③用图例说明要观察的行为，如 A. 在学习中，B. 与他人合作，C. 独自做与学习任务无关的事，D. 离开座位等；

④第一次观察时，若这名学生正在学习中，则在格中用 1A 等表示；

⑤每隔 3～4 分钟重复步骤；

⑥在表格的某一角落如右上角标上每次观察的时间。

通常，运用座位表法需做以下观察记录：一是观察并记录学生在某段(整堂课或某个教学环节)的学习活动；二是记录师生的“语言流动”(用语言流动图表：如符号→＋表示教师赞美与鼓励；符号→？表示学生提出问题；符号→T 表示教师思考问题；符

---

① 张菊荣．课堂观察：教师研究课堂的基本方法[J]．江苏教育研究，2007(7)：18－20.

② 蒋硕．个案研究与小学数学课堂教学效率的改进[D]．东北师范大学，2005.

号→V表示学生做出相关回答)；三是记录教室中师生的移动(常用曲线表示一次观察过程中，教师或学生从教室的一个位置移动到另一个位置，也可用具体符号或不同色彩来区分)；四是记录教师提问学生的数量与次数等。

(3)检核表法。对课堂教学行为进行观察时，也可利用一些结构性工具(倾向于“量化”)，如表格、问卷等。常用的有：检核表(表9-1)、练习目标层次表、教学行为检核表、语言互动分类统计表与时间线标记表、课堂教学学生问卷调查表等。这种统计量表式记录法重点在于反映课堂现象内部运动变化的脉络，每一个数字或符号都昭示着一种等待解读的信息，因而，有必要对课堂观察所获得的量化资料进行分析，作为解释班级内师生教学行为的依据。

表9-1　课堂教学时间分配、所问问题统计表

项目	复习提问	讲授新课	例题讲解	巩固练习	课堂小结	合计
教学时间						
问题数量						
每个问题平均占用时间						

(4)广角镜法。前面介绍的记录方法的优点在于帮助观察者集中于少数教学行为。但一些未计划的观察项目如课堂教学中教师对偶发事件的处理也颇有观察价值，此情况可用广角镜法这一描述工具进行记录。主要包括逸事记录、录音、录像带记录等，有时还需对教师的教学日记或反思、学生的听课日记做选择性记录与分析。

2. 认真做好观察记录

9.2.3.2　观察量表的设计

课堂观察量表是供观课者使用、记录课堂教学各环节中特定观察点及观察要素下的各种教学行为表现，为研究问题寻找分析证据的观测工具。[①] 在课堂观察中，开发合适的观察记录工具是核心工作之一，特别是观察量表的设计。基于课堂教学中的重要点设计观察量表，通过观察量表的呈现和使用，为观课者提供借鉴，填补观察工具开发的不足和缺失，最终达到进一步提高听评课工作质量、促进教师专业发展的目的。

课堂观察是为特定的研究目的进行的观察。根据不同的研究目的，观察指标的选取也各不相同。现阶段相关的课堂观察理论，国内有崔允漷团队合作研究课堂的听评课模式——课堂观察LICC范式(学生学习、教师教学、课堂性质、课堂文化)[②]，IRE课堂对话结构(教师诱发、学生应答、教师评价)[③]。国外以弗兰德斯(Ned. Flanders)的课堂教学师生言语行为互动分析系统(Flanders interaction analysis system，FIAS)[④]最为细致成熟。

① 环敏. 基于问题的课堂观察量表研制[J]. 当代教育科学，2018(10)：21－23＋31.
② 崔允漷. 论课堂观察LICC范式：一种专业的听评课[J]. 教育研究，2012，33(5)：79－83.
③ 崔允漷，沈毅，周文叶，等. 课堂观察20问答[J]. 当代教育科学，2007(24)：6－16.
④ 高巍. Flanders课堂教学师生言语行为互动分析系统的实证研究[J]. 教育科学，2009，25(4)：36－42.

本文参考环敏、崔允漷等的成果[①]，以进行详细的举例。所涉及的课堂观察量表从五个不同的关注点(学生课堂参与度、突出教学重点问题、突破教学重难点、学生动作技能形成问题、多媒体课件使用适切性问题)进行观察研究，通过六个观察量表的呈现和使用，为观课者提供可借鉴的、易操作的观察工具，并为开展有效的听评课提供评价参考，从而促进教师教学能力的提升。

1. 基于学生课堂学习参与度问题的量表研制

教学过程不仅是学生在教师指导下的认知过程，也是学生学习能力的发展过程。在课堂教学中，作为教育教学活动的主体，学生参加建构知识和发展认知能力的学习才能实现教学目标。因此，学生在课堂教学中的学习参与度如何，是需要研究的问题。本模块从“学生学习”维度的“互动/倾听/自主”视角，共设置“提问、讨论、听课专注度和自主学习”4个观察点，每个观察点设置2～3个观察要素，这些观察要素中隐含着学生参与课堂学习的深度、广度和效度等信息(见表9-2)。

表9-2　研究问题：学生在课堂教学中的参与度[②]

观察维度：学生学习 互动/倾听/自主

<table>
<tr><td>观察点</td><td>各环节观察要素</td><td rowspan="11">教学环节/内容1：　　表现1：
教学环节/内容2：　　表现2：
……　　……</td></tr>
<tr><td rowspan="3">提问</td><td>问题/提问者</td></tr>
<tr><td>应答者/回答情况</td></tr>
<tr><td>理答情况</td></tr>
<tr><td rowspan="3">讨论</td><td>主题/讨论情况</td></tr>
<tr><td>参与人数</td></tr>
<tr><td>讨论时间</td></tr>
<tr><td rowspan="2">听课专注度</td><td>认真听讲人数
及其主要行为</td></tr>
<tr><td>不听讲学生
及其表现行为</td></tr>
<tr><td rowspan="2">自主学习</td><td>行为表现</td></tr>
<tr><td>参与人数</td></tr>
<tr><td colspan="3">反思问题：①课堂问题提问频次是否合适？问题的适切性、有效性如何？应答情况是否理想？②讨论问题与教学内容相关度如何？是否有意义？学生参与度如何？讨论时间安排是否合理？③学生听课情况是否理想？主要原因是什么？④学生自主学习行为如何？⑤你对本节课学生参与课堂学习的深度、广度和效度的评价结论是什么</td></tr>
</table>

使用说明：

①表中“教学环节/内容”可填写“复习/课题导入/某知识点讲授/例题讲解/应用分

---

① 环敏. 基于问题的课堂观察量表研制[J]. 当代教育科学，2018(10)：21－23＋31.

② 同①.

析/实物(演示)观察/问题讨论/课堂练习/测验”等或此环节的课堂教学内容；

②“提问者”“问答者”填“教师”或“学生”；“理答情况”记录教师理答的方式(提供答案/追问/转问/澄清)及内容等；

③“时间”记为“约……分钟”；“讨论情况”记录讨论的热烈程度、有效性、是否得出正确结论等；

④各观察要素中“人数”记为“几人或约几分之几的学生”或“大多数/极少数学生”等粗略描述；

⑤“听课专注度”记录主要教学环节中学生的听课表现；

⑥“自主学习的行为表现”主要指学生主动提问质疑、发表自己的见解、课前预习查阅资料、同伴合作互助或其他自主学习行为；

⑦对应同一教学环节/内容的各观察点诸要素，记录在同一横线表格内，反之，按序往下依次记录。

2. 基于突出教学重点问题的量表研制

教学重点是依据教学目标而确定的最基本、核心的内容，是学生应该掌握的重要知识和技能。[①] 因此，教师教学过程中能否准确展示教学重点是课堂观察的一个重要指标。从“教师教学”维度的“呈示/指导”视角和“课程性质”维度的“资源/实施”视角，分别设置了3～4个观察要素，共有13个要素指标(表9-3)。观察者详尽地记录各个观察点的表现信息，收集教师授课中展现的教学环节、教学手段与突出教学重点的关联依据，为研究主题找到分析证据。[②]

表9-3　研究问题：教师的授课教学重点是否突出

观察维度：教师教学 呈示/指导；课程性质 资源/实施

观察点	各环节观察要素	
呈示	讲解的效度	教学环节/内容1：　表现1： 教学环节/内容2：　表现2： ……　……
	板书内容	
	多媒体呈现内容	
指导	问题解决点拨	
	深化理解引导	
	学科思想方法教育	
	合作探究指导	
资源	文本资源利用	
	实验资源利用	
	其他教学资源利用	
实施	教学方法运用及适切性	
	知识应用巩固措施	
	检测评价手段	

① 环敏．基于问题的课堂观察量表研制[J]．当代教育科学，2018(10)：21－23＋31．

② 苏国晖．区域型职教集团建设的SOWT分析及对策[J]．成人教育，2015，35(10)：66－69．

续表

反思问题：①在呈示观察视角上，教师知识讲解的效度如何？板书内容是否突出了教学重点？多媒体呈现是否突出教学重点？②教师对学生的指导是否到位、适切？这些指导是否有利于突出教学重点？③教学资源的利用是否合理？教师是否注重教学资源的开发与利用？④教学方法的运用是否恰当？教学实施的措施、手段是否有利于突出教学重点？⑤对授课教师在突出教学重点方面的教学行为的评价结论是什么

使用说明：

①表中“教学内容/环节”主要记录围绕教学重点的相关教学内容和环节，简要填写；

②“讲解的效度”记录讲解的清晰度、节奏、知识容量、深度等；

③“指导”下各观测点记录“有”或“无”，有相关教学行为的，可作简要说明；

④“资源”下各观测点记录“有”或“无”，有相关教学资源利用情况的，作简要说明；

⑤“实施”下第 2 观察点，记录课堂练习、课外作业、问题讨论等措施，第 3 观察点记录教师检测学生掌握重点知识、评价学生采用的手段。

3. 基于突破教学难点问题的量表研制

教学难点是指大多数学生不易理解的知识点或不易掌握的技能技巧。教师要采取各种有效手段加以突破，否则该难点不仅会使学生产生理解偏差和困惑，影响听课效果，还会影响学生理解和掌握新知识、新技能。基于研究问题——教师的授课是否突破了教学难点？研制观察量表（表 9-4），从“教师教学”维度的“呈示/指导/对话”视角，“课程性质”维度的“评价”视角，分别设置了 3～4 个观察要素，共 13 个要素指标，以收集教师在授课中展现的教学环节、教学手段与突破教学难点的关联依据。[①]

表 9-4　研究问题：教师的授课教学难点是否突破

观察维度：教师教学 呈示/指导/对话；课程性质 评价

观察点	各环节观察要素	
呈示	讲解的效度	教学环节/内容 1：　表现 1： 教学环节/内容 2：　表现 2： ……　……
	板书内容	
	多媒体呈现内容	
指导	问题解决点拨	
	深化理解引导	
	学科思想方法教育	
	合作探究指导	
对话	提问	
	理答	
	其他形式对话	

① 环敏. 基于问题的课堂观察量表研制[J]. 当代教育科学，2018(10)：21－23＋31.

续表

观察点	各环节观察要素	
评价	评价方式	
	获取信息途径	
	如何利用评价信息	
反思问题：①在呈示观察视角上，教师知识讲解的效度如何？板书和多媒体呈现的内容是否有利于突破教学难点？②教师对学生的指导是否到位、适切？这些指导环节是否有利于突破教学难点？③师生间、生生间、生本(课本)间的对话是否有效？教学是否聚焦难点？是否有利于发现学生的困惑，从而突破难点？④评价方式的运用是否恰当？教师从哪些渠道获得评价信息？评价信息能否有效帮助教师判断教学难点是否突破？⑤对授课教师在突破教学难点方面的教学行为的评价结论是什么		

使用说明：

①表中“教学内容/环节”主要记录围绕教学难点的相关教学内容和环节，简要填写；

②“指导”下各观测点填写“有”或“无”，有相关教学行为的，可作简要说明；

③“提问”记录提问的对象、次数和类型(识记/理解/应用/分析/综合/评价)，“理答”记录教师理答的方式(提供答案/追问/转问/澄清)、内容和时长等；

④“其他形式对话”指提问外的其他对话，记录有(简要说明)/无；

⑤“评价方式”针对“对话”下的内容，包括：肯定/否定/纠错；“获取信息途径”包括：回答/做题/表情/其他等；“如何利用评价信息”包括：解释/反馈/建议/其他方式等。

4. 基于学生实验(动作)技能形成问题的量表研制

实验技能主要指理论思维、科学观察和操作三方面因素。动作技能指通过练习巩固下来的、自动化的、完善的动作活动方式。从“基于研究问题——学生的实验技能/动作技能是怎样形成的”角度研制量表9-5和表9-6。表9-5从“教师教学”维度的“呈示/指导”视角，设计观察要素。其中，“讲解/示范”侧重从教师讲授层面进行观察，“指导”侧重从教师对学生实践操作中给予的帮助层面进行观察。而表9-6则是从“学生学习”维度的“倾听/练习(操作)”视角，设置了“听讲内容”“哪些学生在听”等10个观察要素。

表9-5　研究问题：学生的实验技能/动作技能如何形成

观察维度：教师教学 呈示/指导

观察内容 观察指标	讲解/示范1	讲解/示范2	……	观察内容 观察指标	指导1	指导2	……
讲解/示范内容				教师指导实践/操作内容			
讲解/示范对象				指导对象			
讲解/示范时段				指导时段			
讲解/示范方式				指导方式			
讲解时长				指导时长			

续表

反思问题：①教师的讲解是否清晰、详略恰当？重点是否突出？是否有利于学生实验技能(动作技能)的形成？②教师的示范是否规范、标准？可视性如何？是否有利于帮助学生形成实验技能(动作技能)？③教师的指导是否清晰、恰当？能否有效帮助学生化解学习难点？是否有利于学生实验技能(动作技能)的形成？④本节课的教学目标是否达成

使用说明：

①“讲解/示范/指导对象”可记录为全体学生/个别学生/小组等；

②“时段”指上课开始/下课前/课中某内容时/其他等；

③“讲解方式”指详讲/略讲/选讲，“示范方式”指示范全部/示范部分等；

④“指导方式”指纠错/点拨答疑/巡视/示范/代劳/其他行为等。

表 9-6　研究问题：学生的实验技能/动作技能如何形成

观察维度：学生学习　倾听/练习(操作)

观察内容 观察指标	讲解/示范 1	讲解/示范 2	……	观察内容 观察指标	练习/操作 1	练习/操作 2	……
听讲内容				学生练习/实践操作内容			
哪些学生在听				练习/操作时长			
听讲人数				参与练习/操作人数			
学生倾听中的辅助行为及人数				同一内容练习/操作的频次			
倾听时长				完成实验/动作技能训练的质量			
反思问题：①学生倾听教师讲解的专注度、有效性如何？倾听效果是否理想？倾听的内容是否有助于学生实验技能(动作技能)的形成？②学生练习/实践操作内容安排是否恰当？难度如何？时间、频次是否适中？③你认为学生完成该实验/动作技能训练的质量如何？预定的学习目标是否达成							

使用说明：

①“哪些学生在听”可记录为全体学生/前几排学生/后几排学生/中间学生/个别学生；

②“学生倾听中的辅助行为”可记录为笔记/提问/看讲义/讨论/玩手机/打瞌睡/其他等；

③“完成实验/动作技能训练的质量”可按优/良/中/差等级记录。

5. 基于多媒体课件使用适切性的量表研制

多媒体辅助教学是现代教育信息技术的重要组成部分和教育教学改革的产物。现如今，多媒体辅助教学已广泛应用于课堂教学之中，获得了广大教师的肯定。但对于多媒体课件使用的适切性问题(特别是理工科教学)，存在一定的争议。如多媒体课件使用不当或滥用，可能会形成“走马观花式的幻灯片播放”授课效果，不利于凸显教师的主导作用，而且影响学生对知识的掌握。基于研究问题——是否恰当使用多媒体课件，研制量表 9-7，从“教师教学”维度的“呈示/实施”视角和“学生学习”维度的“互动”

视角，设置了“呈现内容”等12个观察点要素，对其进行考察和评价。

表9-7　研究问题：多媒体课件的使用是否恰当

观察维度：教师教学　呈示/实施；学生学习　互动

<table>
<tr><td>观察点</td><td>观察点记录</td><td rowspan="14">课件内容1：
课件内容2：
……</td></tr>
<tr><td rowspan="4">呈示</td><td>呈现内容</td></tr>
<tr><td>呈现时长</td></tr>
<tr><td>文字/图表
清晰度/生动性</td></tr>
<tr><td>背景/对比度</td></tr>
<tr><td rowspan="6">实施</td><td>播放方式</td></tr>
<tr><td>播放顺序</td></tr>
<tr><td>编辑的逻辑性</td></tr>
<tr><td>编辑的层次性</td></tr>
<tr><td>页面数量</td></tr>
<tr><td>板书板画</td></tr>
<tr><td rowspan="2">互动</td><td>课件吸引力</td></tr>
<tr><td>学生反应</td></tr>
<tr></tr>
<tr><td colspan="3">反思问题：①课件内容是否突出教学重点？是否有助于突破教学难点？②课件制作的质量何？是否有助干实现教学目标？③课件制作和呈示的内容是否凸显了该门课程的特点？④对本节课中多媒体课件使用适切性的判断结论是什么？⑤在传统板书教学与多媒体辅助教学的结合方面，有何建议</td></tr>
</table>

使用说明：

①“呈示内容”按教学内容各板块简要记录；

②“呈示时长”可记录为过长/过短/适中；

③“播放方式”记录为单次播放/设置超链接多次播放/多个课件间交替播放等；“播放顺序”记录为按讲课顺序播放/按课件页面顺序播放/跳跃播放；

④“编辑的逻辑性/层次性”记录为较好/一般/较差等；

⑤“页面数量”记录为过多/过少/适中；“板书板画”记录有/无/数量多少等；

⑥“学生反应”指大部分学生对课件的互动表现，可记录为专注观看/兴奋活跃/边看边笔记/漠视/不理会等。

以上观察量表应用范围较广，适用于绝大多数课程教学的听、评课。但量表的观察要素较多，在实施过程中需要多人合作观察，因此在使用每一个量表时，建议先将观察记录任务分配至2～4人，由观课者协同完成，以保障较好的评课效果。

9.2.3.3　整理与总结

听课后应及时对听课情况进行整理并理性地思考分析，归纳、总结、推广或提倡一些较好的经验和做法等，提出自己的观点或建议。有必要时还需与执教者交流，谈谈自己对教学中一些具体环节的建议和看法等。交流时应抓住重点，多谈优点和经验，明确的问题不含糊，存在的问题不回避，用平等、鼓励的语气与其讨论。通常情况下，不做定性的分析和评价。

此外，每位教师在长期教学活动中会形成自身独特的教学风格，从而呈现出不同的教法。听课者要善于对比和研究，准确评价各种教学方法的优势和不足，并从中借鉴他人成功的经验，提高自身的教学水平。同时，要注意分析执教者的课外功夫，了解其教学基本功和课前备课的情况，以达到完善的效果。

9.3　数学教师的评课

评课是学校教学活动的一项重要工作，评课能力的高低在一定程度上可以反映教师的教育教学能力。

9.3.1　评课的概述

9.3.1.1　评课的含义

评课即课堂教学评价，是以课堂教学目标为依据，对教师和学生在课堂教学中的活动及由这些活动所引起的变化进行的价值性判断。[①] 评课是提高课堂教学效率的重要途径和手段，对于提高教师专业水平、指导青年教师进行教学、总结课堂教学经验、推广先进的教学方法、在学科教学中实施素质教育等方面均具有积极的意义。

9.3.1.2　评课的目的

评课围绕确定的目的展开，既有理论支撑，又有具体的教学建议，使其具有可信度和说服力。评课过程中，应根据执教者的教学实例，与执教者交流教育理念和思想，总结经验，探讨方法，帮助、指导执教老师以及参与听课活动的教师提高教学能力。对于较好的课，要评得让人心服口服，不够好的课，要评得让执教者受到启发、得到帮助。通过评课，使每位参与活动的教师能够吸取教益，学习教法，借鉴经验，以达到共同提高教学水平的目的。

9.3.2　评课的内容

评课作为课堂教学评价，是一种特殊形式的教育评价活动，主要是评课堂的教学目标、内容处理、教学方法、教师基本功和教学效果等。

9.3.2.1　评教学目标

教学目标是一种可以观察、测量并最终实现的行为目标，定义的是学生应该学习什么以及如何学习的问题，而不是教师应该教什么。有人把课堂教学比作一个等边三角形，“知识与技能、过程与方法、情感态度与价值观”三个教学目标恰好是这个三角形的三个顶点，任何一个顶点得不到足够重视，三角形就会不平衡。这生动地体现了三个目标之间相互依存，不可分割、缺一不可的关系，故教学目标是课堂评价的重点和反思点。

---

① 全福英，刘德明．浅谈怎样评课[J]．教育理论与实践，2007(18)：47－48.

评教学目标，既要关注预设目标，又要关注生成目标及手段与目的一致性。对于每一堂课，首先考察教师是否预设了合适的、明确的、具体的教学目标，并关注这节课的任何阶段、任何步骤、任何活动是否紧扣教学目标，是否达成目标。① 其次，在评课时，还要关注教师是否重视了"生成性目标"，即课堂上产生的一些教师事先没有也不可能预设的结果②，但对学生的发展起着直接的作用甚至具有重大的意义，故对课堂教学目标的考察，不仅要关注预设目标，也要重视生成性目标。最后，还需评价教学目标对教学活动所起的指向作用、激励作用与检测标准作用等。

9.3.2.2 评内容处理

内容处理是指教学过程中教师对教学内容(主要是教材中的知识、思想、方法、观点等)由书面文字形式的"理论数学"(课本数学)加工、转化为课堂教学形式的"教育数学"(课堂数学)的创造性行为。

对内容处理的评价，应从教师对教学材料的驾驭与挖掘、教学内容的组织与安排、教学过程的设计与布局、知识的系统结构和学生的认知能力结构的协调发展、情感态度价值观与数学素质教育的体现等方面进行价值判断。

9.3.2.3 评教学方法

评教学方法，应从教法运用、学法指导方面进行价值判断。

评教法运用，主要评价教师主导作用的发挥与教学方式、教学媒体的运用。如教师运用的教法是否符合学生的心理特点？是否激发了学生的学习积极性？是否创设了问题情境？是否有利于学生能力的培养？等等。同时，评价教师如何从课堂中收集、筛选与评判各种信息，同时形成什么反馈信息，又如何处理反馈信息，以及采取何种修正方案与应对措施等。

评学法指导，主要评价教师在课堂教学中对学生学习方法的指导情况，以及学生主体地位的体现。③ 如能否着眼于学科内容及特点，针对学生的年龄差异、学习基础、学习方法和能力等进行相应的指导，并采用多样化的学习方式，促进学生积极地、个性化地学习等。

9.3.2.4 评教师基本功

教师基本功是教师上好课的一个重要因素，这里专指教师完成课堂教学任务所应具备的外显的基本教学能力。对教师基本功的评价，应从语言、教态、板书等方面进行价值判断。

(1)评语言。教学是一种语言艺术，教师的语言对于课堂教学至关重要。教师不仅要使用普通话，而且要准确清晰，语言简练，富有启发性、直观性和感染力。语调高低适宜，快慢适度，抑扬顿挫，富于变化。此外，作为数学教师，也要准确熟练地使用数学语言，表述规范，具有科学性。

(2)评教态。教师的教态是课堂教学的调控器，包括姿态、视线、情绪等。教师的姿态要稳重、自然、大方，具有说服力和可靠性；教师的视线不能只面对课本、教案、

---

① 孙凤香. 英语课堂教学策略探究[J]. 现代教育科学(小学教师)，2009(6)：50.

② 刘海生. 教学视频切片诊断：教师成为研究者的一种有效方法[J]. 中小学教师培训，2019(2)：21—24.

③ 张雪莲. 如何提升评课教师的师德修炼[J]. 新课程研究(下旬刊)，2013(2)：175—176.

黑板，而是要注视全班学生，通过视线与学生交流信息，及时反馈；教师的情绪要乐观、饱满、热情，师生情感融洽。

(3)评板书。板书是对一节课的主要内容进行“简笔画”式的勾勒，学生在观察板书的过程中可以对本节内容进行整体性把握和梳理。所以板书设计时须科学合理，简洁美观，有计划性与艺术性；内容详略得当，条理清楚，字迹工整，作图规范，示范性强；具有启发性，通过板书促进学生积极思考，正确理解和记忆主要知识点。另外要注意传统板书与电子板书(多媒体演示等)的协调配合，达到事半功倍的效果。

9.3.2.5 评教学效果

教学效果是评价课堂教学的根本指标。此处专指课堂教学活动的短期效果，表现为学生群体参与的程度与学生所显现的教学目标达成度。

评价教学效果，首先明确教师是否在规定的时间内完成教学任务，是否在知识传授、能力培养、情感态度与价值观等方面实现目标要求；其次要看学生的表现，如学生的注意力是否集中，学习是否积极主动，能否准确完成课堂练习，能否归纳出主要内容，是否准确自我评价等①。

总之，好的教学效果能够让每一个学生在已有基础上使得“四基”、数学能力和理性精神等得到进一步发展。

9.3.3 评课的实施

9.3.3.1 评课的原则

(1)科学性原则。评课是对一节课的客观评价，需联系课标、教材内容和学生的实际，运用教育学、心理学的原理对教学内容进行准确的评议，且评议的语言要经得起推敲。同时，评价的手段可采用定性与定量相结合的方式，使评价结论具有较强的说服力。②

(2)客观性原则。客观公正地评价每一节课。不管是经验丰富的老师的课，还是年轻教师的课，都要充分分析其优点与不足，用全面的、发展的眼光看待问题，采取实事求是的态度，客观地反映教师课堂教学的本来面目，对每一个环节作出恰当且及时的评判。

(3)针对性原则。评课要有针对性，对课堂教学情况进行实事求是地讲评，并结合教育教学理论阐述，指明改进的方向和措施。既要着眼于课堂教学的全过程又要抓住重点和特色进行评议，对突出的优缺点进行分析，有针对性地诊断和指导，让执教者能够认清自己的优势和不足，并尽快改进和提高。

(4)评教与评学相结合原则。课堂教学评价应改变以“评教”为重点的传统倾向，应把评价的重点转到“评学”方面，以此促进教师转变观念，改进教学。③

(5)因人施评原则。因执教者情况各异，课堂教学的形式不同，评价的侧重点不同，故评课要有一定的区别与特色。如对骨干教师的要求可适当拔高，挖掘特长，激

---

① 张英兰．怎样组织数学评课活动[J]．教学与管理，2000(3)：37－38.

② 陈敏．关于数学评课活动的几点思考[J]．山东省农业管理干部学院学报，2001(4)：134－136.

③ 全福英，刘德明．浅谈怎样评课[J]．教育理论与实践，2007(18)：47－48.

发个人教学风格的形成;[1] 对于青年教师既要充分肯定其成绩，又要帮助他们找出教学差距；对待谦虚的老师可促膝谈心；对待直爽的教师可直截了当，与其交流；对待固执的教师则谨慎提出意见等。

(6)激励性原则。评课的最终目的是激励执教者特别是年轻教师茁壮成长，成为课堂教学甚至是课程改革的中坚力量。因此，评课既要解决问题，又要注意语言技巧、发言分寸、评价方向，以便真正发挥评课的作用，进而推进教学工作有效开展。[2]

9.3.3.2 评课的依据与标准

一堂好课没有绝对的标准，但有一些基本要求。以下是中国教育学会数学教学专业委员会组织全国中学青年数学教师举行优秀课评比活动时使用的数学课堂教学评比标准，供广大教育者参考。

全国中学青年数学教师数学课堂教学评价标准

课堂教学要以国家颁布的《数学课程标准(实验)》和《数学教学大纲》为基本依据，贯彻“以学生的发展为本”的科学教育观，根据教学内容选择恰当的教学方式与方法，充分发挥学生的主动性、积极性，激发学生的学习兴趣，引导学生开展自主活动与独立思考，切实搞好“双基”教学，注重提高学生的数学能力，加强创新精神和实践能力的培养，注重培养学生的理性精神，课堂教学通过现场教学实践的方式进行。

课堂教学评价标准包括如下几方面。

1. 教学目标

根据学生的思维发展水平和当前的教学任务，正确确定学生通过课堂教学在基础知识和基本技能(简称“双基”)、数学能力以及理性精神等方面应获得的发展，教学目标的陈述应准确而没有歧义，使目标成为评价教学结果的依据。

2. 教学内容

正确分析本堂课中学生要学习的各部分知识的本质、地位及其与相关知识之间内在的逻辑关系。包括对所教学的知识(数学概念、原理等)的本质及其深层结构的分析；对如何选择、运用与知识本质紧密相关的典型材料的分析；对如何从学生的现实状况出发重新组织教材，将学过的知识自然融入新情境，以旧引新、以新强旧的分析；对如何围绕数学知识的本质及逻辑关系有计划地设置问题系列，使学生得到数学思维训练的分析等。

3. 教学过程

正确组织课堂教学内容：正确反映教学目标的要求，重点突出，把主要精力放在关键性问题的解决上；注重层次、结构，张弛有序，循序渐进；注重建立新知识与已有的相关知识的实质性联系，保持知识的连贯性、思想方法的一致性；易错、易混淆的问题有计划地复现和纠正，使知识得到螺旋式的巩固和提高。

在学生思维的最近发展区内提出“问题系列”，使学生面对适度的学习困难，激发学生的学习兴趣，启发全体学生独立思考，提高学生数学思维的参与度，引导学生探究和理解数学本质，建立相关知识的联系。

精心设计练习，有计划地设置练习中的思维障碍，使练习具有合适的梯度，提高

---

① 夏发焱．浅谈如何实施英语课堂教学的评价[J]．科教文汇(中旬刊)，2013(6)：109＋111.

② 鞠宁．教师应如何听评课[J]．辽宁教育，2006(12)：16－18.

训练的效率。

恰当运用反馈调节机制，根据课堂实际，适时调整教学进程，为学生提供反思学习过程的机会，引导学生对照学习目标检查学习效果，有针对性地解决学生遇到的困难。

4. 教学资源

根据教学内容的特点以及学生的需要，恰当选择和运用教学媒体，有效整合教学资源，以便更好地揭示数学知识的发生、发展过程及其本质，帮助学生正确理解数学知识，发展数学思维。其中，信息技术的使用注意遵循必要性、有效性、平衡性、实践性等。

5. 教学效果

每一个学生都能在已有发展的基础上，使得“双基”、数学能力和理性精神等方面得到发展。

6. 专业素养

(1)数学素养。准确把握数学概念与原理，准确理解内容所反映的数学思想方法，准确把握教材各部分的内在联系性。

(2)教学素养。准确把握学生数学学习心理，有效激发学生的数学学习兴趣，根据学生的思维发展水平安排教学活动，贯彻启发式教学思想，恰当把握对学生数学学习活动指导的“度”，具有良好的教学组织、应变机智。

(3)基本功。

①语言：科学正确、通俗易懂、简练明快、富有感染力。

②板书：正确、工整、美观，板书设计系统、醒目。

③教态：自然大方、和蔼亲切、富有激情与活力。

9.3.3.3　评课的方法

评课是一门具有技巧与智慧的语言艺术。恰如其分的讲评，能使人心悦诚服，深受启发，不恰当的评议则会产生负面效应。[①] 因此，评课要讲究艺术，绝不能不顾后果，信口开河。

(1)要有准备，拟好提纲。无论是有组织、有目的的正规性评课，还是同事相互听课后的评课，都要对听课时所获取的材料进行细致分析与整理，并做好评课的准备工作和拟好评课提纲。主要关注以下几方面内容：本节课的主要优点、经验或特点是什么？不足或需要探讨的问题是什么？你的建议是什么？如改进教学或推广经验的建议？等等。

(2)要规范，讲程序。评课活动要有目的、有计划、有组织地开展。一般而言，评课活动先由执教者自评，随后由富有教学经验的教师、教研(备课)组长或专家主评，再由听课者评议。此外，评课要有记录、评课报告等。

(3)要以理服人，力求用数据说话。评课最忌“就课论人”“评课评人”；评课要站在特定的理论高度来审视课堂教学中的种种现象，既要关注细节，又要关注教育观；尽可能用数据(如用课堂观察技术等获取的数据)与新的教育理念，比照课堂教学实践进

① 张朕. 中小学教学评课活动之我见[J]. 黑龙江教育学院学报，2001(3)：89－90.

行具有说服力的评课。

(4)要尊重执教者，不居高临下。评课是一种教研形式，须从研究的角度出发，充分肯定执教者在教学中的优势，即使课堂不够成功，也要善于挖掘执教者教学的亮点并加以肯定。对于教学中存在的问题或不足，应以开放的态度和咨询的口吻与教师进行分析和讨论，并真诚地提出自己的建议或希望，尤其是对于新入职的青年教师来说，这一点尤其重要。[①] 否则，不仅使评课的目的大打折扣，而且会挫伤执教者教学的积极性。同时，还要善于倾听执教者的自评，以体现对执教者的尊重。

(5)要采用多种形式，注重实效。评课要实事求是，根据教学的范围、规模、任务等不同情况而采取不同的形式。对于观摩示范性、经验推广性、研究探讨性的听课活动，应采用集体公开形式评课，以达到推广目的。对于检查评估性听课、指导帮助性听课、经验总结性听课应采用单独形式评课等[②]。

(6)要实事求是，切忌片面性和庸俗化。既要充分肯定成绩和总结经验，又要适当指出问题和不足，避免评课时只谈成绩不谈不足。如对明显存在的缺陷，进行模棱两可的评价，甚至把不足说成优点，这样的评课就失去了它的意义与作用。

总之，评课是教师应具备的一项基本功。要评好一堂课，应在掌握评课基础理论知识的前提下，运用评课的理论知识进行评课，才能真正掌握评课的技能和精髓。

思考与练习

1. 请在现行中学数学概念课、数学原理课、数学问题解决课、数学活动课等中选择一课时的内容，设计一个规范的数学说课稿。

2. 以备课组为单位，分别编写一课时的中学数学概念课、数学原理课、数学问题解决课、数学活动课等说课稿，并组织一次数学说课演练与评议。

3. 观摩一个数学教学录像，运用课堂观察方法与技术，收集听课资料并根据本书提供的数学课堂教学评价标准予以评议。

4. 通过教学实习等形式，以备课组为单位，运用课堂观察方法与技术，实地合作观察一节数学课，组织一次数学课堂教学评课研讨活动。

5. 你认为一节好课的标准是什么？请结合数学课的特点，设计一个具体可行、易于操作的数学课堂教学评价方案。

6. 查阅或利用网络收集资料数据，写一个有关中国目前中学数学说课、听课、评课的现状、特征及其反思的调研报告。

---

① 罗伟，崔燕．听评课是教研活动的重要载体[J]．教育教学论坛，2011(10)：185－186．

② 周予新．谈谈新课程下的评课[J]．教育实践与研究(B)，2011(2)：6－7．

第10章　中学数学课堂教学基本技能

学习提要

教学工作既是一门科学又是一门艺术。一个教师不仅要有广博深厚的专业知识，还要具备多重熟练的教学技能。

教学技能包括语言技能、板书技能、导入技能、提问技能、组织技能、讲解技能、反馈技能、结束技能、变化技能、演示技能等。它们对教学活动的质量和效率具有即时性的反馈作用，具有可观察性、可操作性和可评价性。恰当而灵活地运用教学技能，能为激发学生学习的兴趣和动机，顺利完成学习任务，达成教学目标创造有利条件。纸上得来终觉浅，绝知此事要躬行。教学技能是训练出来的，单纯的理论灌输无济于事。师范生要勇于参加教学实践，在教学磨炼和反思中掌握教学技能。

10.1　数学课堂教学技能的概述

数学课堂教学技能是指教师在课堂教学过程中，根据数学教学理论，运用数学教学方法，使学生获得数学基础知识、掌握数学基本技能、感悟数学思想方法、积累数学活动经验，为促进学生全面、和谐发展所采用的一系列教学行为方式。数学课堂教学技能既具有一般教学技能的特征，同时也具有数学学科的特点，主要表现为以下几方面。

(1)交互性。注重师生间的交互作用，通过各种交往方式，促使师生双方都得到发展。

(2)启发性。启发学生思考，着眼于学生的思维活动，充分调动学生的学习积极性。

(3)可观察性。能明确观察，具有明显的动作或行为，可以提供易于分辨的行为示范。

(4)可操作性。目标明确、结构清晰，便于掌握，易于操作。

(5)可评价性。每项技能均有评价指标体系，可作定量化评价与考核。

(6)规范性。每项技能定义准确、规范，有标准的术语和确定的使用范围。

(7)实用性。不仅在理论上可行，而且符合课堂教学实际，是影响教学效果和质量的主要因素，并为教师的经验所证实。

10.2　数学课堂语言技能

10.2.1　语言技能的概述

10.2.1.1　语言技能的功能

在教学过程中，教师阐明教材内容、传授知识与技能、激发学生学习兴趣、培养学生思维能力等都要运用语言。语言技能有多种功能，主要包括指示功能、激励功能、启发功能和教育功能等。

(1)指示功能。通过暗示、询问等方式引导学生进行思考，培养学生的思维能力，师生共同完成教学任务。例如，在学生不知道怎么探究直线与圆位置关系的数量关系的时候，教师可以暗示学生："在上一节课，我们是如何探究点与圆的位置关系的数量关系的？"通过教师的暗示，学生知道可以类比上一节课的方法进行探索。

(2)激励功能。激励功能是指教师通过富有情感的、生动的语言来鼓励学生，拨动学生的心弦，树立信心，激发学生的好奇心和求知欲，使学生主动参与教学活动。例如，如果学生回答问题的时候因为太紧张而没有表达清楚，此时教师可以鼓励学生："不要紧张，你的回答是正确的，如果能再把语言稍作整理那就更棒了。"

(3)启发功能。启发性的语言是引发学生思考的动力，教师不应该仅满足于内容的讲解，还要在讲解的过程中创造良好的问题情境，引发学生主动思考。例如，为了使学生能恰当地使用这两个公式：$P(A+B)=P(A)+P(B)$和$P(AB)=P(A)\cdot P(B)$，教师提问："这两个公式，在什么情况使用？"从而启发学生思考它们的本质区别。

(4)教育功能。教师在传授知识的同时，还应该把先进的思想、高尚的道德情操、奋发的精神等渗透在自己的教学语言中，潜移默化地影响学生，促进学生知、情、意、行的发展。例如，可以将数学思想方法、数学文化、数学德育、数学美渗透到日常的课堂教学中，熏陶和提高学生的道德情操。

10.2.1.2 语言技能的构成要素

(1)语音和吐字。数学教师发音吐字要清晰、准确、字正腔圆，例如，数字"10"和"4"的发音一定要到位，否则会影响学生对知识的理解。

(2)音量和语速。音量是指声音的大小，教师在上课时要将音量控制在教室安静时最后一排也能听清楚，并且根据学生对数学知识的掌握情况来调整语速。

(3)节奏。节奏是指讲话时每个字音长短时间不同，句中句间的停顿长短不一，和谐的节奏可以加强口语表达的生动性。

(4)声调。声调也称其为语调，是指讲话时声音的高低升降、抑扬顿挫的变化。教师要充分利用语言的声调和节奏集中学生的注意力。

(5)词汇。教师在教学中用词要规范、准确、形象、生动，注意词汇的感情色彩，符合学生的年龄特点和认知水平。

10.2.2 语言技能的类型

数学教师在课堂教学中所运用的语言按语义特征可划分为一般教学语言和数学语言。

1. 一般教学语言

一般教学语言是指在课堂教学中运用的日常生活语言，在各学科的课堂教学中都可以使用，主要用于教学过程的组织、教学内容的衔接、教学的评价等方面。一般教学语言在构成教师的教与学生的学双边活动系统的过程中起着重要的作用，主要表现在语言的简练与明确、丰富与生动、文明与热情等方面。

2. 数学语言

数学语言是数学学科的专用语言，是一种符号语言、形式化的语言①。数学语言具有精确性、逻辑性、规范性、简约性的特点。

(1)精确性。精确性是指用数学语言传递信息时不会模糊不清、产生歧义。例如，“过一点有且只有一条直线与已知直线垂直”，这样的表述是错误的，因为这个结论在平面几何中成立，但在立体几何中是不成立的。所以，教师在表达的时候一定要注意加上必要的前提条件，即在同一平面内。

(2)逻辑性。培养学生的逻辑思维能力是数学教学的目标之一，任何数学结论，都是经过逻辑性推理得来的。因此教师在教学过程中要将数学知识的严谨、清晰与连贯随语言叙述的逻辑性表露出来。例如，矩形、菱形、正方形是特殊的平行四边形，因此它们具有平行四边形的所有性质。

(3)规范性。教师的数学语言不仅是学生获得知识的重要渠道，而且是学生学习数学语言的范本。例如，教师在讲授点与圆的位置关系时，不能把点在圆内说成点在圆里。再如，倒数的倒(dào，四声)与导数的导(dǎo，三声)，声调不一样。

(4)简约性。数学语言的简约性体现在能用最少、最简明的语言传达最多、最精确的信息，具有压缩信息记载的功能。例如“经过两点有且只有一条直线”可以简化为“两点确定一条直线”。

10.2.3 语言技能的实施要点

教师在教学过程中使用语言技能时要准确把握以下基本原则。

(1)知识性原则。不同学科的专业知识不同，教师要注意数学学科的知识性和科学性，传递有效的数学知识，使学生获得的知识与教学要求相一致。

(2)目的性原则。数学教学语言技能是实现数学教学目标的重要渠道，教师在教学过程中要明确具体的教学目标，正确组织教学语言，不能凭借个人的想法信口开河。

(3)针对性原则。学生的心理特征在各个年龄阶段有所不同，教师要充分了解学生的情况，从学生已有的知识经验出发，有针对性地进行教学，传授的知识应该是学生“够一够”可以接受的，从而使学生更加专注地投入到课堂学习中。

(4)激励性原则。激励性的语言有助于提高学生的自信心，使学生积极主动学习。学生在学习的过程中避免不了出现错误，面对这样的情况教师要有耐心地指导学生，不能过多地批评、指责，这样只会打击学生的自尊心，使学生滋生厌学情绪。

10.3 数学课堂板书技能

10.3.1 板书技能的概述

板书技能是指在教学中，教师在平面媒体(包括黑板、投影仪、展示台等)上书写文字、符号或作图等，向学生呈现教学内容，分析认识过程，使知识概括化和系统化，

① 王晓军. 数学课堂教学技能与微格训练[M]. 杭州：浙江大学出版社，2011：59.

帮助学生正确理解并增强记忆，提高教学效率的一类教学行为[①]。板书作为一项重要的教学技能，主要指课堂教学中教师的书面语言表达。板书能点睛指要，给人以联想；形式多样，给人以丰富感；结构新颖，给人以美的享受。总的来说，板书具有以下作用。

1. 体现教学意图，突出教学重点

教师要根据教学内容的特点和学生的接受程度合理设计板书。板书应有效引导学生积极思考数学问题，着力体现本堂课的重点和难点，关键词和关键句可以用不同颜色的笔做标记，帮助学生更好地记忆。对于学生较难理解和掌握的数学知识，教师应尽量以简明直观的语言帮助学生更好地、更深入地学习，发展学生的最近发展区。

2. 集中学生精力，激发学习动机

兼具艺术性与启发性的板书能够很好地集中学生的注意力，驱动学生产生学习动机。教师在板书时应力求图文结合，颜色搭配美观、和谐。同时，为了避免学生听课时产生疲倦感或分心，教师应在板书的同时，辅以适当的语言讲解。

3. 启迪学生思维、规范解题思路

教师运用板书能有条理、有逻辑地表达数学知识之间的内在联系，有助于驱动学生认知系统的运转，启迪学生的思维。解题作为数学学习的重要目标，教师的规范板书在此过程中也扮演了重要的角色。一方面，教师的板书能揭示解题的思路，帮助学生强化解题的步骤；另一方面，教师板书的规范性能够给学生树立榜样，有利于学生养成规范解题的数学学习习惯。

4. 概括知识要点，便于学生记忆

板书应当反映一堂课的核心内容，将所教授的知识浓缩成纲要的形式，并将重点、难点、解题思路等有条理地呈现给学生，这有利于学生理解基本概念、定义、定理、法则等，也有利于学生更好地记忆所学内容。

5. 表达形象直观，深化学生理解

对于中小学生来讲，其思维水平仍是具体形象思维占主导地位，因而数学教学必须遵循学生的身心发展规律，按照直观性原则进行教学。富有直观性的板书，能代替或再现教师的演示，以静态的文字形式启发学生思维，深化学生理解。下面这道题目能够很好地体现这一点。

甲、乙、丙、丁和小江一起比赛下象棋，游戏规则要求每两个人都要赛一盘。到现在为止，甲赛了四盘，乙赛了三盘，丙赛了二盘，丁赛了一盘。问小江赛了几盘？通过分析，我们发现这是一道推理性的应用题，单靠文字表述，学生可能很难理解。为了启发学生的思维，突破教学难点，深化学生理解，教师设计了一则板书，如图 10-1 所示。这则板书仅仅用了 6 个字、6 条线就把 5 个人的赛棋关系直观地呈现出来了，便于学生理解，开拓学生的思维。

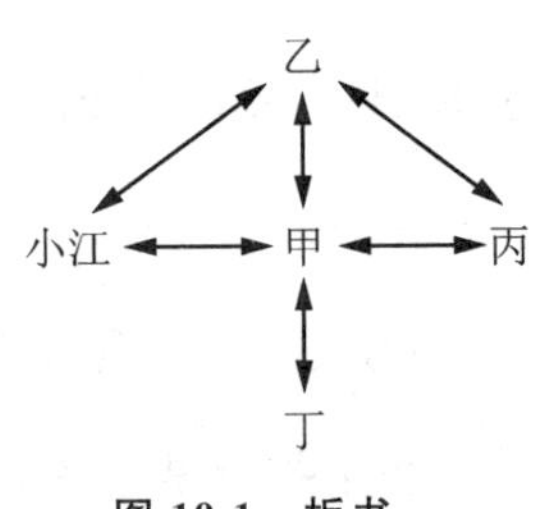

图 10-1　板书

① 王晓军. 数学课堂教学技能与微格训练[M]. 杭州：浙江大学出版社，2011：69.

10.3.2 板书的类型

板书的类型是多种多样的，下面我们介绍几种常用的板书类型。

1. 演绎式板书

演绎式板书在数学教学中应用范围最为广泛，它可以将数学的思维过程以文字的形式清晰地表达出来。其中，证明题、计算题与作图题多用此法，它们在数学表达和解答中都分别有规范化的格式，板书时的基本模式是标准、规范的；推理是简明、准确的；图形是规范、标准的，这正是学生数学解题的榜样和目标。

2. 图示式板书

图示式板书是指综合利用文字、箭头、线条、符号、数字、关系框图等将知识组成逻辑图呈现的一种板书方式。它具有条理清晰、形象直观的特点，常见的图示式板书有“箭头图”“枝形图”和“框图”三种。下面则以数学学科为例对上述三种分类依次进行举例说明。

(1)箭头图。可以便捷概括出小系统中的推导、等价和循环等关系。例如，代数中关于实数平方的非负性，可以以此为基点将其发展为一个知识网络，如图 10-2 所示。

$a^2=0$，则 $a=0\Rightarrow(a-b)^2=0$，则 $a-b=0$。

$$a^2\geqslant0\Rightarrow(a-b)^2\geqslant0\Rightarrow a^2+b^2\geqslant2ab\Rightarrow(a+b)^2\geqslant4ab\Rightarrow\frac{a+b}{2}\geqslant\sqrt{ab}$$

图 10-2 箭头图

(2)枝形图。将知识进行再分类，便于记忆和理解。如：实数的分类，如图 10-3 所示。

$$\text{实数}\begin{cases}\text{有理数}\begin{cases}\text{整数}\begin{cases}\text{正整数}\\\text{零}\\\text{负整数}\end{cases}\\\text{分数}\begin{cases}\text{正分数}\\\text{负分数}\end{cases}\end{cases}\\\text{无理数}\end{cases}$$

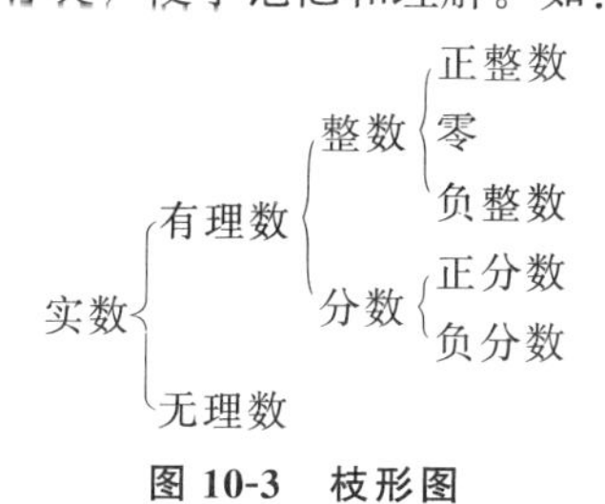

图 10-3 枝形图

(3)框图。知识框图是将“枝形图”和“箭头图”进行融合，进而梳理知识之间的逻辑关系。例如，可用图 10-4 所示框图引导学生回忆代数方程的知识线索。

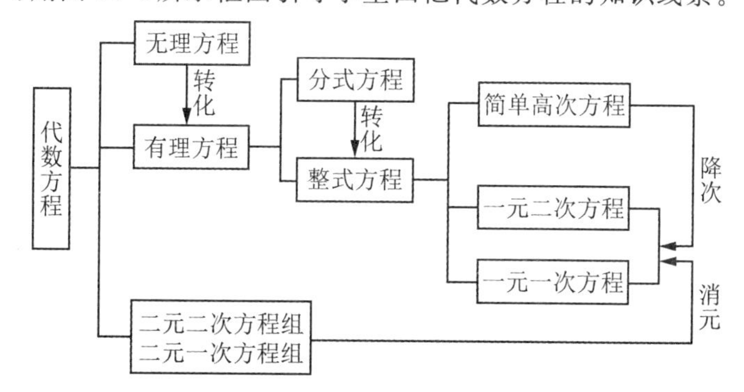

图 10-4 框图

3. 提纲式板书

提纲式板书是以教学内容的逻辑关系为线索，用简练的语言按一定层次，将教学的重点内容高度浓缩后以提纲的形式在黑板上呈现出来，从而揭示知识的层次结构。例如在学习“一元二次方程根的判别式”时，教师可设计如图 10-5 所示的板书。

一元二次方程 $ax^2+bx+c=0(a\neq0)$

①$\Delta=b^2-4ac$。

②当 $\Delta>0$ 时，方程有两个不相等的实数根；

当 $\Delta=0$ 时，方程有两个相等的实数根；

当 $\Delta<0$ 时，方程没有实数根。

③上述命题反之也成立。

图 10-5　提纲式板书

4. 表格式板书

表格式板书便于学生经历观察、比较、抽象、概括、归纳和分类等多种思维活动，让数学教学内容更为清晰、系统、条理。例如在教授《三角形的内切圆》时教师可与学生合作完成表格式板书如表 10-1 所示。

表 10-1　表格板书

图形	$\odot O$ 的名称	$\triangle ABC$ 的名称
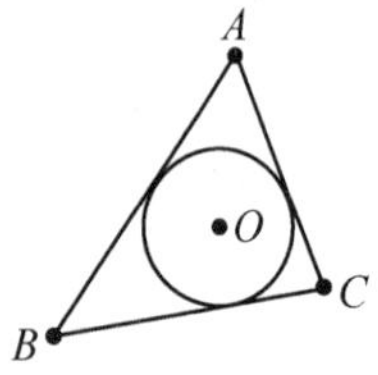	$\odot O$ 叫作 $\triangle ABC$ 的内切圆	$\triangle ABC$ 叫作 $\odot O$ 的外切三角形
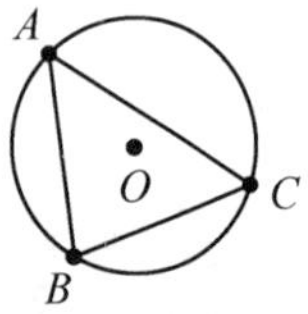	$\odot O$ 叫作 $\triangle ABC$ 的外接圆	$\triangle ABC$ 叫作 $\odot O$ 的内接三角形
圆心 O 的名称	圆心 O 确定	“心”的性质
圆心 O 叫作 $\triangle ABC$ 的内心	作两角的角平分线	内心 O 到三边的距离相等
圆心 O 叫作 $\triangle ABC$ 外心	作两边的中垂线	外心 O 到三个顶点的距离相等

5. 线索式板书

线索式板书是根据教学内容的逻辑关系，将知识的发生、发展过程显示出来，按照由浅入深的逻辑顺序反映教学主要内容的板书形式。这种板书形式有利于学生体验知识的来龙去脉，加深对所学知识的理解。

6. 对比式板书

如果授课内容、教学逻辑类似或所用数学思想方法一致时，对比式板书是理想的板书选择。它能够将新旧知识联系起来，用类比的方法比较二者的异同，便于学生记忆、理解、接受并掌握新知识，减轻学生的认知负担。例如教师在教学“一元一次不等式的解法”时，可将一元一次方程的解题过程写在右边，类比讲解一元一次不等式的解法。

10.3.3　板书技能的实施要点

板书设计要遵循以下原则。

1. 目的性原则

教材内容是板书设计的依据，教学目标规定板书设计的主体和结构。因此，板书必须直击教材内容的重点、难点及突破路径，为落实知识与技能、过程与方法、情感态度与价值观三维目标服务。

2. 科学性原则

板书设计的词语、符号、标点都应该具有科学性，板书速度要与学生的思维活动同步，内容要与学生思维结果基本吻合。科学正确、结构严谨的板书有利于学生形成正确的概念以及养成科学严谨的态度。

3. 系统性原则

要依据知识的纵向和横向联系进行书写，展现出知识的层次和结构。一般来说，可以把一块黑板分为三部分，主体部分在中间(主板书)，应占黑板的五分之三，左右空出的部分(副板书)可以写其他辅助性的内容。

4. 启发性原则

三尺讲台，一方黑板，连接着无涯的知识海洋。要解决黑板空间的有限性与知识的无限性之间的矛盾，板书必须富有启发性。板书中的一个问号、一个箭头等，都可以激发学生的学习动机，驱动学生认知系统的高速运转。

5. 示范性原则

教师的板书一方面能够传授教学知识，另一方面还会潜移默化地影响学生的书写习惯。因此，教师的板书应力求准确、规范、美观，给学生树立良好的学习榜样。

6. 简练性原则

板书设计要凝练，具有概括性，即用尽可能少的文字语言传递尽可能多的教学内容。这就要求教师要精心选取板书语句，力求简明、精练，抓难点，抓关键，不拖沓。

7. 即时性原则

即时性原则强调教师教学要掌握板书的最佳时机，当所学知识与学生已有认知结构冲突时，教师的板书一字一句或许能带给学生灵感，使之恍然大悟，受到启迪，提升自身的最近发展区。

8. 趣味性原则

生动活泼的板书能够有效调动学生情感的积极投入，板书的文字、格式要灵活多样，富有变化性，既整齐、美观，又有新意、奇特之处，激发学生的学习兴趣和学习动机，驱动学生深度学习的发生。

9. 美观性原则

板书设计要追求艺术的美感，使整个板书的布局格式与内容安排成为一种艺术创造，学生的学习不再是枯燥无味的，而是一种视觉的美的享受。在实际教学中，我们既可以用精练、优美的语言再现内容美；也可以用不同颜色的粉笔显露色彩美；还可以用优美的布局、精心的设计，规范的书写体现造型美。

10.4 数学课堂导入技能

10.4.1 导入技能的概述

10.4.1.1 导入技能的功解

课堂导入是课堂教学的主要环节之一，是指用简洁的语言或辅助动作拉开一堂课的序幕，随之进入课堂教学主体的过程。学生能否上好一堂课的首要条件是在上课伊始教师能否将学生课前分散的注意力即刻转移到课堂上，使学生精神积极地投入学习。

“导”就是引导，“入”就是进入学习。导入技能是教师在开始新的教学内容或教学活动前，集中学生的注意力、唤起学习动机、激发学习兴趣和建立知识联系的一类教学方式。良好的开端是成功的一半，精彩的课堂导入，能打动学生的心弦，有助于课堂教学，起到事半功倍的效果。一般而言，导入技能的功能主要体现在以下几个方面。

1. 集中注意，为学习新知做好准备

注意力是打开知识大门的一把钥匙。在导入时，教师可通过精心设计的数学活动情境，给予学生强烈的、新颖的刺激，让学生的注意力迅速集中，并指向特定的教学任务和程序，做好心理预设，准备学习新知识。

2. 激发兴趣，引发学习动机

精彩的导入会使学生如沐春风、如饮甘露，进入一种美妙的境界，使学生具有期待学习新知的心理倾向。教育家第斯多惠说：“教学成功的艺术就在于使学生对你所教的东西感到有趣。”教师巧妙的开讲，会使学生对课堂学习产生浓厚的兴趣，激发学生的学习动机。

3. 明确教学活动目标

课堂教学是一种目的性很强的社会性活动。教师经过精心设计，给予学生充分的刺激，激发学生强烈的求知欲和力求解决问题的强烈愿望。当学生的积极性被调动起来，思维处于活跃状态时，教师就应注意因势利导，适时地讲明这节课学习的内容、要达到的目标、完成的任务及学习活动的方向和方法，从而使学生的学习活动有明确的导向。

4. 承上启下，以旧引新，建立新旧知识间的联系

数学以其系统性、严密性而著称，数学知识之间具有严密的逻辑关系；布鲁姆的教育目标分类学表明，学习是一个循序渐进的过程，高层次知识的学习以低层次知识的掌握为前提。同类知识要提升到新的层次，更需要原有知识作铺垫。因此，新课的导入总是建立在联系旧知的基础之上，以旧引新或温故知新，借此促进学生知识系统化。

5. 渲染课堂气氛，创设问题情境

学生学习效果受学习情感的影响。精心设计的问题情境能吸引学生的注意力，引发学生对教学内容产生情感共鸣，促成学生情绪高涨，获得更好的学习体验。

10.4.1.2 导入技能的构成要素

导入技能是基于教学目标和教学内容的特点、学生的思维和认知方式而制订出来的。有效的课堂导入包含以下四方面。

1. 明确学习目标

在导入的过程中要让学生了解本节课的学习目标，使每位学生明确该节课我们要学习哪些方面的知识，达到怎样的学习目的等。

2. 激发学习兴趣

兴趣是求知欲的起点。导入的目的即用各种方法使学生产生学习兴趣，调动学生的学习积极性。

3. 集中注意力

导入的首要任务是将学生分散的注意力迅速集中到课堂中来，稳定学生的情绪，使其能够全身心地投入到新的学习中。

4. 促进参与

促进参与是导入技能中调动学生各种感官作用的教学行为方式。在课题引入过程中教师要引导学生全方位地、积极主动地参与学习活动，使学生充分发挥主体作用。

10.4.2 导入的类型

1. 直接导入

这是最简单的导入方法，它直接阐明了学习的目的和要求。其特点是能促使学生快速定向，有利于提高学生的注意力。例如，初中教授“合并同类项”这一节内容时，新课伊始教师先出示教学目标：①掌握合并同类项法则；②能进行简单的整式加法和减法运算。

2. 实例导入

实例导入是指教师挑选某一具体实例进行分析，进而推广到一般形式，揭示一般规律，这种导入方法简单、直观，学生容易接受和理解新知识。例如，在教学“平方差公式”这一课时，课上可以先让学生利用多项式乘法做几道不同形式的两式和与两式差的积的形式的练习题，并引导学生观察等式两边的变化，进而推广到一般的规律，从而推导出平方差公式。

3. 旧知识导入

当新旧知识有比较紧密的联系时，教师可以先让学生回忆旧知识，然后基于学生已有的认知基础自然地导入新课。旧知识导入法既可以巩固、复习旧知识，又能够有效地衔接新知识，使学生更好地理解新旧知识之间的联系，促进学生对新旧知识的系统化理解。例如我们在讲解“分式方程”这一节内容时，可以预先引导学生回忆、复习因式分解的相关知识。

4. 趣味导入

趣味导入是指在上课伊始教师展示与本节内容联系密切的数学史、生活实例和游戏等导入新课的方法。它能激发学生学习的好奇心，使学生对学习产生浓厚的兴趣，使学生的思维处于活跃的状态。如在教学“用字母表示数”这节课时，教师可以出示数青蛙的游戏口诀，引导学生自发感受用字母表示数的必要性和优越性。这种方式不仅可以激发学生的求知欲，而且还能使学生感受数学与生活的密切联系。

5. 直观演示导入

直观演示导入是指教师精心挑选实物、教具，然后引导学生进行直观观察、分析，教师再进行归纳总结从而引出新知识的导入方法。例如，求直棱柱、正棱锥、正棱台的表面积可以这样导入：先让学生观察模型及其展开图，进而引导学生推导出表面积的计算公式。

6. 实验导入

这是指教师通过演示教具让学生观察或师生共同动手实验，寻找规律从而导入新课的方法。这种方法有利于培养学生动手动脑的能力，提高学生的思维能力。例如，在教授“三角形内角和定理”的时候，可以用卡纸制作一个三角形，将两角剪下和第三个角拼在一起，通过拼图得出直观结论，这也为后续证明提供了思路。

7. 悬念导入

悬念导入是教师通过精心设计问题情境，暴露学生的认知限度，引发学生的好奇心和求知欲，进而激发学生产生迫切想解决问题的欲望来导入新课。古人曰：“学起于思，思源于疑。”好的问题提出往往能使课堂教学收到意想不到的效果。这种导入类型能使学生由“要我学”转为“我要学”，具有强烈的感染力，使学生的思维活动处于活跃状态，有利于发挥学生的主体性。

复数概念的引入①

教师：同学们还记得数的概念发生和发展的过程吗？在经过几次“添加新数”之后，数集已经扩充到实数集。但是复数在实数范围内不能开平方，所以代数运算在实数集内仍不能永远实施。例如，当 $b^2-4ac<0$ 时，实系数一元二次方程 $ax^2+bx+c=0$ 没有实数根；一元三次方程 $x^3=1$ 只有一个实数根。数的概念需要进一步发展：实数集如何扩充？在新的数集里，怎样实施数的运算？

这样的导入方式能充分调动学生的求知欲，激起学生的学习动机，从而成功引导学生进入新课。

8. 生活情境导入

数学课程要关注学生已有的生活经验和已有的知识体验，因此，在新课的导入中，教师应该选择贴近学生生活的事物，提出学生感兴趣的数学问题，让学生在熟悉的事物或具体的情境中学习数学知识，努力营造一个现实而有吸引力的“生活化”情境，使

---

① 赵明尖. 高中数学新课标设疑式导入的使用情况研究[D]. 重庆师范大学，2016.

学生在熟悉的情境中进入良好的学习状态，感受数学与现实生活的密切联系。此法通常在新内容与学生的有关经验既有联系又有区别时采用。

例如：对“三角形全等的判定定理”，可以这样引入：

教师：一块三角形的玻璃被裂成两部分(图10-6)，只带其中一块到玻璃店去配可行吗?

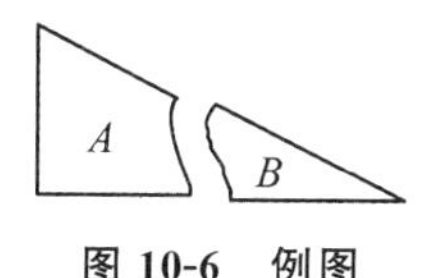

图10-6　例图

(这时学生积极思考，甚至出现了争论)

教师：如果可以的话，带哪一块？为什么？

9. 类比引入

类比引入是通过比较两个数学对象的共同属性，从已知对象的某一属性出发，对另一对象的某一属性提出猜想，从而引入新课题的方法。类比是一种从特殊到特殊的推理，它的基本模式是：

对象A有性质a，b，c，d，

对象B有性质a'，b'，c'，

猜想B有性质d'。

例如：在讲解一元一次不等式的解法时，可与一元一次方程的解法进行类比，如图10-7所示。

$\frac{3x+1}{2}=-1$，	$\frac{3x+1}{2}\geqslant-1$，
两边同乘2得，	
$3x+1=-2$，	$3x+1\geqslant-2$，
移项变号得，	
$3x=-3$， $x=-1$。	$3x\geqslant-3$， $x\geqslant-1$。

图10-7　类比引入

数学课的导入类型很多，要根据教学内容、学生特点、班级情况、教师的具体情况灵活选用，方能取得良好的课堂效果。

10.4.3　课堂导入的实施要点

教师在使用导入技能时要注意以下几点。

1. 针对性

针对性表现为：一是导入设计必须要符合学科性质、教学内容和教学目标。二是要针对不同年龄阶段学生的心理特点、知识能力基础、认识水平设计课堂导入内容。

2. 启发性

数学课的主要任务之一是发展学生的思维能力，因此，数学课导入时，教师要通

过提供的学习材料引起学生积极思考，即用富有启发性的导入，引导学生发现问题，激发学生产生解决问题的强烈愿望。如在教授“圆”的有关性质前，提出问题：车轮为什么是圆的？让他们想象三角形轮子、正方形轮子、椭圆轮子和圆形轮子汽车行驶的形态，在生动活泼的氛围中，让学生了解到圆形轮子能使汽车平稳地前进，这和圆的性质决定有密切的关系，由此自然过渡到“圆”的特殊性质，最后让学生思考并说出生活中哪些地方用到了圆的特殊性质，加深学生对“圆”的性质的深入理解。

3. 趣味性

美国教育学家布鲁纳说：“学习的最好刺激，乃是对所学材料的兴趣。”因此导入阶段的教学设计应符合学生年龄特点，充分关注学生的兴趣。例如在教“代数式”时，可以这样设计新课的导入环节：老师了解到我们班的同学都非常喜欢唱儿歌，今天我们数学课也来唱一首儿歌，这就是大家熟悉的“数青蛙”口诀“一只青蛙一张嘴，两只眼睛四条腿；两只青蛙两张嘴，四只眼睛八条腿；三只青蛙三张嘴，六只眼睛十二条腿。”教师让学生依照这样的规律一直往下唱，并顺势提问：如果现在有 n 只青蛙，那么有几张嘴几只眼睛几条腿呢？由此我们可以看出，伴随着儿歌的进行，很自然地导入了本节课所学的内容，看似很枯燥乏味的知识一下子变得生动活泼起来，更形象化、具体化了①。

4. 艺术性

要想一语惊人，使学生尽快进入学习状态，这与教师的语言艺术具有很大的关系。教师创设情境时，语言应该富有感染力，要求条理清楚，又要娓娓动听，形象感人；直观演示时，语言应该通俗易懂、富有启发性；旧知识导入时，语言应该清晰明了，准确严密，逻辑性强。

5. 迁移性、时效性

知识之间是互相联系的，因此，课堂导入要善于在“温故旧知”的基础上“引入新知”。导入内容要与新课内容紧密相连，教师要引导学生建立新旧知识之间的网络结构，使学生的认知系统化。同时要特别注意导入只是盛宴前的“小餐”，而非一堂课的“正传”，因此，教师要合理把握导入的时间，一般控制在2～5分钟之内为宜，避免喧宾夺主。

10.5 数学课堂提问技能

10.5.1 提问技能的概述

10.5.1.1 提问技能的功能

提问技能历史悠久，早在春秋战国时期，我国伟大的思想家、教育家孔子就常用富有启发性的提问进行教学。他认为教学应该“循循善诱”，运用“叩其两端”的追问方法启蒙学生探索知识。

---

① 彭振梅．怎样提高学困生学习数学的兴趣[J]．新课程(中学)，2010(12)：77.

提问技能是指教师提出问题，启发学生思维，从而激发学生作出反应的一类教学行为。提问技能有利于促进学生主动参与学习，教师根据学生的回答情况了解他们的学习状态，并进行相应的提示与指导。提问技能的主要功能如下。

1. 启发思维，促进学生学习

好的问题能激活学生的思维。教师不仅可以通过提问来判断学生知识和技能的掌握情况，还可以利用提问技能向学生提示教学重点与难点，便于学生对教材内容的记忆与理解等。

2. 引起注意，启发兴趣

提问能够有效激发学生的好奇心和求知欲，使其对学习数学产生浓厚的兴趣，进入“愤、悱”状态，使学生的兴趣和注意力处于高度集中的状态，主动解决问题。例如在讲解两条直线的垂直条件这一节课时，首先老师提出问题：“已知两直线方程，你们能依据已知的方程来判断这两直线互相垂直吗?”等学生稍作思考后，老师接着说：“这个问题就是我们这节课要解决的主要问题之一。”这样从课程一开始把学生的注意力吸引到所要研究的问题上去了。

3. 培养学生的能力

正确、恰当的设置问题可引导学生遵循数学的科学性、严密性原则进行思考，有助于培养学生分析问题和推理论证的能力。同时，学生在回答问题时还能提高口头表达能力以及沟通能力。

4. 反馈调控的功能

提问可以使教师及时得到反馈的信息，了解学生的认知状态，检查他们对有关问题的掌握情况，诊断问题所在。通过提问给予恰当的指导，有助于及时修改教学方法，调整教学内容，不断调控教学程序。

5. 引导和组织学生参与教学活动

提问是师生之间教学对话的主要形式，是进行合作学习的有效手段。提问给每个学生提供了一个勇于发表自己观点和看法的平台，为每位同学与老师和班级其他成员提供沟通、交流的机会。

10.5.1.2 提问技能的构成要素

提问过程可分为以下几个阶段。

1. 引入阶段

教师引入问题前要让学生做好心理准备，因此在课堂上可以使用不同的语言或多种表达方式向学生传达即将进行提问的信息。

2. 陈述阶段

陈述所提问题并做必要的说明，主要包括以下几方面：①点题集中，引导学生理解所提问题的主题，或使学生能够将新旧知识联系起来；②陈述问题，利用语言或其他形式将问题清晰、准确地表述出来；③提示结构，在学生回答问题之前教师向学生就有关答案的组织结构给出必要的提示。

3. 介入阶段

如果教师所提的问题难度超越了学生的认知水平，则会发生学生不能作答或回答不完全的情况，这时就需要外界的介入，教师可以以不同的方式鼓励或启发学生正确回答问题，主要考虑以下五方面：①核查，询问学生是否理解问题的意思；②助力，督促学生尽快作答或完成教学指示；③介入，提示问题的重点或答案的结构；④重复，在学生没听清题意时，重复题目内容；⑤重述，当学生对题意产生疑惑时，采用不同词句重新阐述问题。

4. 评价阶段

教师处理学生回答的方式多种多样，主要有以下几方面：①重述，教师重复或以不同的词句复盘学生的答案；②追问，根据学生回答的亮点或不足，追问其中要点；③更正，主要针对学生的错误回答，及时进行纠正，给出正确答案；④评价，教师根据学生的回答情况及时进行评价；⑤延伸，依据学生的回答，引导学生思考另一个新的问题或更深层次的问题；⑥扩展，就学生的答案补充新的内涵或见解，完善学生的回答或展开新的内容；⑦核查，检查其他学生是否理解某学生的答案或反应。

10.5.2 提问技能的类型

根据认知目标层次的划分，课堂提问可分为回忆型提问、理解型提问、运用型提问、分析型提问、综合型提问和评价型提问六种类型。

1. 回忆型提问

回忆型提问主要是为复习所学知识而设计的提问方式。教师通过提问判断学生对前面学过的知识的掌握情况，并通过复习旧知，求得新知。

例如，在讲完绝对值定义之后可依次问：

(1) -6，0，π 的绝对值等于多少？

(2) $|2-\pi|$ 怎样去掉绝对值符号才是合理的？

2. 理解型提问

当某个概念、定理讲解之后，可以通过理解型提问来反馈学生对知识的理解情况。学生要回答这类问题必须对已学过的知识进行头脑的加工从而形成自己的认知，然后表达出来，因此，理解型提问是较高级的提问类型。

例 在讲解圆周角定义后，为了使学生理解定义的内涵，可画几个不符合定义中条件的图形，让学生来判断。如图 10-8 所示。

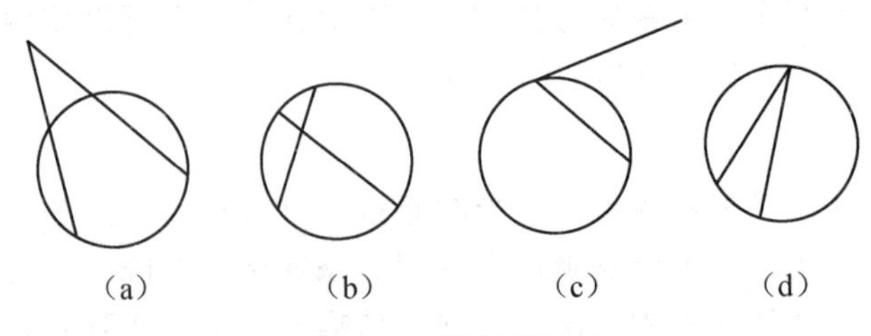

图 10-8 判断圆周角

3. 运用型提问

运用型提问是检查学生能否将所学的概念、公式和思想方法等知识运用到新问题情境从而解决问题的提问方式。

例如，学习相似三角形的性质及应用时，可依次提出以下问题：

(1)相似三角形的性质有哪些？

(2)在某一时刻，测得一根高为1.8 m的竹竿的影长为3 m，同时测得一栋楼的影长为80 m，这栋楼的高度是多少？

4. 分析型提问

分析型提问是要求学生根据给出材料的各部分信息进行分析，之后确定各部分之间的相互关系，最后得出结论的提问方式。

例如，在推导一元二次方程求根公式的过程中，可依次向学生提出以下问题：

(1)$a^2x+bx+c=0(a\neq0)$

为什么$a\neq0$？

(2)$ax^2+bx+c=0$，$x^2+\frac{b}{a}x+\frac{c}{a}=0$，$\left(x+\frac{b}{2a}\right)^2=\frac{b^2-4ac}{4a^2}$

这三个方程是否是同解方程？理由是什么？

(3)方程同解原理的基本内容是什么？

针对学生学习中常见的概念混淆或错误，教师从反面设计问题，让学生在正确与谬误的分析对比中辨明是非，提高分析和批判能力。

5. 综合型提问

综合型提问需要学生善于发现各部分内容之间的相互联系，并在此基础上把概念、性质等重新组合的提问方式。例如，一个命题的证明讲解完后可问："你是否还能给出其他的证明方法？"或者当讲完某一定理后，可请学生谈谈对这个定理的认识。如问："学了正弦、余弦定理后你认为它们有什么作用？从它们的结论上你能比较出它们在解题中的不同功能吗？它们之间有什么联系？"等。

6. 评价型提问

评价型提问是要求学生通过分析、讨论、评论、找不同解(证)法、优选好的解法、拓宽思路、发表自己见解等形式的一类提问。这样的提问有助于纠正学生不善于总结数学问题、数学方法、解题思路的弊病。运用评价型提问前，教师有必要引导学生建立正确的价值观，或给出相应的判断评价原则，为学生提供自评(他评)的依据。

若对他人的观点进行评价，在讨论时要引导学生对有争议的问题提出自己的看法，引导学生深入地思考和分析问题；判断正误与优劣，要求学生判断解决问题方法正确与否或有哪些优点，哪些不足及如何改进等；提出新解(证)法，要求学生对同一问题进行多方位、多角度地发散思维，以寻求更多、更优的解题途径。在这类提问中，从训练学生思维着眼，教师的能力就表现在善于恰当地提供思维材料，引导学生评价已给出的解(证)法，探索新的更优的解(证)法。

10.5.3　提问技能的实施要点

有效的课堂提问要注意以下原则。

1. 目的性原则

教师设计的教学问题，必须服务于数学学科的性质、教学目标和教学内容，每个问题都是为达成特定的教学目标、完成特定的教学内容而设计的。

2. 有效性原则

其一，提问的方法有效，只有能引起学生思维活动的问题才是有效的；其二，问题的设计有效，即问题的难易程度应在学生的最近发展区内。

例："什么叫作平行四边形?"与"一组对边平行、另一组对边相等的四边形是不是平行四边形?"这两个提问，前者培养学生死记硬背定义的坏习惯，后者能深度卷入学生的思维。

3. 科学性原则

提问必须清晰明了，没有歧义。教师设计问题必须要按教材内容的顺序和学生认识发展的过程，通过"问题链"的形式，层层递进，先提出低层次的问题，然后再提出理解性问题、分析综合性问题和创设评价性问题等高层次的问题。

4. 价值性原则

所提的问题必须要有学习价值，有启发性，能够引起学生对所学知识深层次的思考和探究。

5. 趣味性原则

当教师设计的问题具有趣味性的时候，才能真正吸引学生的注意力，因此，教师应当精心设计每个问题，真正引发学生积极地进行数学思考并主动参与到问题解决中，活跃学生的学习氛围。

6. 大众性和开放性

提问要能引起大多数同学的思维共鸣，要使不同层次的学生都能有所思、有所想，或者能从不同的角度去思考问题。

7. 合理的停顿

教师在提问之后，稍作停顿，给学生留下思考问题的时间并组织语言，有效地表述自己的答案。

10.6 数学课堂组织技能

10.6.1 组织技能的概述

学生上课时注意力容易分散，因此在课堂教学过程中，教师的组织能力发挥着巨大的作用。课堂组织技能是指在课堂教学中，教师集中学生注意力，管理课堂纪律，构建和谐的学习氛围，帮助学生达到预期学习目标的教学行为方式。课堂组织将教学的各个环节相互连接，保证课堂教学井然有序，因此它是课堂教学任务得以顺利完成的基本保证。组织技能的功能如下。

1. 集中学生的注意力

组织教学应贯穿于课堂的整个过程，如果教师在课堂的开端就使用相应的组织技能，能迅速安定学生的情绪，集中学生的注意力，这样有利于教学的顺利开展。

2. 引发学习兴趣

教师在教学过程中根据学科特点、知识特点和学生特点，采用多种教学组织形式有利于激发学生的学习兴趣，这是形成学习动机的必要条件。

3. 创造良好的课堂气氛

教学过程中，教师如果采取一定的组织管理方式，可以创造出关系融洽、富有感染力和积极向上的教学环境，由此可以引导学生积极参与学习活动，保持良好的学习状态，有助于理解和掌握知识。

4. 引导学生积极参与

灵活运用一定的管理方式，可以引导学生积极地、有效地参与各种学习活动，保证课堂教学取得好的教学效果。优化教学过程最关键的一点就是引导学生积极参与学习过程，使学生学会学习，真正成为学习的主体。

5. 维持良好的课堂秩序

课堂教学是一个开放的过程，会受到很多不确定和非预期因素的影响。因此，教师需要具备一定的组织能力，从而机智地处理好突发事件，保证教学活动正常进行。

10.6.2　组织技能的类型

1. 管理性组织

良好的课堂纪律是完成教学任务的根本保证，管理性组织是指教师对课堂纪律的管理，其目的是创造一个有秩序的教学环境。教师在进行课堂管理组织时，既要不断地启发诱导学生，又要不断地纠正学生的不良行为，保证课堂教学顺利进行。管理纪律的方法有很多，如命令法、暗示法等，在使用这些方法的时候教师要做到公平、合理和客观，要有爱心，不要伤害学生的自尊心。

2. 指导性组织

指导性组织是指教师对某些具体教学活动进行组织，目的是指导学生准确把握课堂教学的方向。具体可分为两方面：一是对观察、解题、实验等的指导组织。学生的学习过程离不开观察、解题、实验，教师在课堂上的指导有助于学生迅速地投入到这种学习中。例如学生在解一元一次方程时，可以引导学生复述解题的四个步骤：去括号、移项、合并同类项、系数化为1，这样学生基本可以顺利进行解题。二是课堂讨论的指导组织。当课题富有争论性或具有多种答案时，运用讨论的方法是最合适的，当然，教师也应对学生的课堂讨论进行指导性的组织，避免学生的讨论偏离教学的主题，从而促进学生真正地参与到讨论中，当然还可以对学生的讨论提供专业的指导。

3. 诱导性组织

诱导性组织是在教学过程中，教师用语言引导、鼓励学生参与教学活动的过程。需要注意的是，教师要用生动有趣，富有感情、亲切、启发性的语言引导学生积极思考，从而使学生顺利完成学习任务。

10.6.3 组织技能的实施要点

1. 方式恰当与时机合适

教师在进行教学设计时，应充分考虑组织课堂教学的方式是否恰当，是直接讲解还是提问启发，是运用语言还是运用信息技术等。同时还需要充分考虑组织课堂教学的时机，提出学习要求的时机，组织学生讨论的时机，教师进行总结的时机等。因此教师要预先考虑好各个细节，防止在课堂教学过程中出现课堂组织管理的随意性。

2. 身教与示范

“学为人师，行为世范。”教师通过自我形象和动作行为所发出的信息，往往具有较强的引导性，能起到很好的教学效果，因此教师要尽可能展示自身的人格魅力。例如，在仪表方面，穿衣要得体大方，同时，不得干扰学生的注意力。示范是由教师亲自把正确的行为方式展示给学生，使学生在较短时间内达到操作的规范化，教师应该充分利用课堂机会，尽可能对学生进行示范。例如，教师在板书的时候要规范，解题步骤要具体。另外，教师不乱扔教具，不使用粗俗语言等。

3. 严格要求与耐心说服

中学生情绪波动大，自我控制能力较差。在课堂组织管理中，教师应采取严格要求的方式，提前制订课堂教学规则。但在实际的课堂教学中难免会出现个别学生违反课堂纪律的突发情况，教师最好不要过于严厉地批评学生，否则很容易使学生产生逆反心理，正确做法应该是耐心说服学生，让学生认识到自己的错误，这样往往能取到更好的效果。

4. 面向全体与兼顾个体

组织课堂教学的目的是优化教学过程，使全体学生能达到课程标准的要求。因此，教师要考虑大多数学生的实际情况，不能只偏向于个别学生。在此基础上，给超常生和优生提出更高层次的目标，对于基础薄弱的学生，要给予多些关注与鼓励，做到因材施教。

10.7 数学课堂讲解技能

10.7.1 讲解技能的概述

讲解技能是教师用语言向学生传授数学知识的教学方式，也是教师用语言启发学生数学思维、交流思想、表达情感的教学行为。讲解实质上是教师把教材内容经过自己头脑加工处理，利用语言对知识进行剖析和揭示，分析其构成要素和形成过程，揭示内在联系，从而使学生把握其实质和规律的过程。

教师使用讲解技能向学生传授知识，使学生充分了解知识之间的相互关系，进而形成系统的知识结构。生动有效的讲解能激发学生的学习兴趣，形成长期的学习动机。通过问题的讲解和剖析，揭示其中隐含的数学规律，启发学生的思维，传授思维方法，强化对知识的理解，为学生提供科学的思维方法。在使用讲解技能的时候，必须了解它的基本构成要素，以便更好地运用这一技能。讲解技能的构成要素主要有：语言结构、讲解结构、逻辑与连接、使用例证、获得反馈、适时强调。

1. 语言结构

语言结构是指教师在课堂教学过程中，要求教师的语言通俗易懂；讲解生动、形象，富于感染力；表述流畅，思路清晰，突出学科性和科学性。

2. 讲解结构

讲解结构是指教师在分析学生学习心理、认知结构和教材知识结构的基础上，对讲解过程的统筹规划和设计。

3. 逻辑与连接

逻辑与连接强调讲解过程中，不但要讲清数学问题的逻辑推理过程、各教学环节的逻辑关系，还要注重各教学环节的过渡与衔接。

4. 使用例证

使用例证也叫举例，是指用已学过的知识分析、判断具体的问题，这是形成知识、检查和巩固知识的有效方法。通过对例子的讲解，可以了解学生对数学知识理解和掌握的程度。使用例证要注意以下几方面。

(1)使用例证的内容要恰当、明确。所引用的例证既要与教学内容相一致，又要符合学生的认知水平，必须是学生熟悉的，或是学生易于理解的，例如，下面这个案例。

比较分数$\frac{b}{a}$和$\frac{b+c}{a+c}$的大小。

七年级学生已经可以理解，若$a>b>0$，$c>0$，则$\frac{b}{a}<\frac{b+c}{a+c}$；若$c<0$，$c<b$，则$\frac{b}{a}>\frac{b+c}{a+c}$。但常常认识不深刻。教师就可用“$b$克糖融入$a$克水，再加入$c$克糖或减少$c$克糖后，糖水的浓度跟之前的浓度之间有什么关系”来加深学生的理解。

(2)使用例证要注重分析。使用例证的目的在于加强学生对已学过的数学概念、公式、定理、法则等知识的应用，而应用过程又是深化、理解知识的过程。因此，例证不要只重视结果，还要注重分析。

(3)重视变式。变式的教学要注意正、反例双管齐下。在教学中经常会出现学生对某些数学结论的前提条件记忆不清，或理解不全面的情况。对此教师就可以通过反例的讲解，促进学生认知水平的提高。凡是逆命题不成立时，教师在恰当的时候都应给出反例。

5. 获得反馈

教学过程中，教师及时了解学生的反馈是至关重要的，同时应该注意以下几个方面。

(1)反馈的内容。主要包括学生有意注意情况、学生对教学内容的兴趣程度、学生对刚讲解的数学知识和数学方法的掌握情况等。

(2)获得反馈的方式。主要包括观察学生的表情和行为、提问旧知识、学生非正式发言和让学生提出问题、看法。

6. 适时强调

这里的强调包括：强调重点内容，强调关键，强调数学思想方法，强调数学学习方法。

10.7.2 讲解的类型

数学课堂讲解大致可分为以下四种类型。

1. 解释型讲解

解释型讲解一般指对概念进行定义、对题目进行分析、对定理或公式进行说明等形式的讲解。例如，//、⊥、≌的含义与读法。

2. 描述型讲解

描述型讲解主要是指在教学中运用于内容陈述、细节描述、形象分析、材料显示，以及数学对象的状态及其变化过程和结果等的讲解。描述型讲解大多用于讲授具体知识，提供表象，属于讲解的初级类型。例如对数学问题的证明过程、计算过程、思维过程等进行简单、概括的描述；对几何对象的结构、特点、作图程序的形象性、描述性讲解等。描述型讲解需要能够清晰有序地交代内容，详略分明，突出重点，语言生动。在使用描述型讲解过程中，要防止用描述性讲解语言代替严格的定义、定理，削弱逻辑性、严谨性。

3. 归纳型讲解

归纳型讲解一般是指通过对具体事例进行观察、比较、分析等环节，进而归纳出一般性结论的讲解。主要用于命题、定理、法则、公式的获得，以及应用于定理的证明。

4. 演绎型讲解

演绎型讲解主要指用于定理、法则、原理的讲解，它是通过一般的原理，从而推出特殊情况下结论的方法。

10.7.3 讲解技能实施要点

数学课程讲解有以下几点要求。

1. 恰当性

语言表达要清晰、准确、生动、幽默、具有吸引力与感染力。同时要充分考虑教学语言的语速、词汇、语调、节奏等多方面要素。

2. 目的性

讲解的目的要具体明确。教师要根据一节课的教学目的，明确每一段讲解内容的目的。“在知识上让学生学会什么？学到什么程度？在技能上让学生学会什么？怎样学？”这是教师在讲课时首先要考虑的问题。

3. 计划性

教师对讲解内容要有周密的计划，详尽的安排。首先，要明确讲解内容的顺序，选用怎样的范例，讲解的先后顺序，怎样讲才能吸引学生，才能使学生接受和理解。其次，要考虑内容之间的联系。最后，要考虑讲解与练习的衔接。

4. 针对性

教师的讲解既要符合数学的学科特点，又要符合学生的年龄特点。讲解的程序设计、内容安排要视教学内容和学生的实际情况来确定。讲解应根据知识的重点、难点、形成过程和数学思想方法有所侧重。对于重点知识、基本技能、基本方法，教师在讲解时要注意及时强调，帮助学生巩固。

5. 与其他技能的密切配合

实践经验证明，教师在讲解时必须要和其他技能密切配合，才能提高讲解的效率。例如，在讲解时教师借助提问加强反馈；教师边讲解边板书；边讲解边演示；边讲解边实验都是教师常采用的方式。一方面借此提高学生的学习兴趣，另一方面使学生多种感官同时参加学习，提高学习效率。

6. 时间要适当

讲解的时间过长容易使学生疲劳、注意力分散，这样反而降低讲解的效果。

10.8　数学课堂反馈技能

10.8.1　反馈技能的概述

在教学过程中，反馈的实质是一个信息控制系统，在此控制系统中，教师不断地向学生传递信息，该信息经过学生处理后产生的效果再输送回来，教师对学生反馈的信息加以改进和修正，并再次输出教学信息以提高教学质量。教学反馈技能是指教师在教学中，为进一步促进学生的学习，有意识地收集学生的学习状况并加以调节和控制。反馈技能在教学中具有调控、交流、激发、检测等功能。

1. 调控功能

教学反馈行为是师生双向互动的行为，这一过程既包括教师的统筹，又包括学生的反馈。学生学习行为和结果的展现，为教师进行自我调控和对整个教学过程进行有效调控提供最真实的依据；而学生也根据教学的反馈进行自我判定，自我调控，有助于改进、调整下一步的学习活动。

2. 交流功能

教学反馈是连接教与学的纽带，能够促进教师与学生之间的交流。一方面，根据学生的反馈信息，教师可以了解学生对知识的掌握程度以及学生学习过程的情绪变化，以修正教学方法和教学进度。另一方面，学生通过教师的反馈评价，不断改进学习方式，因此教师的反馈评价可以对学生学习起指导作用。

3. 激发功能

通过教师对学生传递评价、启发、指导等反馈信息，可以激发学生的创造力，为学生提供学习的动力；通过学生对教学内容的理解或疑惑等反馈信息，激发教师的教学积极性，并对教学进行调整与改进。

4. 检测功能

学生可以通过教师的反馈信息，检测自己的学习情况；教师可以通过板演或当堂测验的形式，检测学生的学习态度、水平和效果，了解学生对知识的掌握程度，并根据出现的问题及时采取解决措施。

10.8.2 反馈技能的类型

1. 直接反馈与间接反馈

(1)直接反馈是教师通过学生回答问题、课堂讨论、测试考核、实验操作等方面来寻找自己的教学问题，这是教师获得反馈信息最常用的方法，也是比较直接可靠的方法。

(2)间接反馈是教师通过观察学生的表情、姿态或动作来了解学生的学习情况并反思自己的教学问题，针对学生的反馈信息采取相应的措施及时调整课堂教学。

2. 教学中的反馈与学习中的反馈

(1)教学中的反馈。教学是一个信息传递的过程，主信息流向为“教师→信息→学生”，反馈信息流向为“学生→教师”，教师通过反馈信息来判断学生对知识的吸收情况，并从中找出原因。

(2)学习中的反馈。一方面，学生可以根据教师对自己的表现、作业、考试等方面的评价来获得反馈信息；另一方面，也可以通过自我检测、同学的评价等方面获得反馈信息，来分析自己的学习情况，为调整学习进度、改变学习方式提供参考依据。

10.8.3 反馈技能的实施要点

1. 明确真实

教师对学生的学习评价应简洁明确，尽可能用精练明确的语言阐述自己的观点，不模棱两可。反馈的信息应真实可靠，教师要对反馈的信息进行分析，了解真实情况，去伪存真。

2. 具有针对性

学生是具有个性与差异的人，教师在教学过程中应贯彻因材施教的教学理念，灵活地给予评价，教学反馈应侧重用不同的学习方法指导学生，因势利导，使每个学生和谐发展。

3. 启发性

苏霍姆林斯基曾说：“有经验的教师往往只是微微打开一扇通向一望无际的知识原野的窗户。”启发学生是课堂教学中有效反馈的灵魂展现，教学中教师应该激发学生学习的内在机制。

4. 情感性

教师在特定情境中，要注意控制情绪，克服主观随意性的误导。合理应用情感性原则，在学生的知识技能上给予矫正，情感上给予鼓励，这样有利于培养学生养成对反馈信息进行自我评价的意识，增强反馈效果。

10.9 数学课堂结束技能

10.9.1 结束技能的概述

结束技能是教师在一个教学内容结束或课堂教学任务终了阶段，通过重复强调、归纳总结和实践活动等方式回顾与概括所讲的主要内容，强化学生的学习兴趣，帮助学生形成完整认知结构的教学行为。结束技能的功能主要有以下几点。

(1)系统概括、归纳所学内容，使之系统化；

(2)强化巩固知识，加深对知识重点、难点和关键知识的理解；

(3)引导学生总结分析自己解决问题的思维过程，提炼数学思想方法；

(4)注意既要对本节课的教学内容进行总结概括，又要为后续的教学内容做好相应的铺垫；

(5)检查学生的学习效果，为改进教学提供依据。

10.9.2 结束技能的类型

1. 概括式

在实际教学中，最常被教师采用的课堂结束类型就是概括式。它是指教师在课堂结束之前利用较短时间将本节教学内容进行梳理与总结，并强调本节内容所蕴含的思想方法。概括式的课堂结束方式往往以叙述、列表格、思维导图等多种方式进行呈现。这种结束方式使知识内容更加系统化，简明扼要地将知识完整体现，有利于学生记忆、理解和掌握本节课的学习内容并构建自己的知识体系。例如，“平行四边形的判定”一课在结束时可作如图10-9所示的思维导图进行归纳总结。

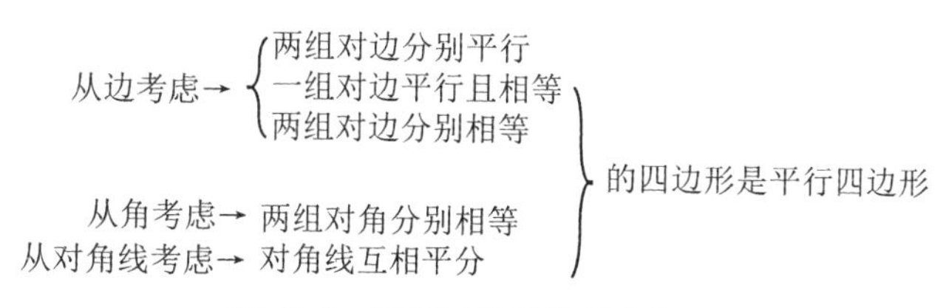

图10-9 平行四边形的判定归纳

2. 比较分析式

在结束时，适当运用横向比较，对数学概念、性质、定理、公式等进行辨析，帮助学生认清知识间的区别与联系，对学生牢固掌握基础知识大有裨益。

例如，在对“二面角及其平面角”这一堂概念课进行小结时，可以通过列表、列提纲、图示及叙述的方法，将它与普通的“角”进行类比。

(1)二面角的概念：与平面几何中的“角”的概念类比(见表 10-2)。

表 10-2 “角”的概念类比

项目	角	二面角
图形	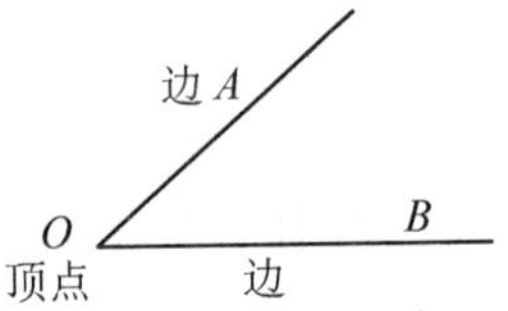 边 A　O　B　顶点　边	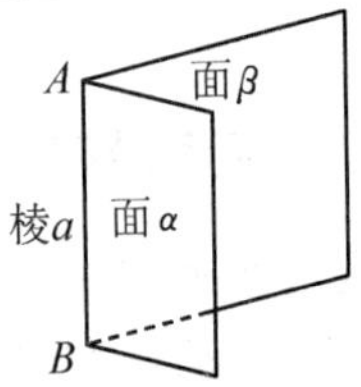 A　面 β　棱 a　面 α　B
定义	从平面内一点出发的两条射线所组成的图形	从空间一条直线出发的两个半平面所组成的图形
构成	由射线——点(顶点)——射线所构成	由半平面——直线(棱)——半平面所构成
表示法	$\angle AOB$	二面角 α-a-β 或 α-AB-β

(2)二面角的度量：用二面角的平面角来度量。

这个问题包括两个小问题：一是二面角的平面角的定义(棱上、面内、垂直)；二是如何作二面角的平面角。可将其列表小结，如表 10-3 所示。

表 10-3 二面角的度量

方法	根据定义	根据三垂线定理或其逆定理	作棱的垂面
示意图	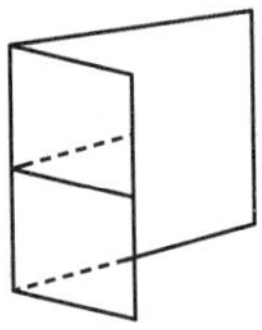	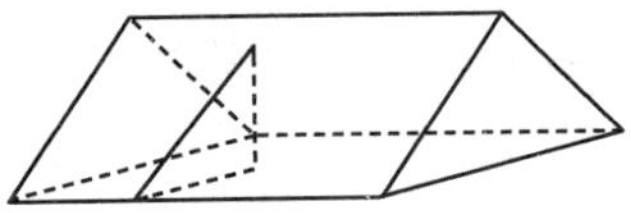	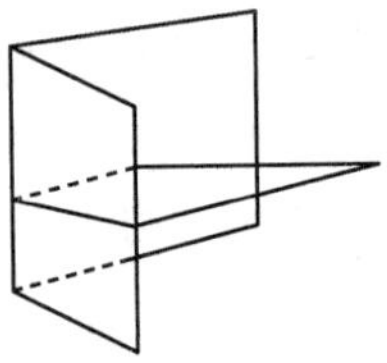

通过这样全面、概括、重点突出的小结，学生对于全部内容一目了然，自然能在头脑中留下深刻的记忆。

3. 集中小结

集中小结指当学生学完一个单元或一章的内容时，教师与学生一起对章节前后内容进行梳理、归纳、分类等，将内容串联起来从而使所学知识系统化、条理化、网络化。它有利于学生在已有知识经验的基础上，构建良好的知识结构，进一步加深理解和巩固。

例如，在学习了圆台的体积公式以后，总结性地指出 $V=h\frac{1}{3}(S_1+\sqrt{S_1S_2}+S_2)$，当 $S_1=0$ 时，即为圆锥的体积公式；当 $S_1=S_2$ 时，即为圆柱的体积公式，从而揭示了锥、台、柱的内部联系，又使学生只需要记住圆台体积公式，就可解决其他一系列的有关问题。

又如，在讲授完三角函数中的和差化积公式以后，教师可帮助学生作如下分类，引导学生进行小结(表10-4)。

表10-4 三角函数分类总结

<table>
<tr><th colspan="2">分类</th><th>形式</th><th>方法</th></tr>
<tr><td colspan="2" rowspan="2">同名函数</td><td>$\sin\alpha\pm\sin\beta$
$\cos\alpha\pm\cos\beta$</td><td>直接用公式(或变形后用公式)化积</td></tr>
<tr><td>$\tan\alpha\pm\tan\beta$
$\sec\alpha\pm\sec\beta$</td><td>变成正、余弦后化积</td></tr>
<tr><td rowspan="4">异名函数</td><td rowspan="2">互余的</td><td>$\sin\alpha\pm\cos\beta$</td><td>变同名函数后化积</td></tr>
<tr><td>$\tan\alpha\pm\cot\beta$
$\sec\alpha\pm\csc\beta$</td><td>变成正、余切后化积</td></tr>
<tr><td rowspan="2">非互余的</td><td>系数相同</td><td>$\sin\alpha\pm\tan\alpha=\tan\alpha(\cos\alpha\pm1)=\cdots$
$3\sec\alpha\pm3\tan\alpha=3\sec\alpha(1\pm\sin\alpha)=\cdots$</td></tr>
<tr><td>系数不同</td><td>$a\cos\alpha\pm b\sin\alpha=k\left[\sin(\theta\pm\alpha)\right]=\cdots$
$k=\sqrt{a^2+b^2}$，$\sin\theta=\frac{a}{k}$</td></tr>
</table>

4. 首尾呼应式

首尾呼应式的课堂结束形式需要教师在课堂开始时给学生设疑置惑，在上课过程中围绕疑惑问题进行教学，在结束时释疑解惑。这样的首尾呼应，可以使学生始终处于问题之中，思维高度活跃，能给学生留下深刻的印象。

5. 悬念式

悬念是指那些悬而未解的问题，悬念利用得当可以起到引起注意、刺激思维发展的目的。教师在课堂结尾时可以将当前所学的教学内容与下一个教学过程要讲的内容发生联系，也可有意不把问题讲透，设置若干悬念，留给学生思考、讨论的空间，从中悟出道理。如在进行勾股定理一节内容的课堂小结时，教师除了总结当堂课所学内容以外还可以在最后留下这样一个问题供学生课下思考：直角三角形的三边满足两直角边的平方和等于斜边的平方，那么如果一个三角形的三边满足其中两条边长的平方和等于另一边的平方，那么这个三角形是否一定为直角三角形呢？

这种结课方式会使学生在“欲知后事如何”时戛然而止，使学生产生了心理缺口，从而激发学生学习新知识的强烈愿望。

6. 发散引申式

发散引申式课堂结束类型指将一些与教学内容紧密联系但在课堂上并未能解决的问题提出来，在课堂结束时作为联系课内外的纽带，从而达到拓宽、发展课堂教学内容的目的。如在八年级学习了探索多边形的内角和与外角和知识后，教师设问：在一个多边形的内角中最少应有多少个锐角？

7. 消化吸收式

消化吸收式课堂结束类型指在新课结尾阶段，教师提出启发性的问题，让学生通过研究做出解答，达到融会贯通，消化吸收的目的。这种结尾方式，要求教师所提出的问题要紧密贴合新课内容，目的在于消化吸收新知，不断扩展提高，有利于弥补学困生对课堂内容理解上的欠缺，考虑了大部分学生的学习实际。其简单易行，操作方便的特点也使得这一种结课类型深受教师青睐。不过这也对教师问题设计能力提出了更高的要求。

8. 趣味式

趣味式课堂结束类型顾名思义是指教师在新授课下课前留几分钟的时间，针对新课内容，安排一些有利于激发学生兴趣的活动，对活跃课堂气氛，激发情绪大有好处。例如：统计与概率课在结束之前组织学生策划小型的抽奖活动，利用本节课所学知识制订恰当的游戏规则。这种结尾方式寓教于乐，使新课在轻松愉快的氛围中结束，从而提高了学生的学习积极性，增强了学习信心。

9. 预告新课式

预告新课式课堂结束类型是在新课结束时，对下节课的内容进行预告，目的在于引起学生对下节课的好感，同时做好预习工作。教师在预告新课时一般利用投影仪或小黑板。引导预习工作，也可出现在思考题中，而本节知识不能解决或不能全部解决，诱导学生去思考、去探索，为上好下节课做好准备。

10.9.3 结束技能的实施要点

教师在使用结束技能时要注意以下几点。

1. 及时总结

数学课堂教学中，任何一个相对独立的问题(定义、定理、例题)结束时，都应及时小结、巩固。有助于帮助学生巩固所学的知识、提高学生的学习效率。由此可见，及时总结是一种有效的教学手段。

2. 系统概括

在对知识的总结过程中，要做到紧扣教学目标，紧密联系教材实际和学生实际，突出重点，抓住一条主线进行系统概括。总结讲述的数学事实要精练、具体，才能使学生印象深刻。数学方法的总结要进行纵向联系和横向对比，明确、具体，语言简练。

3. 强化应用

学习的目的在于运用，在结束时，要强化知识并加深理解，必须精心选题，加强应用，在运用中加深对知识的理解。

4. 形成整体

结束是课堂教学中的一个重要环节，这个环节既必不可少，又不能单独存在。它和教学中其他技能一样，以完成教学任务为目标。因此，要精心设计结束活动的结构，既简明扼要，又突出重点，还应具有系统性，前后呼应。精选例题，恰当地安排时间，体现教学的整体性。

10.10　数学课堂变化技能

10.10.1　变化技能的概述

变化技能是指在教学过程中，教师为了集中学生的注意力、激发学生的学习兴趣、减轻学生的疲劳而使用变化教态、教学媒体、师生互动等方式来改变学生学习状态的教学行为方式。过于单一的教学方式、教学氛围，容易引起学生大脑皮层的疲劳，使他们的思维、注意程度陷入低迷状态，变化技能具有刺激性、强化性和激发性，可以有效化解学生疲劳等不良现象，它在课堂教学中的作用主要体现在以下几方面。

1. 激发并集中学生的注意力

心理学实验表明，间断的、变化的信号能使人保持兴奋；持续不变的同一种信号刺激，容易使人疲劳和厌倦。在教学过程中，教师如果善于运用变化技能，交替改变教态、教学媒体、师生互动等方式，不仅可以给人以新鲜感，而且还可以刺激学生的思维，使学生的注意力持续集中在教学内容上。

2. 有利于学生建构新的数学知识结构

“横看成岭侧成峰，远近高低各不同。”同一数学知识，不同人会有不同的观察点，因此使用的方法就会有所不同。教师通过运用变化技能，可以引导学生从不同的角度，用不同的方法来认识数学知识，并与原有知识结构紧密结合，不断同化、顺应，建构属于学生自己的新的数学知识结构。

3. 激发学习兴趣，使学习充满生气

正如托尔斯泰所说：“成功的教学所需要的不是强制，而是激发学生的兴趣。”教师的语言、表情、姿势等行为会制约学生的情绪变化，单调的教学会让学生产生厌倦之感。如何营造良好的学习氛围，激发学生的学习兴趣，则需要教师灵活运用变化技能，使学生的大脑接受不同的刺激，唤醒学生的学习热情。

10.10.2　变化技能的类型

1. 教态的变化

教态变化是指在教学过程中，教师的声音、面部表情、身体动作和身体位置等变化，它能充分体现教师教学的热情和感染力。

(1)声音的变化。声音的变化是指教师讲话的语调、音量、节奏和语速的变化，它不仅能吸引学生的注意力，使教师的讲解更加具有感染力，还能突出重点的教学内容。

(2)目光接触的变化。目光接触是教师与学生情感交流的重要方式，教师在讲课时，要与每个学生进行目光接触。教师可以从中获得反馈信息，了解学生对知识的理解程度，学生也可以通过与教师的目光接触感受教师的期待、鼓励、暗示和警告等情感。

(3)面部表情与身体动作变化。教师的表情会影响学生的情感，一个经常面带微笑的教师容易让学生感受到教师对他们的关爱、呵护。学生可以从教师的点头、摇头等动作中获得反馈信息，教师这样的行为在激励学生的同时又不中断学生的回答。

(4)身体位置的变化。教师恰当地在课堂上移动身体可以使课堂变得更有生气，例如在讲课时由于板书和讲解的需要，可以在黑板前走动；或者是在学生回答问题、做练习的时候，教师可以在课室中间走动，这样不但可以直接了解学生的学习情况而且还促进师生间的情感交流。

2. 教学媒体的变化

(1)视觉教学媒体。投影片、图表、照片、实物等视觉教学媒体能引起学生的兴趣，但也容易使学生疲劳，因此在使用时要注意适当变换教学媒体。

(2)听觉教学媒体。录音和录像等听觉媒体在教学中传递信息效率虽然没有视觉媒体高，但学生不易疲劳，因此教师在教学过程中可以交替使用听觉媒体。

(3)触觉和动手操作。触觉感官能为学生提供更全面的信息，教师在教学中要给学生创造动手操作的机会，培养学生的动手能力。

3. 师生相互作用的变化

(1)师生交流方式的变化。教学的过程离不开教师与学生的相互交流，课堂交流的方式有：师生交流、生生交流和学生与教学内容等交流，经常变换交流方式，有助于培养学生的思考能力、营造良好的课堂氛围。

(2)学生活动方式的变化。教师要根据教学内容合理安排学生的活动方式，通过学生的个别学习、小组讨论学习、师生共同学习等活动方式来改变传统教学中的“一言堂”“满堂灌”的教学方式。

10.10.3 变化技能实施要点

1. 明确目的

教学目标不同采用的变化技能也不同，因此变化技能的运用都应当是有目的的，有必要的，要符合实际的情况，盲目的变化不仅达不到好的教学效果，反而会干扰学生的正常学习。

2. 针对性强

变化是引发学生学习动机、兴趣的武器，教师在选择变化技能时要考虑学生已有的认知水平，针对学生的能力、兴趣以及教学内容和学习任务等选择恰当的变化方式。

3. 自然流畅

不同的情境要选择不同的教态，因此课堂教学中需要使用多种变化技能，这要求教师在使用的时候要注意技能转换的流畅性，让学生感觉到自然，防止过度生硬。

4. 适时适度

教师要在恰当的时候运用变化技能，而且要适度，不宜夸张。授课不同于表演，过分的变化容易分散学生的注意力，会影响教学效果。

10.11 数学课堂演示技能

10.11.1 演示技能的概述

演示技能是指教师根据教学内容和学生的学习特点，运用实物、实验、教具、幻灯片或视频等直观形式，将事物的形态与结构变化直接展示出来，引导学生进行观察、分析和归纳，使学生从这些感性材料中获得知识的教学方式。演示技能的功能主要体现在以下几方面。

1. 丰富感性经验

演示技能在教学中能起到“百闻不如一见”的作用，学生通过观察和实验，感受事物的特点，获得直接经验，从而丰富自身的感性经验。

2. 培养观察能力

教师直观、生动地向学生展示事物的特点，学生在教师的指导下，进行观察、分析、思考等思维加工，在获得新知识的同时，还提高了观察能力和思考能力。

3. 集中注意力

如果教学中只有枯燥乏味的语言，学生很容易分散注意力。通过教师精心设计的演示，能激发学生的学习兴趣，从而把注意力转移到教学内容上。

4. 加深对知识的理解

通过感性材料展示，能够将学生的感性认识与理性认识相结合，从而加深学生对所学知识的印象，使其快速地领悟并掌握新知识。

10.11.2 演示技能的类型

1. 随手教具演示

随手教具是指容易找到的、不需要教师花费很多精力去准备就能用于教学的物品。例如“三视图”的教学，教师可以借助几个粉笔盒来向学生展示，这样操作起来十分简单方便。

2. 实物演示

实物演示是指教师运用生活中的实物来引入教学内容，引导学生直观感知事物，使学生学会从实际生活中发现数学知识。例如“数轴”这节课的学习，教师可以利用温度计进行教学内容讲解，让学生对知识有更直观的感受。

3. 实验演示

实验演示是指在教学中，为了培养学生的观察和实践操作能力，通过实践进行的演示。例如“随机事件与概率”这节课，教师可以设计一个“摸球”的活动，这样学生既能轻松学习到新知识，又能享受学习数学的乐趣。

4. 多媒体演示

多媒体演示是指在教学中运用幻灯片、录像、录音等现代化手段来进行教学，它具有很强的直观效果，让学生眼、耳、口、脑等多种感官参与活动，激发学生的学习兴趣，有利于教学内容形象化和生动化。

10.11.3 演示技能的实施要点

1. 目标明确

教师要充分了解教学内容和学生的特点，考虑演示技能的使用目的和意义所在，这样才能突出重点内容，增强课堂教学的效果。例如有的教师在“对称图形”的教学中，想利用有关蝴蝶的图片进行演示，但由于没有考虑演示的目的，容易充斥很多与教学内容无关的因素，这样太过于形式化，反而影响教学效果。

2. 恰当使用

在教学过程中一节课的演示不宜太多，要根据教学内容来判断是否需要用演示技能。如果是学生比较容易理解的知识，应尽量少用演示法，否则学生会感到很无趣。

3. 准确规范

演示的过程一定要准确、规范，演示的最终目的是保证学生学习到的知识是完整、正确的，因此教师在进行演示时，必须清楚相应的步骤和顺序，不能随意根据自己兴趣、情感来使用这一技能。

4. 简单清晰

教师在演示前要知道每个环节的意义所在，演示的内容要简单，使用要方便，步骤要清晰明了，能起到辅助传递知识的效果，否则在课堂上准备的时间过长，会让学生等太久，削弱学生学习的积极性。

思考与练习

1. 什么是语言技能？它的构成要素有哪些？
2. 板书技能在教学中的作用有哪些？有哪些设计原则？自己动手设计一堂课的板书。
3. 什么是导入技能？数学课堂教学中常用的导入技能有哪几种？
4. 课堂提问的功能是什么？如何进行有效的课堂提问？
5. 组织技能有哪几种类型？实施过程中应注意什么？
6. 讲解技能在数学教学中的作用是什么？讲解技能有哪些特点、优点和缺点？应如何克服讲解技能的缺点？
7. 什么是反馈技能？教学中如何发挥反馈技能的作用？
8. 结束技能有哪些？结束技能的要求有哪些？自己设计一堂课的结束。
9. 什么是变化技能？教师使用变化技能的目的是什么？
10. 使用演示技能应注意什么？自己设计一堂课谈谈如何使用演示技能。

第 11 章　中学数学教师的专业化发展

学习提要

百年大计，教育为本；教育大计，教师为本。数学教师的水平和能力决定着数学教学质量的高低。本章内容从教师专业化发展的概念出发，提出了数学教师专业化发展的素质结构与要求，明确了每个专业化发展阶段的内涵与特征，重点着眼于数学教师的能力发展，从教学设计、教学组织、教学评价以及科研能力多个方面详述教师能力发展的内容与路径，并结合几何画板、慕课以及翻转课堂在数学教学中的应用情况，阐述信息技术手段在数学教师发展中的作用。

11.1　数学教师及其专业化发展

11.1.1　数学教师

教师是教育发展的第一资源。国际数学教育委员会秘书长、丹麦罗斯基特大学的摩根·尼斯(Mogens Niss)1994 年在上海召开的 ICMI 国际数学教育会议上提出了跨世纪理想数学教师的特点，其中包含了专业知识的构建，专业技能的娴熟，专业数学素养的发展，专业情意的健全。2008 年史宁中曾提及，数学教师的基本素养包括一般素养和特殊素养。2012 年在韩国首尔举办的 ICME-12 国际数学教育大会上，李士锜大体提出数学教师的基本特征。

数学教师是一种专门的职业，主要从事数学教育教学活动，以传授数学知识，传播数学文化为使命。作为数学知识文化的传播者，数学教师应具备数学理论知识、数学应用素养、数学人文素养、数学教育素养等。数学理论知识包括数学专业知识、数学教育知识、数学教学知识、科学人文知识、数学相关的交叉学科知识等。以上知识相互渗透融合，构成数学教师扎实的知识理论体系，是体现数学教师智慧和专业水准的基础。数学应用素养包括运用数学解决实际问题的能力、数据处理能力、推理论证能力、运算求解能力。数学人文素养体现出数学教师实事求是、科学严谨的态度和修养，体现出数学教师良好的师德和完善的人格。数学教育素养是教师根据学生身心发展规律和教育发展特点进行数学教学的能力，包括教学能力、组织能力、表达能力、使用信息化教学手段能力、数学研究能力[①]。

11.1.2　数学教师专业化发展的内涵

数学教师专业化发展是指数学教师在整个职业生涯中，依托相关的组织、专门的培训、管理制度，通过持续的专业学习和教学实践，获得数学教育教学的专业技能，

① 曾峥. 论数学教师专业发展的背景、意义与内涵[J]. 肇庆学院报，2003(2)：72－73.

形成专业理想、专业道德和专业能力，从而实现专业自主的过程。教师想要成为一个专业的教育者，就需要通过不断的学习与探究历程来发现、拓展其专业内涵，提高专业水平，进而达到专业化教师的境界。

11.1.3 数学教师专业化发展的素质结构

《中华人民共和国教师法》(以下简称《教师法》)第三条规定："教师是履行教育教学职责的专业人员。"《教师法》将教师视为一种专业人员，数学教师也是这个群体的一部分，对他们的教育教学质量应该有实质性要求。因此，数学教师专业化发展特定的素质结构需要在教师专业化的意义上体现，具体如下。

1. 数学教师需要拥有坚定的教育信念

专业的数学教师应对教育事业、学生以及数学学习有一个更高的视角和信念。从宏观角度来看：教师的教育信念包含其教育观、学生观和教育活动观，从微观角度来说，主要有关于学习者和学习的信念、关于教学的信念、关于数学学科的信念等方面。① 教师的教育信念不仅影响教学和教育行为，还对教师自己的学习和成长也有重大影响。

2. 数学教师需要具有较强的数学科学素质

数学学科具有很强的抽象性，中学数学教师专业发展的内核是必要的数学科学素质。数学科学素质作为数学教师专业发展的最为核心的内容之一，既包括系统的数学知识、较强的数学技能，也包括数学思想方法。数学教师通过教授数学知识，引导学生将数学知识纳入到自己的认知结构当中来完成教学任务。因此，作为数学教师，既要拥有高等数学的理论知识，也要熟练掌握初等数学的知识和结构；既要熟知相关的数学历史资料，也要了解现代数学前沿和热点。同时针对中考、高考的应试要求，努力提升分析问题和解决问题的能力。

3. 数学教师要具备一定的人文素养

数学文化是数学学科的重要组成部分，也是其魅力所在。数学不仅具有科学性，而且具有人文属性。数学教师的数学人文素质主要是指：数学观、数学教育观、数学思想方法。数学的人文修养要求教师需要具备良好的师德、积极的心理和健全的人格，在传播数学理性精神的同时，让中学生感受数学文化。

4. 数学教师应具备教育学和心理学基础知识，并吸取其他学科优点

教育学与心理学知识，不管是技术性"现炒现卖"的，还是理论性潜移默化的，在数学教学中都发挥着重要作用。同时，各门学科的知识相互关联，数学的许多概念如导数有鲜明的物理背景，数学教师应适当涉猎物理、化学等学科的知识，吸取这些学科的长处，并与其他学科教师建立良好的合作关系，最终实现学科之间的融合。

5. 数学教师应具备扎实的教学基本功

数学教师的基本功包括组织数学教学的能力、语言表达能力、运用现代化教学手

① 曾峥．论数学教师专业发展的背景、意义与内涵[J]．肇庆学院报，2003(2)：72－73.

段的能力和开展数学教育研究的能力等。关于组织数学教学的能力：首先能对教材进行开发和有目的的改造；其次能根据各教学要素精心选择教学内容、设计教学活动；再次，还需要具有较强的表达能力，其中包括书面表达、口头表达和肢体语言，并根据数学专业的特征，组织相关的教学语言；最后，数学教师应使用现代化教学手段来辅助教学，如几何画板、GeoGebra等先进的信息技术。

6. 数学教师要具有专业发展的意识

数学教师的专业发展意识把教师个体的自我意识和自我控制能力提高到自觉的水平，是促进教师专业化发展的前提和内驱力，是新手教师成长为专家型教师的主观条件。

11.1.4 数学教师专业化发展的要求

1. 学会学习，成为终身学习者

学无止境，师范生完成本科或者研究生学业后，进入到中小学从事教学工作，并不意味着学习的终止，而是教师职业学习的开始。“终身学习”的教育思想首先由法国提出，进而在全世界范围内传播开来，这种教育思潮正好与中国的“活到老，学到老”相契合。一个合格的中小学数学教育工作者首先需要具有不断学习的意识，并掌握一定的学习方法，在培养学生的同时获得教学相长的效果。

2. 勤于反思，成为反思的实践者

反思不仅是对自己行为的优化，更是一种良好的道德品质。中学数学教师要学会反思、勤于反思，做反思行为的实践者，不断提高教学质量，逐步形成个人的教学风格。

3. 恒于研究，成为教育教学的研究者

教而不研则浅。数学教师要把数学知识的书本形态转化为学生易于接受的教育形态，要努力成为研究型教师。研究型教师需熟练掌握教育理论，擅长教学和科研工作，在教学中研究，在研究中教学。

4. 重于沟通，加强交往与合作能力

教育教学工作中，教师要与上级领导、家长、学生交往，难免磕磕碰碰，较强的沟通协调能力是交往的润滑剂。首先，教师要具备良好的业务素质，这是取得学生、家长、领导信任的前提。其次，换位思考，减少摩擦。最后，建立定期沟通交流机制，定期与学生、家长交流，定期向领导汇报，把问题解决于萌芽状态。

5. 勇于创新，加强创新精神和实践能力

中学数学教师要培养自己的创新精神，在教育方法、教学模式、课程设计等多个方面探索新路子、新途径，努力构建具有自己特色的教育理念。在“应试教育”向“素质教育”过渡的时期，正是教育创新的良好契机，中学数学教师应把握住机会，结合自身与中学生的实际情况对课堂教学做出相应的变革和创新。

11.2 中学数学教师专业化发展的阶段

教师的专业化发展与其他职业的发展相似，呈现出一定的阶段性特征。对教师来说，提前规划专业化发展，可以确认当前所处发展阶段、发展水平，进而评估自身的优势与不足，思考下一步努力的方向，最终确定专业发展计划。如果教师能在此基础上进一步了解教师专业发展阶段理论，就会对自己的专业发展保持一种积极状态，有意识地将自己的专业发展状况与教师专业发展的一般路线作比较，自发进行专业发展，及时调整自己的专业发展行为方式和活动安排，真正达到理想化的专业发展。

11.2.1 国内教师发展阶段理论

教师专业化发展，即教师所经历的由“普通人”逐渐成长为“教育者”，并最终融于教师共同体而成为其中一员的动态化过程，是在教师职业生涯发展中，个人获得教育专业知识和技能，内化职业规范和价值、伦理，建立和发展自我观念，表现角色行为模式，逐渐胜任教师专业角色的过程。

1991 年，王秋绒对教师发展阶段作出划分。首先，分为三个大的阶段：师范生阶段、实习教师阶段和合格教师阶段。师范生阶段又包括探索适应期、稳定成长期、成熟发展期；实习教师阶段包括蜜月期、危机期、动荡期；合格教师阶段包括新生期、平淡期和厌倦期。

吴康宁认为，教师专业化发展过程就是专业社会化的过程，包括任教前的预期专业社会化与任教后的继续专业社会化。贾荣固从教师专业化发展出发，认为教师职业素质和能力的发展，其过程实质上是教师专业化发展不断提高的过程，是贯穿个人职业生涯的连续过程。他将教师职业生涯分为以下几个阶段：职前准备期、上岗适应期、快速成长期、“高原”发展期、平稳发展期、缓慢退缩期和平静退休期。2010 年，钟祖荣通过访谈和问卷调查等研究方法，进一步发展完善、细化深入了 2000 年提出的教师四阶段理论，将教师专业发展划分为六阶段，即适应期、熟练期、成熟期、发展期、创造前期和创造后期，经过这些阶段，新教师依次成为合格教师、熟练教师、成熟教师、骨干教师、专家教师和教育家。[①]

中学数学教师是广大教师成员的一部分，中学数学教师的专业化发展与教师专业化发展是个性与共性的关系，既有其特殊性，又兼具普遍性特征。本章将中学数学教师专业化发展分为三个阶段，即数学教师的入门阶段、成长阶段和熟练阶段。

11.2.2 中学数学教师的入门阶段

对于刚走出校门参加工作的年轻教师来说，刚刚开启自己的教育生涯，精力充沛，正处于教师的入门阶段，具有极高的可塑性和发展前景。这一阶段的教师在年龄上与学生相差最小，兴趣爱好等方面很容易与学生达成一致，师生的心理距离小，易于相

① 任为民，王悦，温世浩. 教师专业发展阶段研究述评[J]. 教师专业发展阶段研究述评，2013(11)：68—70.

互沟通与交流。入门阶段是教师专业化发展的关键时期。

11.2.2.1 入门阶段专业发展特征

1. 对教育教学的认识和理解处于体验和模仿阶段，面对一定压力

在经历十几年的学生生活后，年轻教师充满对工作岗位的向往，对教师职业怀着美好期许，希望在工作中施展才华，实现人生价值。处于该阶段的教师对教师这一职业的理解是偏理想化的，对教学中形形色色的问题往往估计不足，例如，学生并不一定会积极配合老师的教学活动，同事之间在讨论教学、交流经验中，也不一定能完全达成一致的观点，因而有些年轻教师会产生矛盾、彷徨、无所适从的心理。在学校中，周围的同事和领导往往更加关注着新手教师的素质能力及教学效果，若新手教师担任班主任工作，学校还将会对其所在的班级教学效果做重点的考察。面对崭新的学习和工作环境，有些年轻教师适应能力较强，可以很快调整自己的状态，有些人则会产生较大的职业压力，陷入焦虑的状态。

2. 富有理想和远大抱负，以及强烈的进取心

初生牛犊不怕虎。入门阶段的数学教师缺乏教学经验，但往往具有强烈的进取心。虽然教学经验的欠缺会影响年轻教师的教学行为，但是因为刚刚走出学校，扎实的理论功底会弥补经验的不足。作为事业的起点，年轻教师普遍具有远大理想，精力充沛、干劲十足、积极进取，富有创新精神，这些都是入门阶段教师的特点和优势。

3. 具备一定的理论知识和教学技能

年轻的数学教师在高等院校里经历过完整、系统的师范技能学习，掌握了一定的教学理论和方法。大学时期的家教工作、实习经历奠定了初步的教学实践经验，对刚入门数学教师的发展都有极大帮助。

11.2.2.2 中学数学教师入门阶段发展策略

1. 尽快完成从学生到教师的角色转变

入门阶段的数学教师刚刚走出校门，需要尽快完成从学生到教师的角色转变。身份是人们在识别某种社会角色时使用的称呼，年轻教师刚刚走出校园大门，开启教学生涯，同时也规定了教师的角色。初任教师肯定有很多不适应的地方，要积极调整好心态投入到新的角色中去。

2. 师徒传帮带迅速提升经验

年轻教师的成长需要有人指导，师徒传帮带是一种很好的提升年轻教师能力的形式，即年轻的数学教师与学校里骨干教师结成师徒对子，由骨干教师负责指导和帮助年轻的老师尽快融入工作环境，同时提升教学水平、积累教学经验。实践证明，师徒传帮带的方法行之有效，是入门阶段的教师的必由之路。

11.2.3 中学数学教师的成长阶段

经历了刚入职时的青涩与迷茫，具有一定工作经验的教师慢慢从入门阶段过渡到成长阶段，在成长阶段教师的各项能力将有显著的提高和深刻的变化，甚至获得了质的飞跃，年轻教师逐渐成长为学校教师队伍的中坚力量。以下从中学数学教师成长阶段的特征和专业化发展策略两个方面加以论述。

11.2.3.1 中学数学教师成长阶段的特征

1. 教育信仰逐渐确立

随着教育经历的逐步积累，年轻教师慢慢认识到了教师工作岗位的价值和意义，体验到了做教师的乐趣所在。教育信仰也在这个时候逐渐确立，一部分教师不再徘徊犹豫，可以全身心地投入到教育事业中去。成长阶段的数学教师大部分关心同学，工作热情，追求事业上的进步，这一切无不是教育信仰在支撑。

2. 教学实践经验逐渐丰富

随着教育经验和教学知识的积累，教师对工作岗位越发了解和熟悉，教学能力和教学信心进入迅速发展阶段。这个时期的中学数学教师教育信仰坚定，具备了较强的教学能力，但是仍然需要提高和打磨。

11.2.3.2 中学数学教师成长阶段的发展策略

成长阶段中的数学教师需要积极参加教学教研活动。成长阶段是教师能力获得大幅提升时期，同时也会出现一定的发展瓶颈。因此，处在该阶段的数学教师应该开阔视野，积极参加校外举办的教学研究活动，通过与同行的切磋和沟通，不断完善和更新自己的教学理念，提高教学能力，吸收和体验新的教学管理模式，从而为下一个阶段的专业发展做好准备。

11.2.4 中学数学教师的熟练阶段

熟练阶段是中学数学教师专业化发展的一个比较高级的阶段。进入这个时期，标志着教师在各个方面都处于成熟的状态。这个时期的数学教师掌握了熟练的数学教学理论和教育实践能力，逐渐成长为学校里的骨干教师，在科组中具有了一定的声望和地位。

11.2.4.1 中学数学教师熟练阶段的特征

1. 具备坚定的教育信仰

熟练阶段的教师从教时间一般在15年以上，多年的教学生涯已经使其确立了坚定的教育信仰。熟练阶段的数学教师不仅可以在学科教学方面给予指导，也可以为学生在人生道路上指明方向。

2. 具备较高水平的教学能力

学科教学能力是一名教师从事教育工作需要掌握的基础性能力，熟练阶段的教师经过多年的积累与训练，教学水平日臻完善，并具备了指导青年教师的能力。同时他们也是所在学校的骨干教师成员，对该校的学科教育发展方向有着举足轻重的话语权和影响力。

11.2.4.2 中学数学教师熟练阶段发展策略

首先，熟练阶段的数学教师应该将提升的重点放在教育理论科研方面，这一类骨干教师教学经验丰富，教学思想完善，可以着重关注开发和研究具有自身特色的教育教学理论；其次，还可以从过来人的角度出发帮助年轻教师尽快适应工作岗位，提升他们的教学水平；最后，熟练阶段的数学教师可以考虑完成从教师到教研员角色的转变，从而以教研员的身份发挥自己的特长与优势，更好地投身于中学数学教育工作中去。

11.3 中学数学教师的专业能力

11.3.1 教学设计能力

教学设计能力是指以在教学活动和教学内容的理解基础上来设计总体的教学过程、具体的师生沟通方式和教学组织形式的能力。设计教学的总体过程，首先要确立教学目标，思考达到目标的总体思路以及评价教学效果的方法[①]。另外，教师还要计划教学的具体组织形式，如小组合作、班级授课、个别学习等；设计出师生沟通的方式，如呈现信息的方法、引导启发学生的策略、探测学生内部经验结构的途径等，这些都源自于教师对各种教学策略的熟练掌握。值得注意的是，教学设计不是在教学开始前全部完成的，它需要结合教学中生成性资源不断进行调整和扩充。

11.3.2 教材解读和再创造的能力

教材，是师生双边互动的媒介，更是学生获取知识、开发智力和发展能力的源泉。数学教材承载着数学知识与技能、数学思想与方法等重要信息，因此，需要数学教师具备较高的教材解读能力，将教材中隐含的信息挖掘并串联起来。例如：数域的发展是指自然数、整数、有理数、无理数、实数、虚数、复数等知识的层层扩充。它们分散在小学、初中、高中三个不同的学段的课本中，其间还穿插着许多其他的数学知识。因此，学生对数的认识是碎片化的，这就需要教师充分解读教材并系统整合，将零散的知识点用逻辑串联起来，帮助学生用联系的观点和发展的眼光学习知识。

教材是教学的“本源”，但数学教师决不能囿于教材，而是应该在充分解读教材的基础上，继续发展教材的再创造能力。数学教材再创造能力，顾名思义，即为以原来教材为本源，通过总结数学课堂实际的经验教训，批判继承原教材的精神，理论联系实践，将重要的教学内容做精细化地再次创造。

11.3.3 教学组织能力

教学组织能力是指教师开展课堂活动、维持教学秩序、调节课堂学习氛围的能力。教师既要能够有序组织学生参与各种教学活动，如讨论、实验、观察等，又要在教学中运用教育机智处理教学过程中的各类突发情况[②]。教育机智常常表现为教师综合应用

---

① 钟宏伟. 从教学活动的结构看教学能力的结构[J]. 呼兰师专学报，2003(3)：56－58.

② 同①.

各种策略解决各种问题和冲突的能力，这是教师面临复杂的教育情境时所表现出来的机敏、迅速而准确的判断和反应能力，这源于教师敏锐的观察、灵活的思维和果敢的意志，也来自教师的教育经验以及对学生的关心。一般而言，教育机智随年龄的增长而发展，工作经验和生活阅历越丰富，教师的教学组织能力越强。教学中学生的不良行为可以分为影响教学效果行为和未影响教学效果行为，对于这些行为，教师需要加以识别，借助教育机智予以恰当处理。经验丰富的教师会制订明确的课堂规则，通过各种交流手段，如眼神、手势等予以暗示，进而规范其课堂行为。

11.3.4 教学评价能力

教师的教学评价能力指学生学习评价能力、课程评价能力和自我教学评价能力。

1. 学生学习评价能力

学生学习评价能力是指教师对学生的学习效果及其发展趋势做出合理、正确价值判断的能力。学生学习评价的意义主要体现在：促进学生在知识与技能、过程与方法、情感态度与价值观方面的发展；从多方面挖掘学生潜能；了解学生的发展需求；让每一个学生通过评价都能看到自己在发展中的潜能与优势，增强学生学习的信心。

2. 课程评价能力

课程评价是关于一门课程的意义、价值、影响的描述，从而为课程改进提供所需信息。课程评价能力是指教师在实践和观察的基础上对学校课程满足社会需要与个体发展程度做出的判断，对学校课程现实或潜在的价值做出判断，以期不断完善课程，提升教育价值增值的能力。

3. 自我教学评价能力

自我教学评价能力是指教师对自身的教学状况进行反思并借助教学评价进行改进的能力，教学状况主要包括教学选择、教学过程、教学效果等。教师的自我评价，有助于教师成为真正的反思者，进而有利于整个教学评价机制的建立，促进教学品质的改进。教师自我教学评价可针对自己的教学行为和教学效果进行检讨与评估，了解自己教学的优点和缺点，并根据自我评价结果来改进教学方式。

11.3.5 教学科研能力

数学教学科研能力是指教师从一定的理论高度来观察、分析和提炼有价值的教育教学问题，并加以研究解决的能力。狭义的中学数学教师科研能力主要指教育课题研究能力。以下将从数学教育课题的类型、数学教育课题研究的基本方法和数学教育论文撰写等几个方面来阐释中学数学教师科研能力的发展过程。

11.3.5.1 数学教育研究的课题类型

数学教育研究的课题范围很广，具体来看可以分成理论性课题、应用性课题和发展性课题三类。

1. 理论性课题

理论性课题主要聚焦在数学教育基本理论的研究层面，包括对数学教育体系构成全局性影响的核心概念，以及对原则和概念的研究和讨论。理论性课题需要研究者掌握相关资料，具备分析及解决问题的能力，这类课题比重较大，中学数学教师在初涉教育科研的时候，都可以从理论性课题入手。

2. 应用性课题

应用性课题是指把现有数学教育理论和方法应用到解决实际问题的过程中，具有实践价值和创新应用价值。应用性课题的研究成果适用范围可能比较小，大多局限在与该课题接近的范围内，中学数学教师可以结合教学过程中遇到的实际问题，选择相关的应用性课题。

3. 发展性课题

发展性课题是指对于研究者专业化发展具有价值的课题，可以从两方面入手：第一，从历史的角度借鉴以往研究路径，做到历史和现实的统一；第二，从某一问题的不同角度进行研究，转换视角，运用不同的方法探寻研究问题的解决方案。

11.3.5.2　数学教育研究的基本方法

数学教育研究的基本方法包括文献法、调查法、比较法和行动研究法等多种方法。

1. 文献法

文献法是通过对文献的收集、分析和整理，从中得到对事实的认识方法。这是一种常用而又基本的研究方法，每一位教育工作者都应当掌握。运用文献法的一般步骤：首先，确定研究课题、收集整理文献资料；其次，分析文献资料，提炼论点论据；最后，着手撰写论文。下面节选《文献法及其在论文写作中的应用》一文部分内容，具体展示如何利用文献法进行数学教育研究活动。

利用文献开展研究，首先，要解决如何查找的问题，为此，关键在于掌握文献的各种来源。对数学教育研究来说，文献来源主要有数学教育类的专著或译著、数学教育学报等，如：《数学教育学报》(天津师大等)、《中学数学教学参考》(陕西师大)、《数学通报》(北师大)、《数学教学》(华东师大)、中学数学(湖北大学)、《上海中学数学》(上海师大)、《数学通讯》(华中师大)等。

其次，文献找到之后，下一步就是收集与积累问题。做好这一方面的工作，常有这样几种方法。

(1)复印。对于使用频率比较高、有收藏保存价值的文献，最好是复印下来，以便反复阅读，并随时引用。

(2)专题索引。对于每个研究方向稳定的人，通常总有几个待研究的专题，查找文献之后，一般应按专题分类作索引记录。这种专题索引，既便于现行的即时研究，更便于将来对相关问题的研究。

(3)读书笔记。读书笔记不仅可积累资料与素材，而且可随时记下感受与体会，尤其是由资料而产生的一些新的想法、课题、观点等①。

最后，要引用文献，应对文献进行分类与比较、加工与整理。比如，如果从引用

---

① 杨骞. 文献法及其在论文写作中的应用[J]. 中学数学教学参考，2000(6)：26—28.

的角度，对文献的分析，其着眼点在于观点的科学性与结果的可靠性，论证的充分性与思维的严谨性等方面。对文献的比较，其重点在于研究的视角与研究的方法，课题的背景与表述的方式等方面。从研究的角度看，使用文献的基本准则就是"为我所用"。因此为保证能充分发挥文献在论文写作中的作用，作者在文献收集，尤其在引用时要注意把握好科学性、有效性、全面性和代表性等原则①。"

2. 调查法

调查法是社会科学最基本的研究方法，是在科学方法论和教育理论的指导下，通过运用问卷、访谈、测量等科学方式，有目的、有计划地收集有关教育问题或教育现状的资料从而获得关于教育现象的科学事实，并形成关于教育现象科学认识的一种研究方法。调查的方法有全面调查、抽样调查和重点调查等不同侧重，运用调查法的步骤是：首先，确定调查对象；其次，实施调查活动，发放调查问卷，整理分析数据；最后，得出结论，撰写调查报告和论文。下面节选《初中数学变式教学的调查分析及其应用》一文，具体展现调查法在数学教育研究方面的应用。

（具体案例请参看电子资料：案例十三）

3. 比较法

比较法是根据一定的标准，对某类数学教育现象进行比较研究，找出所研究数学教育课题的普遍规律和特殊性质，力求得出符合客观实际结论的方法。比较研究主要有理论与事实的比较、横向与纵向的比较、同类与异类的比较、定性与定量的比较等。比较法应用于数学概念教学，有利于学生较为迅速地理解和掌握新知识，形成稳定而持久的认知结构。下文具体呈现比较法在数学教育研究方面的应用。②

(1)课程基本理念的比较。

课程理念反映出对数学课程、数学课程内容、数学教学以及评价等方面应具有的基本认识、观念和态度，它是制订和实施数学课程的指导思想。

《义教数学课标 2011》首先提出，数学课程的核心理念"人人都能获得良好的数学教育，不同的人在数学上得到不同的发展"，表明义务教育阶段的数学教育不是精英教育而是大众教育；所倡导的数学课程观的核心理念是超越学科逻辑自身而在数学育人上所作出的一种价值判断和追求；同时，不仅要面向全体学生，而且要适应学生个性发展的需要。该标准还从数学课程内容的选择和组织、如何认识数学教学、如何认识学习评价、重视信息技术的运用四个方面对课程的基本理念进行了阐述。

美国《州共同核心课程标准》《核心标准》中没有出现专门的基本理念，但是在《原则

① 杨骞．文献法及其在论文写作中的应用[J]．中学数学教学参考，2000(6)：26—28.

② 严虹，吴立宝，康玥媛．中美初中数学课程的比较研究[J]．比较教育研究，2015(2)：96—101.

和标准》中，明确提出学校数学教育的原则，其中公平原则提出，“数学教育的优化要求公平——对所有的学生都有高要求并大力帮助他们学好数学。”这是一个基本的目标，而教育机会均等是这一宏伟目标的核心部分。公平并不意味着每个学生都可以受到同样的教学，而是要求创造或提供适合的条件，让所有学生获得机会学习数学。《核心标准》还提出了课程原则、教学原则、学习原则、评估原则、科技原则。同时，在《核心标准》前言中指出，“为了提高学生的数学成绩，美国的数学课程必须在总体上变得更集中和更具连贯性。”这些标准界定了学生在数学学习中应该理解和能够做什么，可以作为其中课程原则和教学原则的一种延续。

(2)课程基本理念的分析。

两国课程都强调教育的公平性问题。1983年在华沙国际数学家大会上首次提出“大众数学”的概念后，所倡导的“为了全体学生的数学”的教育观念对各国数学课程设计产生了积极的影响。我国“人人都能获得良好的数学教育”的根本是体现教育的公平性；而美国也提出公平原则，“公平需要对所有的学生都有高要求并提供均等且优良的机会。”同时也都强调了教育的针对性，我国“不同的人在数学上得到不同的发展”为不同学生的多样性发展提供空间；而在美国“公平意味着因材施教”。

两国课程都注重评价对于学生和教师的促进作用。我国学习评价的主要目的是为了全面了解学生数学学习的过程和结果，激励学生学习和改进教师教学；而在美国“评估不应只是向学生实施的，而是应该为学生实施的，用于引导和提高他们的学习”，同时“评估是进行教学决策的有用工具。”

两国课程都重视信息技术的应用。我国“数学课程的设计和实施应根据实际情况合理地运用现代信息技术，要注意信息技术与课程内容的整合，注重实效”；而在美国“现代科技有助于卓有成效的数学教学。”其中我国对于信息技术的重视更甚于美国，提到了与数学课程内容“整合”的高度。

4. 行动研究法

行动研究法是为了解决数学教育的实际问题，通过教育实践的参与者与教育理论工作者共同合作，按照一定的操作程序，在真实的教育环境中，综合运用多种研究方法开展研究的一种教育科学研究模式。行动研究法通过行动加以解决教育教学实践中的问题，从而达到提高数学教学实践质量的目的。在探索数学课堂教学模式和策略的过程中，首先，通过“调查”了解数学课堂的教学情况，从中发现问题；其次，在“改变传统的数学课堂教学模式改进教学”的设想基础上，制订出有指导、可实施、有评价、可修改的具体计划；再次，进行“教学试验行动”，将设想与计划付诸实践，在不同类型的学校、不同程度的班级中运用，然后“观察行动的结果”并进行反思，将行动中得出的一定的模式和策略进行推广应用，并从应用结果中得出总结评价。下面节选《浅谈行动研究法在初中数学课堂教学中的应用》一文，展示行动研究法在数学教育研究中的应用。[①]

(1)采用行动研究法要尊重学生的主体地位，有效处理好数学课堂细节，提高教学

① 屠志强．浅谈行动研究法在初中数学课堂教学中的应用[J]．中学生数理化(学研版)，2015(5)：58—59.

效率。

数学教师在上课过程中，请一些成绩相对较差的初中生在黑板上解题时，他们通常会不情愿地走到讲台前、不自信解答题目，其答案一般都不是正确的，这时可能会被其他学生嘲笑。这就会导致成绩较差的学生心情低落和尴尬。此时，教师应当尽量挖掘出这名学生解题过程中的优点并且进行表扬，这样，这些学生将能更好地理解和掌握本题，而且对其他学生也能带来启示。教师在教学过程中应当避免传统教学方式的不足，以学生为本去解决问题。教师和学生之间的感情也会逐步加深，为学生取得良好成绩打下坚实的基础。

(2)采用行动研究法，应坚持适用性原则，规划好课堂教学。

比如，分类讨论的题目是初中数学教学中的一个难点，适合教师运用行动研究法来进行该类题目的教学。分类讨论的结果通常都是仔细研究题目得出的，学生在解答分类讨论题目时，教师应引导学生认真阅读题目。教师还可以在学生思想活跃的时候接着举几个例子加以巩固和完善，这样学生再做此类题目的时候印象就更加深刻了。

(3)采用行动研究法进行教学，应做到理论和实际相互作用，相互影响。

行动研究是在现实学习生活中展开的研究。参与实践行动的教育工作者要细心总结和记录自己的教学活动，持续提高教学水平，同时对自己的教学方法进行深入研究。学习理论的目的就是更好地服务于实践，因此教师不单要严格要求自身不断学习和研究，彼此之间还应当经常互相交流教学心得，相互学习，共同进步。

11.3.5.3 数学教育论文的撰写

教育论文的撰写能力是中学数学教师科研能力的重要体现，也是对科研成果的集中展示。规范的学术论文一般包括论文的题目、作者姓名及所在单位、论文摘要和关键词、论文的主体、参考文献、英文摘要等几个组成部分。在论文的主体中，作者指出自己的观点，运用充分的论据，采取恰当的方法进行严密地论证。中学数学教师平时应该广泛阅读相关的期刊文献，借鉴高水平论文的写作手法，同时进行有针对性的训练，论文的写作能力一定会获得发展与提高。本节选取徐建星的《初中几何课程减负提质的有效构建策略——“GX 实验”面向教学的初中几何探究》这篇论文的格式和内容供广大数学教师参考。

(具体案例请参看电子资料：案例十四)

11.4 信息技术与数学教师专业化发展

信息技术在21世纪获得了蓬勃发展，深刻地改变了人们的日常生活。同时，其在教学中的应用也越来越广泛，二者相互融合、相互影响，产生了良好的实际效应，极大促进了教育现代化进程。信息技术在数学教育中也有很多应用，例如几何画板在初、高中教学中得到广泛使用，以计算机技术为基础的慕课、翻转课堂方兴未艾。

11.4.1　几何画板与数学教师专业化发展

11.4.1.1　什么是几何画板

几何画板软件是由美国 Key Curriculum Press 公司制作并出版的优秀教育软件，目前被广泛应用于中小学数学教育领域。几何画板软件有极大的优越性能，教师可以应用该软件实现多种平面以及立体几何图形的绘制工作，从而使教学内容更直观、更真实地呈现在学生面前。

11.4.1.2　几何画板在中学数学教学中的作用

1. 创设动态情境

几何画板使用方便，操作简单。传统的几何教学中，图形基本是以静态的形象呈现在学生面前。几何画板改变了这一现状，教师经过简单操作，即可绘制成动态变化的图形，展示给学生，使学生深入到教师精心设计的情境中。兴趣是最好的老师，学生对几何画板展示的内容越感兴趣，其对知识的理解越深入，教师的授课质量就越好。

2. 帮助学生理解数学概念

概念是一事物区别于其他事物的本质属性，概念来源于生活。例如用几何画板教学“三线八角”时，可以通过几何画板展示对顶角、同位角、内错角和同旁内角的具体位置和形态。几何画板凭借其强大的作图功能，将有助于学生理解深奥的数学概念。

11.4.1.3　应用几何画板进行教学的实例

几何画板在中学数学教学中有着广泛的应用。如在初中数学“二次函数”的教学中，关于二次函数 $y=ax^2+bx+c$ 和 $y=a(x-h)^2+k$ 中 a，b，c，h，k 的值与抛物线的开口方向、开口大小、位置变化之间的关系是一个教学难点。在传统教学中，教师难以呈现函数图象动态变化过程，无法形象、直观地展现函数的变化规律，教学效果大打折扣，进而影响学生掌握二次图象与系数之间的关系。而几何画板能更好地解决这个问题，它的图象通过设置动态演示功能使抽象的函数变得具体、形象。在课堂教学中，合理运用几何画板工具，能调动学生学习的积极性，使课堂教学更生动，更轻松地突出教学重点，突破教学难点。如图 11-1、图 11-2 所示，通过几何画板软件，绘制二次函数图象。改变字母系数，可以直观观察抛物线形状、位置关系，有利于节省时间，把更多的精力转移到二次函数的“数”与“形”之间变化规律的探究上，从而更好地理解二次函数图象的变化规律。

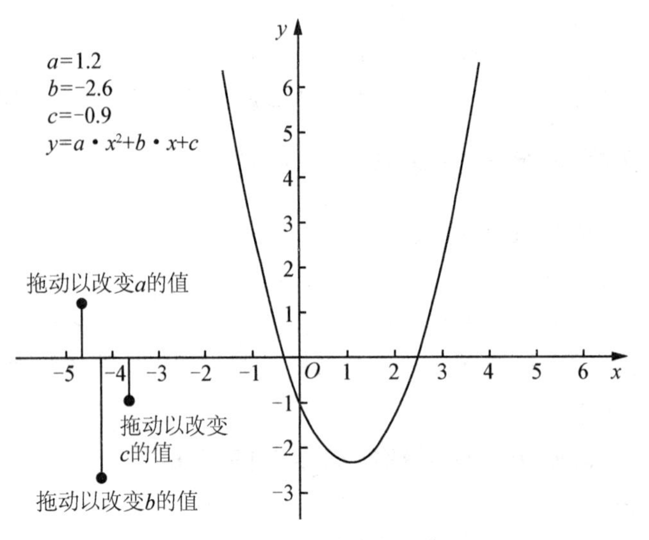

图 11-1　绘制二次函数图象(1)

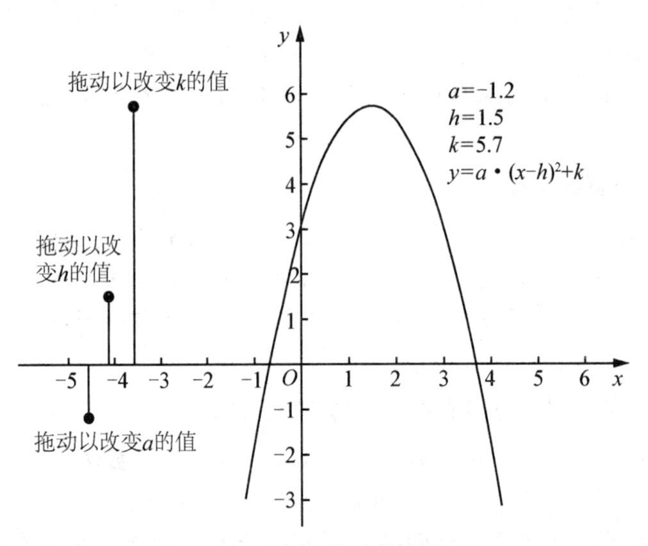

图 11-2　绘制二次函数图象(2)

11.4.2　慕课与数学教师专业化发展

11.4.2.1　什么是慕课

慕课(MOOC)，即大规模开放在线课程，“互联网＋教育”的新生事物。经过这几年的不断实践与尝试，在线课程被证明是一种高效的学习方式。慕课在我国高等教育层面已经得到广泛的应用，而在中学教育尤其是数学教学领域还是新生事物，在专业化发展的道路上，广大中学数学教师可以进行大胆地探索与尝试。在中学数学课程设置中，教育工作者应该从优化数学资源配置角度出发，尝试利用慕课进行辅助教学。

11.4.2.2 慕课在中学数学教学中的作用

1. 教学趣味得以增强

慕课的核心内容是在线视频，其能够对文字、图像、动画等元素予以综合利用，为学生呈现出更为直观、形象、生动的教学内容，令原本枯燥乏味的教学内容呈现形式得以有效转变，使教学开始变得更富有趣味，从而学生才会在教学中表现得足够投入。就中学数学教学而言，如果教师持续对学生进行传统形式的课堂教学，那么学生将会逐渐失去对数学进行学习的兴趣，无法积极投入到数学学习中，从而教学效果不太理想。而如果教师能够在对学生的教学中将慕课予以有效应用，那么学生会在一瞬间被慕课新颖的知识表现形式所吸引，再加上慕课本身极为开放、灵活，学生将会较为明显地感受到教学趣味的增强，从而获得极为理想的教学效果。

2. 教学重难点的突破

中学数学教学存在重点和难点内容，教师要想让学生更为轻松、快捷地掌握重点和难点，就必须格外注意教学的具体过程，尽可能地让学生对重点和难点进行思考，此时就很有必要对某些内容进行反复讲解。可是就目前的中学数学教学而言，课堂教学时间是极为有限的，教师不可能耗费大量的时间去对某一知识点进行反复讲解，故而就会考虑到将慕课予以有效应用，让学生能够通过反复观看慕课视频来进一步理解课堂上所学的内容，以便能够使学生更好地去掌握教学中的重点和难点内容。

3. 教学效果的提升

随着慕课在中学数学教学中持续的有效应用，不仅使教学的趣味性得以有效增强，学生对数学学习表现出更为强烈的求知欲望，让学生能够更为投入地去进行数学学习；还使学生逐渐形成了较为完善的数学知识结构体系，对教材中的概念、定理、定律等基础性知识有了更为准确的理解，能够更为深入地去掌握所学的相关内容，从而提升中学数学教学效果。

11.4.2.3 慕课在中学数学教学中的应用

虽然大家都清楚慕课在中学数学教学中的效用，但是目前一些教师对于慕课的认识程度还不够深，并没有意识到要根据教学内容来为学生推荐适宜的慕课，而是让学生去任意选择慕课来进行学习，从而限制了慕课对教学活动的促进作用。为使慕课在中学数学教学中做到真真正正的有效应用，教师需采取一些措施来对教学予以完善，使中学数学教学能够在慕课的辅助下变得更为有效、高效。

1. 慕课辅助数学概念的教学

中学很多数学概念较为抽象，学生直接进行学习和理解会遇到一定的困难。而慕课恰好能够解决这一问题，将概念予以更为直观、形象、生动的展示，让概念学习变得轻松容易起来，促使教学效果和学习效率得以同步提升。例如，在进行“多边形内角和”相关知识的学习时，教师事先就让学生通过慕课来对这部分知识进行学习，在教学中就能省略掉很多引导性的教学步骤，让学生直接进入到结论验证的步骤之中，对相关问题进行积极思考，总结多边形内角和存在的规律，得出多边形内角和的计算公式，从而取得不错的教学效果。

2. 慕课辅助典型例题的教学

中学数学教材中有大量的典型例题，教师要想在教学中将每一个例题都详细讲解是不现实的，此时就可以将慕课予以有效应用，让学生通过慕课来对这些典型例题进行集中学习，让学生能够在较为集中的时间内获取解题方法和经验。例如，教师在学生学习“一元一次方程应用”的内容时，教材中有大量的典型例题，并且根据这些典型例题还可以延伸出更多的真实案例，此时课堂教学的时间就显得有些捉襟见肘了，故慕课的有效应用为学生的学习提供了更多的选择和可能，使中学数学教学的效果获得了有效的保障。

3. 慕课辅助数学知识的复习

复习是中学数学教学中极为重要的环节，教师既要引导学生进行小节复习，又要引导学生进行单元复习，还要引导学生进行期中和期末复习，以便能够加深学生对所学知识的理解和认识，使教学效果能够变得更好。此时，在中学数学版块知识复习的过程中，教师若能将慕课予以有效应用，那么将能节约大量的课堂教学时间，并同时保证学生复习的效果，从而让学生能够获得持续不断的进步和提高。

总之，慕课是符合现代教学需求的一种新兴教学形式，若中学数学教师能在教学中对慕课有着更为清楚的认识，那么慕课将会对中学数学教学起到明显的辅助作用，从而中学数学教学质量和教学效果均能得以有效提升。

11.4.3 翻转课堂与数学教师专业化发展

11.4.3.1 什么是翻转课堂

翻转课堂指的是教师将学习的主动权交给学生，以学生为主导的新型教学模式和方法。“翻转课堂”的特点十分鲜明，首先，教学视频短小精悍，大多数的视频都只有几分钟的时间，每一个视频都针对一个特定的问题；其次，教学信息清晰明确，可以有效吸引学生的注意力；最后，优化了学习流程，提升学习效率。翻转课堂在中学数学教学中也有很大的应用空间，值得进行深入的研究。

11.4.3.2 翻转课堂在中学数学教学中的作用

翻转课堂在日常中学数学教学中的应用越来越广泛，起到了良好的效果。例如，进行“对称图形”数学教学时，教师为了帮助学生更好地认识轴对称图形，可以利用多媒体技术，进行视频或者课件的播放，让学生更为直观地看到和认识各种图形。完成播放后，教师鼓励学生进行图形的总结，分析其中的共性和特性。教师还可以通过将图形旋转 180°的方式，有些图形会与原图重合，另一些图形则不会与原图重合。为什么会存在这种差异？通过发问，学生的探究欲望得到激发，开始自主思考和探究，数学学习的主动性得到大幅度提升。

11.4.3.3 翻转课堂在中学数学教学中的实例

翻转课堂适合有探究性的教学内容，北师大版数学八年级上第一章《勾股定理》的内容比较有探究价值，适合翻转课堂的实施，因此选取这一小节为例，进行翻转课堂的教学设计。①

① 岳冰洁. 中学数学翻转课堂的教学设计研究[D]. 辽宁师范大学，2015：41—47.

1. 前期背景设计

(1)知识背景。

勾股定理揭示了直角三角形三条边之间的数量关系，是初等几何定理中最重要的定理之一。我们可以用它解决直角三角形中的相关计算问题，因此，在生产生活实际中的应用也较为广泛，例如测量旗杆高等。勾股定理能够把“形”的特征转化成一种数量关系，充分体现了数形结合的重要思想，也是整个初中数学阶段中几何学习的重要支撑。

(2)学情分析。

①知识基础分析：学生已经基本掌握直角三角形的简单性质和平方运算；

②认知能力分析：八年级学生具有较强的观察能力和动手操作能力，并且已经具备一定的分析和归纳能力，但推理能力相对欠缺，对几何定理的验证较为陌生，自主探究和合作学习的能力还需要在教学中进一步加强和引导；

③情感态度分析：学生思维活跃，好奇心强，学习积极性普遍较高，愿意参与课堂活动和小组讨论，需要尽力保持注意和兴趣。

2. 学习目标设计

同上个案例一样，翻转课堂的学习目标更加侧重于学生学习的能力培养，所以笔者并未按照传统课堂的三维目标进行编写，而是采用自定义的方式编写。

(1)知识内容：熟练掌握勾股定理，并能应用其解决简单的实际问题；

(2)探究能力：学生经历由正方形面积关系转化为直角三角形边长关系的过程，体会数形结合的重要思想，发展由特殊到一般的合情推理能力；

(3)互动交流：学生在小组讨论和合作探索过程中养成同学之间相互交流的学习习惯，增强班级凝聚力；

(4)主动学习：体验独立探索和协作探索获取知识的成就感，体会数学美，从而愿意主动学习数学知识。

3. 教学过程设计

(1)课前知识传递。

初中生正是处在从童年向青春期过渡的时期，对外界的好奇心重、求知欲望强烈，而且形象思维占据一定主导地位。因此对勾股定理的教学，可以通过测量边长、观察面积等直观操作性活动引起他们的兴趣。提出问题：你能从这个图形中发现什么呢？通过学习任务单指引学生探索三边关系。

通过观看教学视频，视频首先讲述了勾股定理的由来，语言风趣幽默，而且与实际生活相联系，能够让学生感觉到数学不再是抽象、不可触摸且与实际生活脱轨的，它其实就是我们生活中一点一滴的反映，容易引起学生共鸣，让学生保持将问题探索到底的兴趣。

现在学生已经初步掌握了勾股定理的内容，这样的学习方式可以提高学生的学习兴趣，由于学习的内容是自己亲手测量得到的，不仅学习轻松有趣，而且知识掌握得扎实牢固。这时提出第二个问题，怎么验证勾股定理是对的呢？

学生自己利用几何画板探索后，老师在教学视频中播放多种验证勾股定理方法的视频，容易得到学生的认可。最后学生完成学习任务单上的全部内容可以得到一定的效能感，根据 ARCS 动机理论，这样的教学设计为学生下一步的探索做铺垫。

(2)课堂知识内化。

在上课的时候，教师通过几何画板给同学展示美丽的勾股树，这样有趣的动态几何会激发学生的学习欲望，接着让学生以小组为单位交流课前预习心得，最后以小组讨论的方式进行练习题的训练，完成知识的内化。整个过程中，教师作为“教练”随时指导有问题的同学，真正实现因材施教。

4. 学习资源设计

(1)学习任务单设计。

(具体案例请参看电子资料：案例十五)

(2)教学视频设计。

本节课将利用网上的优秀视频《探索勾股定理》作为学生课前观看的教学视频。首先教学视频中风趣幽默地讲述了勾股定理的由来，从中国和外国两个角度入手，拓展学生的知识面的广度和宽度，而且漫画形式的人物能够吸引学生们的学习兴趣，如图 11-3 所示。

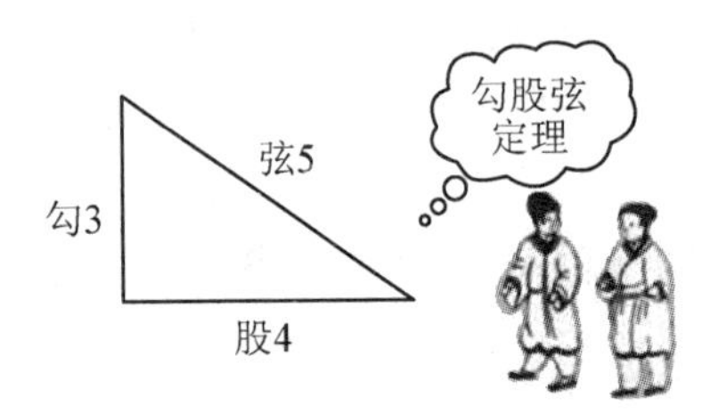

图 11-3　视频中采用漫画形式的人物

这跟学习任务单中的题目一样，由正方形的面积关系来引出三角形三边平方的关系，进而得到勾股定理，这样学生在观看视频进行学习时不会感到陌生和突然，学生在自己探索得到的规律基础上进行知识建构和完善，符合学生的身心发展规律。

思考与练习

1. 数学教师专业化发展的内涵是什么？
2. 数学教师专业化发展的要求有哪些？
3. 数学教师专业化发展都有哪些阶段？
4. 数学教师的能力是由哪几方面构成的？
5. 你如何看待信息技术在数学教育上的应用？